无机化学实验

Inorganic Chemistry Experiments

（第二版）

(Second Edition)

高明慧　编著

科 学 出 版 社

北　京

内 容 简 介

《无机化学实验》(第二版)是南京航空航天大学“十二五”第二批规划教材建设项目。本书在第一版的基础上进一步完善、充实和更新，全书共分 6 章，35 个实验和 8 个附录。各学校可根据具体课程情况选择安排实验内容，其中有些实验可供学生课余作为演示性、开放性、设计性和研究性实验选做，意在开拓学生的视野和扩大学生的知识面，有助于强化学生综合素质、创新意识和思维能力的培养。

本书可作为高等院校化学、化学工程与技术、材料科学与工程、核科学与技术、环境科学和生物医学工程等专业的无机化学实验教材或大学普通基础化学实验教材，也可供相关教师和实验人员参考。

图书在版编目(CIP)数据

无机化学实验/高明慧编著. —2 版. —北京：科学出版社，2015.12
ISBN 978-7-03-046560-3

Ⅰ. ①无… Ⅱ. ①高… Ⅲ. ①无机化学–化学实验–高等学校–教材
Ⅳ. ①O61-33

中国版本图书馆 CIP 数据核字(2015)第 288569 号

责任编辑：黄　海 / 责任校对：何艳萍
责任印制：赵　博 / 封面设计：许　瑞

科学出版社出版
北京东黄城根北街 16 号
邮政编码: 100717
http://www.sciencep.com
涿州市般润文化传播有限公司印刷
科学出版社发行　各地新华书店经销
*
2015 年 12 月第　二　版　开本：787 × 1092　1/16
2025 年 8 月第六次印刷　印张：14
字数：350 000

定价：39.00 元

(如有印装质量问题，我社负责调换)

第二版前言

《无机化学实验》(第二版)坚持以高等学校无机化学理论课程基本要求为依据，实验内容紧紧围绕配合理论课程，充分体现了理工科化学类专业的特点。实验原理能全面准确地阐述本学科的先进理论与概念，充分吸收本学科国内外前沿研究成果，科学系统地归纳本学科知识点的相互联系与发展规律。

第一章绪论增加了许多化学实验必备的基础知识，目的是让学生掌握一些实验技能，并进行强化训练。将第一版相应实验中穿插介绍的仪器设备使用方法移至前面，作为第二章单独章节“实验常用仪器设备使用方法”，同时又增加介绍了一些新型仪器设备，有利于学生提前预习。第三章～第六章共35个实验，保留经典实验内容，并开发新的实验内容。增加了记录原始实验数据的表格，同时对第一版中章节名称和一些实验名称进行了修订。新增的8个实验都是我校多年实验教学中选用或试用过的内容，教学效果好，深受老师和学生的好评。附录一“元素的相对原子质量”修订为2011年最新版，再增加两个附录，附录七“酸碱指示剂”和附录八“常用缓冲溶液的配制”。

编写本教材的宗旨是加强实验教学环节，提高学生动手能力，增强学生创新意识，激发学生求知欲望和探索精神，使学生处于实验课的主体地位。本教材在编排方式和实验内容选择上力求做到以下五点：

(1) 每个实验从目的、原理、步骤(每种药品用量)到最后注意事项都是根据编者十多年的教学实践经验编写，所以内容详细，讲解透彻，学生看了思路清晰。特别对学生易混淆的概念和常犯的错误都进行了详细说明，这样更有利于学生养成良好的实验预习习惯，提前了解实验关键，避免实验失败。

(2) 实验内容的选择紧紧配合理论课程，力求具有代表性。增加一个常数测定实验，三个物质制备实验，四个综合性实验。这样既加强无机化学基本理论和实验技能的训练，又提高学生的综合研究能力，激发学生的学习兴趣，有效地提高了教学质量，更有利于培养学生的学习能力、实践能力和创新能力，同时为后续实验课程奠定坚实的基础。

(3) 原有的无机化学实验多以验证式为主，学生不太感兴趣。本教材力求少一些验证式，多一些与人类生活和环境保护密切相关的实验内容，以调动学生的主观能动性，启迪学生思维，体现现代化学的应用性和趣味性，把实验课作为实践尝试和探索知识的机会。

(4) 每个实验后面都有注意事项，是每个实验的重点和成功关键。每个实验的设计都有创新，富有新意，目的是让学生使用一本好教材并使之得到应用和推广。

(5) 为学生设计了记录原始实验数据的表格，这样学生做实验时直接将实验数据填入表格，老师检查实验结果时一目了然、清清楚楚。

感谢科学出版社黄海编辑一直给予的关注和指导，并提出了许多宝贵的意见。

由于编者水平有限和撰写时间仓促，不妥和错误之处在所难免，诚请同行专家和读者批评指正。

编著者

2015 年 4 月

于南京航空航天大学

第一版前言

全书以无机化学理论课程的教学要求为依据，由 6 章正文 28 个精选实验和 7 个附录组成。实验内容的选取都紧紧围绕并配合无机化学理论课程，充分体现了应用化学专业的特点。6 章正文按照绪论、基本化学原理及常数的测定、基础无机化学实验、元素及其化合物的性质、无机化合物的制备、综合型与设计型实验的顺序编写。第一章绪论，简单介绍了无机化学实验的目的、学习方法和实验室的基本知识，重点阐述了实验数据处理和实验基本操作的方法，内容不多，但全部都是精华。第二章至第六章精选了 28 个实验，通过这些实验的训练，可以加深学生对无机化学基本理论和基本概念的理解，培养学生实事求是和科学严谨的态度。附录一至附录七分别为元素的相对原子质量、常用酸碱试剂的浓度与密度、酸与碱的解离常数、化合物的溶度积常数、配合物稳定常数、标准电极电势和特种试剂的配制，附录中的数据准确全面，能满足学生的需求。

编写本书的理念来自于教学实验改革，富有特色、富有创意、富有成效是本书的宗旨。本书层次分明，语言流畅，条理清楚，注重素质教育，具有启发性。本书凝聚了作者多年从事无机化学实验教学的经验和成果，对精选的 28 个实验，作者从配试剂开始都进行了认认真真的试做，并写出了实验报告，所以每个实验从原理、步骤、现象、结果到最后的注意事项，甚至添加每种药品的用量都是作者多年的实践经验总结，尤其是对学生易混淆、不清楚的地方和常犯的错误都作了交代。本书旨在帮助学生进行预习和开展实验，启迪思维，从而养成良好的实验习惯和体味实验的关键所在，为今后的学习、工作以及从事科学研究打下坚实的基础。

本书每个实验的设计都有很多创新，每个实验都有特色，很有新意。

由于作者学术水平有限和编写时间仓促，不周及不当之处在所难免，恳请同行专家批评指正。

作　者

2011 年 1 月

于南京航空航天大学

第一版前言

[illegible]

目　录

第二版前言
第一版前言
第一章　实验基础及操作技术……1
第一节　无机化学实验目的、学习方法和要求……1
一、无机化学实验目的……1
二、无机化学实验学习方法……1
三、无机化学实验要求……2
第二节　实验室安全……3
一、实验室安全防护措施……3
二、实验室灭火的紧急措施……4
三、实验室常见伤害的急救处理……4
第三节　实验室“三废”处理……5
一、废气处理……5
二、废液处理……5
三、固体废物处理……6
四、国外实验室污染治理现状……6
第四节　玻璃仪器……6
一、玻璃仪器的分类……7
二、玻璃仪器的洗涤……7
三、玻璃仪器的使用方法……8
第五节　化学试剂……15
一、试剂的质量规格和用途……15
二、试剂的使用和保存……16
第六节　水……17
一、实验室用水的质量要求……17
二、实验室用水的制备……18
三、实验室用水的质量检验……18
四、特殊要求的实验用水……18
第七节　重量分析操作技术……18
一、沉淀……18
二、过滤……19
三、洗涤……21

四、干燥……22
五、灼烧……22
六、称重……22
第八节　滤纸规格和型号……23
第九节　蒸发和浓缩、结晶和重结晶……24
一、蒸发和浓缩……24
二、结晶和重结晶……25
第十节　质量保证和质量控制……26
一、误差……26
二、名词解释……28
三、有效数字和数值计算……30
第二章　实验常用仪器设备使用方法……34
一、TG328B 半自动电光分析天平……34
二、FA1604 型电子天平……37
三、pHS-3C 型酸度计……38
四、可见-紫外分光光度计……39
五、DDS-307 型电导率仪……43
六、SWC-Ⅱ数字贝克曼温度计……45
七、DP-AW 精密数字压力计……47
八、KWL-08 可控升降温电炉和 SWKY 数字控温仪……48
九、WZZ-2B 型自动旋光仪……49
十、SDC-Ⅱ数字电位差综合测试仪……50
第三章　物质基本性质及常数测定……52
实验一　Zn 和 $CuSO_4$ 反应热的测定……52
实验二　摩尔气体常数 *R* 的测定……55
实验三　固体氯化铵标准摩尔生成焓的测定……58
实验四　$(NH_4)_2S_2O_8$ 与 KI 化学反应速率和活化能测定……62
实验五　醋酸标准溶液浓度标定和解离常数测定……66
实验六　分光光度法测定碘化铅溶度积常数……71
实验七　银氨配离子配位数和稳定常数测定……73
第四章　物质及元素化合物性质……77
实验八　解离平衡和缓冲溶液……77
实验九　配位化合物性质和沉淀溶解平衡……79
实验十　电化学基础——氧化还原反应……83
实验十一　s 区元素(碱金属和碱土金属)……86
实验十二　p 区元素Ⅰ(卤素和氧族元素)……88
实验十三　p 区元素Ⅱ(硼族、碳族和氮族元素)……92
实验十四　主族金属元素(锡、铅、锑、铋)……96

实验十五　d 区元素 I（铬、锰、铁、钴、镍）……99
实验十六　d 区元素 II（铜、银、锌、镉、汞）……104
第五章　物质分离分析与提纯制备……108
实验十七　常见混合阴离子的分离和鉴定……108
实验十八　常见混合阳离子的分离和鉴定……113
实验十九　纸色谱法分离鉴定 Cu^{2+}、Fe^{3+}、Co^{2+}和 Ni^{2+}……120
实验二十　植物色素的提取和薄层色谱分析……123
实验二十一　粗盐提纯和纯度检验……125
实验二十二　硫酸铜和硫酸锌制备及质量鉴定……127
实验二十三　粗硫酸铜提纯和等级检验……132
实验二十四　硫酸亚铁铵制备和质量鉴定……135
实验二十五　三草酸合铁(Ⅲ)酸钾制备和配离子组成测定……138
实验二十六　过氧化钙的制备和含量测定……142
第六章　综合性、设计性和研究性实验……145
实验二十七　饮用水总硬度的测定（配位滴定法）……145
实验二十八　饮用水氯化物的测定……148
实验二十九　高锰酸盐指数的测定……153
实验三十　化学需氧量的测定（重铬酸钾法）……157
实验三十一　水样中挥发酚的测定(4-氨基安替比林萃取分光光度法)……160
实验三十二　水样及气样中甲醛的测定（乙酰丙酮分光光度法）……162
实验三十三　水泥熟料中 SiO_2、Fe_2O_3、Al_2O_3、CaO 和 MgO 含量的测定……168
实验三十四　石灰石（鸡蛋壳）中钙含量的测定……174
实验三十五　洗衣粉中聚磷酸盐含量的测定（双指示剂酸碱滴定法）……180
主要参考文献……183
附录……184
附录一　元素的相对原子质量……184
附录二　实验室常用酸碱试剂密度、浓度和含量……185
附录三　酸、碱解离常数……186
附录四　微溶化合物溶度积常数……191
附录五　配合物稳定常数……192
附录六　标准电极电势表……202
附录七　酸碱指示剂……211
附录八　常用缓冲溶液的配制……212

第一章　实验基础及操作技术

第一节　无机化学实验目的、学习方法和要求

一、无机化学实验目的

无机化学实验是无机化学理论教学不可缺少的重要组成部分，也是无机化学课程学习的一个重要环节。学生通过独立地实验操作、实验现象观察、实验数据记录与处理、实验结果分析、实验报告撰写等各方面的训练而获得感性认识，以加深、验证和巩固对无机化学基本概念与基本理论的理解。使学生正确地掌握无机化学实验的基本操作技能，学会观察实验现象，正确地使用分析仪器测量实验数据，正确地处理所得数据和表达实验结果，掌握无机化合物提纯、制备和含量测定。一方面培养学生创新意识以及独立思考、分析问题和解决问题的能力，另一方面培养学生实事求是、严谨认真的科学态度和优良的实验素质，为后续课程的学习和独立从事科研工作能力的培养打下坚实的基础。

二、无机化学实验学习方法

无机化学实验要求学生独立完成实验任务，并达到实验教学大纲要求，因此实验效果与正确的学习态度和学习方法密切相关，其学习方法包括下面 3 个环节。

（一）预习

预习是实验前必须完成的准备工作，是做好实验的前提，但是，这个环节往往没有引起学生的足够重视，学生甚至不预习就进实验室，对实验目的、原理和内容不清楚，结果浪费时间和药品，还有可能损坏仪器设备。为了确保实验质量，实验前任课教师要检查每个学生的预习情况，对没有预习或预习不合格者，任课教师有权不让学生参加本次实验，学生应听从教师的安排。预习应达到下面 6 点要求：

1. 认真阅读实验教材和有关参考资料。
2. 明确实验目的、了解实验原理、熟悉实验内容和步骤，做到心中有数。
3. 预习有关的基本实验操作、仪器构造和使用方法、实验注意事项。
4. 估计实验中可能发生的现象和预期结果。
5. 掌握实验数据的处理方法和计算公式。
6. 写出预习报告。预习报告是进行实验的依据，因此预习报告应简明扼要，包括简要的原理、主要的实验步骤(用框图或箭头表示)、设计一个记录实验现象和数据的原始表格。

（二）实验

实验是培养学生独立工作和思维敏锐能力的重要环节，必须认真、独立完成。应做到以下 3 点要求：

1. 按照实验教材上规定的方法、步骤、试剂用量和加入顺序，认真操作，仔细观察实验现象，耐心等待，一丝不苟，如实而详细地将实验现象和数据记录在预习报告中。不能随意涂改实验数据，更不能只拣“好”的实验数据，这是养成良好科学习惯的必备素质，对深入了解实验内容和发现问题大有益处。

2. 在实验中如遇到实验现象或结论与理论不相符合，力求自己解决。首先认真分析操作过程，检查试剂是否加错、试剂浓度是否正确、是否严格按照书上的顺序操作。自己实在解决不了，为了正确说明问题，应在教师指导下重做或补充进行某些实验，养成自觉探究、解决问题的习惯。

3. 养成良好的实验习惯，遵守实验室安全守则。整个实验过程都应始终保持桌面布局合理、环境整齐和清洁。实验结束后，每个学生首先清洗自己用过的玻璃仪器，摆放好试剂架上的试剂瓶和其他物品，整理并擦干净实验台面上的分析仪器，最后清洁桌面、地面和水槽，经指导老师检查合格后再离开实验室。

（三）实验报告

实验报告是每次实验的记录、概括和总结，它反映了学生的学习态度、知识水平和实验操作能力，必须及时、独立、严肃、认真地如实填写完成。合格的实验报告应包括以下 5 部分内容：

1. 实验目的和简要的实验基本原理。

2. 实验内容或步骤。要求简明扼要，采用表格、框图、符号等形式来清晰明确地表示，千万不能全盘抄书。

3. 实验现象和数据记录。实验现象要表达正确，数据记录要根据所用分析仪器的精密度，保留正确的有效数字。绝不允许主观臆造或抄袭其他同学，若经发现，当次实验按不及格处理。

4. 给予简明解释、结论和数据处理。化学现象的解释最好写出主要反应方程式，另加文字简要叙述。结论要精练、完整和表达清晰。若数据处理使用图表，图表要规范合理，最后数据计算结果要遵守有效数字和数值计算规范。

5. 问题讨论。对实验中遇到的问题提出自己的看法，或分析实验产生误差的原因，或对实验方法、实验内容等提出改进，或写出自己的心得体会。此项内容的评分作为实验附加分的依据。

三、无机化学实验要求

1. 实验前认真预习实验内容，弄清实验目的、原理、步骤、试剂药品性质、仪器使用方法和实验注意事项，并撰写预习报告。提前 10 分钟进实验室，在指定位置进行实验，离开实验室必须经老师允许。

2. 遵守实验室安全守则，接受老师指导。翔实而准确地记录实验现象和数据，实验过程中应始终保持实验室整洁和安静，做到有条不紊、节约药品、爱护仪器和注意安全。损坏仪器要按规定及时赔偿，不准在实验室内吃东西和喝水，实验过程中应防止有腐蚀性、有毒试剂溅到皮肤上，如出现意外要及时处理。

3. 实验结束后将自己记录的实验现象和数据交实验老师检查。打扫实验室卫生，将实验操作台、试剂瓶、试剂架等整理打扫干净，待老师检查合格后才能离开实验室。

4. 按时交实验报告，实验报告格式要规范或按老师的要求写，文字简明，结论明确，书写认真，最好能写出自己的独特见解作为实验报告的亮点。

第二节　实验室安全

为加强安全教育和管理，实验室应将我国公布的各有关条例和规定经常向学生进行宣传教育，使学生熟知各项规章的内容和要求，并能使用所备的各种安全消防器材，做到常备不懈。实验中时时都要接触水、火和电，各种有机和无机化学试剂，以及易燃易爆、有腐蚀性和剧毒的化学药品，因此，实验室和学生的安全是非常重要的，决不能麻痹大意。实验前一定要预习，充分了解每次实验中所用到的化学药品的性能以及可能存在的各种各样的危险。实验过程中要集中精力，将安全放在首要位置，经常保持警惕，消灭各种不安全的因素和隐患，并及时妥善地处理所发生和发现的各种意外事故，把损失降低到最小程度。

一、实验室安全防护措施

1. 实验室内不宜存放过多的易燃物品。实验结束及时销毁残存的易燃易爆物品。

2. 灼热物品不得直接放在实验台上。倾注或使用易燃易爆物品时，附近不得有明火。不用具磨口塞的玻璃瓶贮存易爆物品，以免启闭玻璃塞时因摩擦引起爆炸。

3. 洗液、浓酸、浓碱具有强腐蚀性，应避免溅落在皮肤、衣服和书本上，更应防止溅入眼睛里。

4. 能产生有刺激性或有毒气体(如 H_2S、Cl_2、SO_2 等)的实验应在通风橱内进行。有机溶剂(如苯、丙酮、乙醚等)易燃，使用时要远离火源，最好在通风橱内进行操作。

5. 加热、浓缩液体时要十分小心。加热试管时，不要将试管口对着自己或别人，也不要俯视正在加热的液体，以免液体溅出。浓缩液体时，特别是有晶体出现之后，要不停地搅拌，不得擅自离开，应注意实验室内通风以免蒸气浓度过高。

6. 当需要借助于嗅觉判别气体时，决不能用鼻子直接对着试剂瓶口或试管口嗅闻气体，应用手轻拂气体，把少量气体扇向自己再闻。更不允许用手直接拿取固体药品。

7. 有毒试剂(如氰化钾、汞盐、铅盐、钡盐、重铬酸钾等)不得入口或接触伤口，也不能随便倒入下水道，应统一回收处理。必须充分了解实验反应和所用化学试剂的特性。在不了解化学药品性质时，禁止任意混合各种试剂药品，以免发生意外事故。严禁使用无标签试剂。

8. 实验完毕，应将实验室整理干净，检查水、电、气等是否关闭，洗净双手后才能离开实验室。实验室所有药品、仪器不得带出室外。实验室内严禁吸烟、饮食和打闹。

二、实验室灭火的紧急措施

（一）防止火势蔓延

为防止火势扩散和蔓延，必须首先切断电源，熄灭各种加热设备，迅速移走周围可燃物品，关闭一切通风装置，减少空气流通。

（二）立即扑灭火焰

设法隔绝火源周围空气，降温至低于可燃物的着火点。根据火势大小采取有效措施及时扑灭火焰。火势较小时，可用湿抹布、石棉布、灭火毯或沙子灭火。对于大火，则应根据燃烧物的性质使用不同方法和灭火器灭火。

三、实验室常见伤害的急救处理

（一）常见化学灼伤的急救处理

1. 烫伤。切忌用水冲洗，可在烫伤处涂抹烫伤药，不要把烫的水泡挑破，严重者送医院治疗。

2. 酸伤。先用大量水冲洗，然后用 5%碳酸氢钠溶液或稀氨水冲洗，再用清水冲洗，然后以氧化镁、甘油(1∶2)糊剂外涂。

3. 碱伤。先用大量水冲洗，然后用 2%醋酸溶液或 4%硼酸溶液冲洗，再用清水冲洗，然后以 3%硼酸溶液湿敷或 5%～10%硼酸软膏外涂。

（二）常见外伤的急救处理

实验室应备有急救箱，以便发生事故时进行现场应急处理。首先挑出伤口异物，然后涂上红药水或紫药水，再用纱布包扎，必要时送医院诊治。

（三）常见中毒的急救处理

1. 吸入溴蒸气、氯气、氯化氢、硫化氢、一氧化碳等有毒气体后，应立即将患者脱离实验室，转移到空气新鲜的地方，严重者速送医院治疗。

2. 误吞毒物，最常用的急救方法是给中毒者先服催吐剂如肥皂水，或给予面粉和水、鸡蛋白、牛奶、食用油等缓和刺激，然后刺激患者喉部以促使呕吐，并立即送医院治疗。若有毒物质溅入眼睛或皮肤上，都要用大量水冲洗。

（四）触电的急救处理

触电患者能否获救，主要取决于是否采用了正确的急救方法和及时的急救。发生触电事故时，应迅速切断电源，如不能切断电源，应用非导电体(如干木棍、竹竿、干布带等)挑开电线或戴上绝缘橡皮手套，使触电者尽快脱离电源，切不可用手去拉触电者。若触电者有肌肉痉挛、紧握电线很难解脱的现象，应设法使触电者离开地面，如自脚下插入干木板、用干布或衣服将其提起使离开地面。把触电者转移到空气新鲜、流通的平坦地方，松开衣带，使其全身舒展，必要时进行人工呼吸和心脏按压，并尽快请医生前来抢救。

第三节　实验室"三废"处理

实验室实际上是一个典型的小型污染源，尤其是城区和居民区附近的实验室对环境危害特别大。因为很多实验室的下水道与居民的下水道相通，实验中产生的污染物常有腐蚀性、剧毒性和致癌性物质的存在，这类污染物直接通过下水道排放会形成交叉污染，最后流入河中或者渗入地下，危害人体健康和安全，所以"三废"处理是实验室工作的重要组成部分。实验室的污染物种类复杂、品种多、毒害大，应根据具体情况，分别制订处理方案。污染物的一般处理原则是：分类收集、存放，分别集中处理。尽可能采用废物回收或固化、焚烧处理。在实际工作中选择合适的方法进行检测，尽可能减少废物量、减轻污染。最终废弃物排放应符合国家有关环境排放标准。

一、废气处理

产生少量有毒气体的实验应在通风橱内进行，通过排风设备排到室外，避免污染室内空气。通风橱排气口应保证对外排气不影响附近居民的身心健康，排气口朝向应避开居民点并有一定的高度，使之易于扩散。产生毒气量大的实验必须备有吸收或处理装置，如二氧化碳、氮氧化物、二氧化硫、氯气、硫化氢、氟化氢等可用导管通入碱液中，使其大部分被吸收后再排出，一氧化碳可点燃转化成二氧化碳，可燃性有机废液可在燃烧炉中通入氧气使之完全燃烧。

二、废液处理

1. 低浓度含酚废液加次氯酸钠或漂白粉使酚氧化为二氧化碳和水。高浓度含酚废液用乙酸丁酯萃取，重新蒸馏回收酚。

2. 浓度较稀的氰化物废液，先用氢氧化钠溶液调节 pH 在 10 以上，再加入 3%的高锰酸钾使氰化物氧化分解。氰化物含量高的废液用碱性氧化法处理，即调节 pH 在 10 以上再加入次氯酸钠使氰化物氧化分解。

3. 含汞盐的废液先调节 pH 在 8~10，加入过量硫化钠，使其生成硫化汞沉淀，再加入共沉淀剂硫酸亚铁，硫酸亚铁将水中的悬浮物硫化汞微粒吸附而共沉淀，排除清液，残渣再制成汞盐或深埋。但需注意的是该操作一定要在通风橱内进行。

4. 铬酸洗液如失效变绿，可浓缩冷却后加入高锰酸钾粉末氧化，用砂芯漏斗滤去二氧化锰沉淀后即可重新使用。失效的废洗液用废铁屑还原残留的 Cr^{6+}为 Cr^{3+}，再用废碱液中和成低毒的 $Cr(OH)_3$沉淀。

5. 含砷废液中加入氧化钙，调节 pH 为 8，生成砷酸钙和亚砷酸钙沉淀，或调节 pH 在 10 以上，加入硫化钠与砷反应，生成难溶、低毒的硫化物沉淀。

6. 含铅、镉的废液，用消石灰将 pH 调至 8～10，使 Pb^{2+}、Cd^{2+}生成 $Pb(OH)_2$ 和 $Cd(OH)_2$ 沉淀，再加入硫酸亚铁作为共沉淀剂，产生的残渣深埋于地下。

7. 综合废水处理。互不作用的废液混合后可用铁粉处理，调节 pH=3～4，加入铁粉，搅拌 30 分钟，再用碱调节 pH≈9，继续搅拌 10 分钟，加入高分子混凝剂进行沉淀。排放清液，沉淀物按废渣处理。

8. 有机溶剂的回收。实验用过的有机溶剂有些可以回收。回收有机溶剂通常先在分液漏斗中洗涤，将洗涤后的有机溶剂进行蒸馏或分馏处理加以精制、纯化。整个回收过程应在通风橱中进行。回收所得有机溶剂纯度较高，可供实验室重复使用。如乙醚：将乙醚废液置于分液漏斗中，先用水洗一次，中和后用 0.5%高锰酸钾溶液洗至紫色不褪，再用水洗，接着用 0.5%～1%硫酸亚铁溶液洗涤，以除去过氧化物。水洗后用氯化钙干燥、过滤、蒸馏，收集 33.5～34.5℃馏分使用。其他废液：如氯仿、乙醇、四氯化碳等都可以通过水洗后再用试剂处理，最后通过蒸馏收集沸点附近的馏分，得到可再用的溶剂。

三、固体废物处理

实验中出现的固体废弃物不能随便乱扔，以免发生事故。能放出有毒气体或能自燃的危险废物不能丢进废品箱内或排入下水管道中。不溶于水的固体废弃物不能直接倒入垃圾桶，必须将其在适当的地方烧掉或用化学方法处理成无害物。碎玻璃和其他有棱角的锐利废料，不能丢进废纸篓内，应收集于特殊废品箱内处理。

四、国外实验室污染治理现状

在国外有专门的实验室废弃物处理站来集中收集处理，实验室废弃物集中处理站的管理严格、规范，安全环保意识极强。专门地点集中，专门房间、专门容器存放，专门人员管理，严格分区、分类，集中送特殊废品处理场处理。各种废弃物由各实验室分类上交后，处理站要对上交来的废弃物称重后将信息存入计算机，再分类放到规定地方。例如，报废放射源、废机油、废化学试剂、化学合成“三废物”、化学品废弃容器等都分类存放。废弃物集中处理站设施完备、先进，安全可靠。为防止集中后的地下渗漏二次污染，设计时将处理站地下全部用水泥整体浇注。危险化学品、放射源存放在专门房间，有安全监控、排风系统。废弃物集中处理站的费用由政府每年的经费预算中列支。另外，可回收废品被出售后所得资金则用于废弃物集中处理站的进一步发展。

第四节 玻璃仪器

玻璃化学性质稳定，抗腐蚀能力强，易于洗涤，因此，实验室最基本的仪器多由玻璃制作。

一、玻璃仪器的分类

（一）容器类

玻璃容器指实验室中用以贮存和运送物料，以及容纳物质在其中进行化学反应的各种玻璃器皿。如试剂瓶、烧杯、烧瓶(锥形和球形)、试管和比色管等。根据各自的性能和要求，采用相应的软质或硬质玻璃材料制作，并具有各种形状、颜色和规格。

（二）量器类

玻璃量器指用于计量(量入或量出)液体体积的一类器皿。如滴定管、分度吸管、容量瓶、量筒和量杯。玻璃量器不宜在火上直接加热。

（三）其他常用玻璃仪器

1. 冷凝管。用于和其他仪器配套组装，在蒸馏或回流中起冷凝作用。水冷式冷凝管按其内管形状可分为球形、蛇形和直形三种。蛇形冷凝管冷凝面积最大，适用于将沸点较低的物质由蒸气冷凝成液体。直形冷凝管冷凝面积最小，适用于冷凝沸点较高的物质。球形冷凝管则两种情况下均可选用，更经常用于回流的实验操作。空气冷凝管是一支单层的长形玻璃管，用于冷凝沸点在 150℃以上的液体蒸气。

2. 干燥器。既可用于冷却和存放已烘干的样品、试药和称量瓶，又可用于保存需要防潮的小型贵重仪器。干燥器是一个可严密封盖的厚壁玻璃圆缸。内部用带孔瓷板分隔成上下两层，上层存物，下层放置干燥剂。常用的干燥剂有无水氯化钙、硅胶和无水过氯酸镁等。玻璃盖和器体接触的磨砂平面上涂凡士林以保证其密封性。

3. 漏斗。普通玻璃漏斗主要用于过滤介质的支持，使固相和液相物质分开。根据使用的目的和要求，漏斗可分为：①短颈漏斗，用于一般过滤操作；②长颈漏斗，利用长颈易于形成的连续液柱可提高过滤速度，多用于重量分析；③筋纹漏斗，用于皱折形滤纸过滤，这样能加大过滤面积，加快过滤速度，常用于处理重结晶的热溶液等；④砂芯漏斗，其砂芯滤板由烧结玻璃料制成，可以过滤酸液和用酸类处理，也叫耐酸漏斗。

4. 分液漏斗。用于两种不相混溶的液体分层分离。根据漏斗体的外形可分为直筒形、球形(梨形)和锥形等。

5. 酒精灯。供实验室简单加热使用。用毕加帽灭火，不得用嘴吹灭，灯内添加酒精以满 2/3 为宜。点灯时用火柴或打火机引燃，不得将两灯相触点火，以免喷出酒精酿成火灾。

二、玻璃仪器的洗涤

玻璃仪器清洁与否直接影响实验结果的准确性和精密性，因此，必须十分重视玻璃仪器的洗涤。洗涤方法概括起来有以下 3 种。

1. 用水刷洗。用于洗去水溶性物质，同时洗去附着在仪器上的灰尘等。

2. 用去污粉、洗衣粉或合成洗涤剂刷洗。用于清洗形状简单，能用刷子直接刷洗的玻璃仪器，如烧杯、试剂瓶、锥形瓶等一般的玻璃仪器。去污粉由碳酸钠、白土和细沙等混合而成。将要洗涤的玻璃仪器先用少量水润湿，再用刷子蘸些去污粉擦洗。利用碳酸钠的碱性除油污，白土的吸附作用和细沙的摩擦作用增强了对玻璃仪器的洗涤效果。玻璃仪器经擦洗后，用自来水冲掉去污粉颗粒，再用蒸馏水荡洗 3 遍，以除去自来水带来的杂质离子。

3. 用洗液洗涤。主要用于清洗不易或不应直接刷洗的玻璃仪器，如吸管、容量瓶等，也可用于清洗长久不用的玻璃仪器或刷子刷不掉的污垢等。先用洗液浸泡 15 min 左右，再用自来水冲净残留在器壁上的洗液，最后用蒸馏水润洗 3 遍。洗液有强酸性氧化剂洗液（即传统常规铬酸洗液）、碱性高锰酸钾洗液、纯酸洗液、纯碱洗液、有机溶剂、RBS 洗剂(北美地区化学实验室普遍使用，代替铬酸洗液)。实验室传统常规洗液由重铬酸钾和硫酸配制而成，重铬酸钾在酸性溶液中形成多重铬酸钾，有很强的氧化能力，对玻璃侵蚀作用小，洗涤效果好，但六价铬能污染水质，应注意废液处理。

铬酸洗液的配制：称取 10 g 工业纯 $K_2Cr_2O_7$ 于 500 mL 烧杯中，用少许水加热溶解，放冷。在不断搅拌下慢慢地加入 200 mL 工业纯浓硫酸，因二者混合时大量放热，所以硫酸不能加得太快，以防止因激烈放热而发生意外。配好后放冷，将其贮存在磨口细口试剂瓶中。

铬酸洗液为暗红色液体，氧化能力很强。贮存洗液应随时盖好试剂瓶的盖子，以免吸收空气中水分而逐渐析出 CrO_3，降低洗涤效果。洗液若变为墨绿色说明已失效，不宜再用，应倒入废液桶中，绝不能倒入下水道，以免腐蚀金属管道。不要认为铬酸洗液是万能的，能洗去任何污垢，如被 MnO_2 污染的玻璃仪器用铬酸洗液是无效的，可用草酸、盐酸或酸性 Na_2SO_3 等还原剂来洗涤。如玻璃仪器沾有碘，可用碘化钾溶液、热的稀氢氧化钠溶液或硫代硫酸钠溶液浸泡片刻除去。分光光度分析中使用的比色皿，不能用毛刷刷洗，可用盐酸-乙醇浸泡、润洗。

洗净的玻璃仪器器壁应能被水均匀润湿而无条纹和水珠附着在上面，倒置时也不留水珠和油花，否则需重新洗涤。洗净的玻璃仪器绝不能用纸或抹布擦干，以免脏物或纤维留在器壁上而污染玻璃仪器。玻璃仪器应倒置在干净的仪器架上，切不能倒置在实验台上。玻璃仪器经蒸馏水冲净后，残留水分用指示剂检查应为中性。洗净后的玻璃仪器应立即干燥，干燥方法有控干、烘干、吹干和烤干，每次实验都应使用清洁干燥的玻璃仪器。

三、玻璃仪器的使用方法

（一）量筒和量杯

量筒和量杯是实验室常用的度量液体体积的容量仪器。读取体积时，要使视线与仪器内液面保持水平，读取与弯月面最低点水平相切的刻度，视线偏高或偏低都会造成误差，如图1-1所示。量筒或量杯不能用作精确测量，只能用来测量液体的大致体积。不要用大量筒计量小体积，也不要用小量筒多次量取大体积的液体，否则会引起较大的误差。量筒是厚壁容器，绝不能用来加热或量取热的液体，也不能在其中溶解物质、稀释和混合液体，更不能用作反应容器。

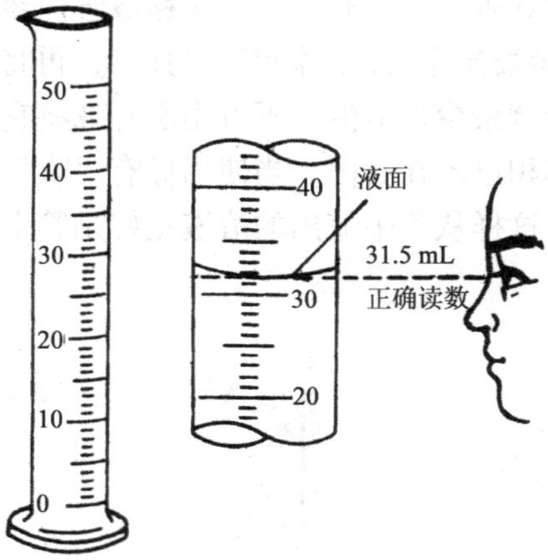

图 1-1 量筒及其读数法

（二）移液管和吸量管

移液管和吸量管用来准确地移取一定体积的溶液。常用的移液管中间有一膨胀部分的玻璃管，管颈上部刻有一圈标线表明体积。在一定温度下，管颈上端标线标明的体积和下端流出的溶液的体积是相同的。常用的规格有5 mL、10 mL、25 mL等。移液管量取液体的体积是固定的，而吸量管有分刻度，可用来吸取不同体积的液体，注意：吸量管取溶液的准确度不如移液管。

1. 洗涤。移液管或吸量管使用前，通常要先依次分别用铬酸洗液、自来水和去离子水洗净。移取溶液前再用少量移取液润洗2 ~ 3次，以保证所移溶液的浓度不变。润洗移液管或吸量管时，为了避免溶液稀释或沾污，一般将溶液转移至小烧杯中吸取。首先吸入少量溶液至移液管或吸量管中，用双手把管端平并水平转动，使管内壁全部洗过，然后将管直立，将管中液体沿烧杯内壁放出，最后再将小烧杯中的液体沿管下端倒出。这样一次即可将移液管或吸量管内壁、小烧杯内壁和移液管或吸量管下端的外壁同时润洗一遍。如此操作3次后，直接将移液管插入容量瓶或将溶液倒入小烧杯中吸取。

2. 吸液。用移液管移取溶液时，一般是用右手大拇指和中指拿住移液管管颈上端，把移液管下端管口垂直插入装有要移取的溶液液面以下1 ~ 2 cm。不要插入太深，以免外壁粘带溶液过多。也不要插入太浅，以免液面下降时吸空。随着液面的下降，移液管逐渐下移。左手拿洗耳球，先把洗耳球内空气挤出，然后把洗耳球的出口尖端紧压在移液管上端管口上，慢慢松开紧握洗耳球的左手，使移取的溶液吸入移液管内，如图1-2(a)所示。当移液管内溶液液面升高到移液管上端管颈刻度标线以上时，立即拿开洗耳球，随即用右手食指按住移液管上端管口。将移液管离开液面，靠在器壁上，稍微放松食指，同时用大拇指和中指轻轻转动移液管，使移液管内液面慢慢下降，直至管内溶液的弯月面与管颈上端刻度标线相切时，如图1-2(b)所示，立即用食指按紧移液管上端管口，使溶液不再流出。

3. 放液。把装满溶液的移液管下端出口紧靠在已洗净的接收容器(如锥形瓶)内壁上，让锥形瓶略倾斜而移液管垂直，松开食指，让移液管内溶液自然流入锥形瓶中，如图1-2(c)所示。当移液管内溶液流完后，还需停留约15 s，再将移液管从锥形瓶中取出。此时移液管下端出口处还会剩余少量溶液，不可用洗耳球将它吹入锥形瓶中，因为在校正它的容积刻度时，这点体积已不在其内。当使用标有“吹”字的移液管时，则必须把管内的残液吹入锥形瓶中。这样从管中流出的溶液正好是管上标明的体积。吸量管的使用同移液管。

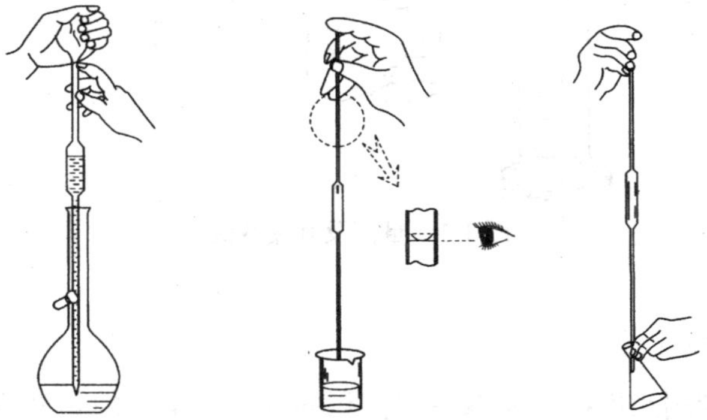

(a) 移液管吸液　(b) 使弯月面与标线相切　(c) 移液管放液

图 1-2 移液管的使用方法

（三）容量瓶

容量瓶主要用来把精确称量的物质准确地配制成一定体积的溶液，或将浓溶液准确地稀释成一定体积的稀溶液。瓶颈上刻有环形标线，瓶上标有容积和标定时的温度，通常有50 mL、100 mL、250 mL、500 mL和1000 mL等规格，形状如图1-3(a)所示。见光易分解的溶液用棕色容量瓶。容量瓶不能加热。

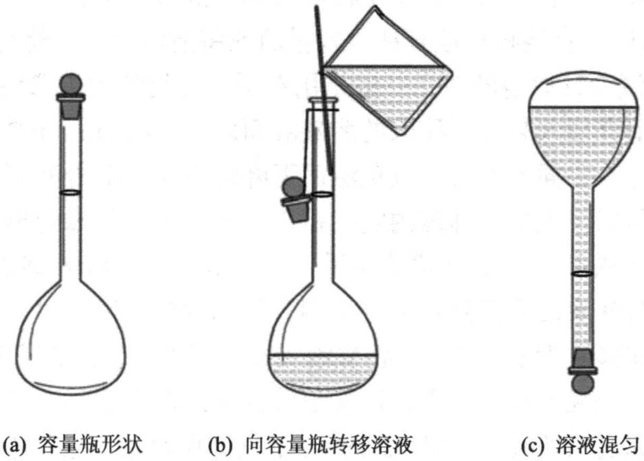

(a) 容量瓶形状　(b) 向容量瓶转移溶液　(c) 溶液混匀

图 1-3 容量瓶的使用方法

容量瓶使用前同样应洗到不挂水珠，使用时用细玻璃绳将瓶塞系在瓶颈上，以防瓶塞与瓶口弄错引起漏水。

如用固体配制一定体积的准确浓度的溶液时，通常将准确称量的固体放在小烧杯中，先用少量蒸馏水溶解后，再转移到容量瓶内。转移时烧杯嘴紧靠玻璃棒，玻璃棒下端紧靠瓶颈内壁，慢慢倾斜烧杯，使溶液沿玻璃棒顺瓶壁流下，如图1-3(b)所示。溶液流完后，将烧杯沿玻璃棒轻轻上提，同时将烧杯直立，使附在玻璃棒与烧杯嘴之间的溶液流回到烧杯中。再用蒸馏水洗涤烧杯内壁几次，洗涤液如上法转入容量瓶内。然后用蒸馏水洗下瓶颈上附着的溶液，当加水至容积一半时，摇荡容量瓶使溶液混合均匀，应注意不要让溶液接触瓶塞及瓶颈磨口部分。当液面接近刻度线约1 cm时，稍停待附在瓶颈上的水流下后，用洗瓶或用烧杯溶样时所用的玻璃棒（尽量不用滴管）滴加水至弯月面下沿与环形标线相切。盖好瓶塞，用一只手的食指压住瓶塞，另一只手的大、中、食三个指头顶住瓶底边缘，倒转容量瓶，使瓶内气泡上升到顶部，剧烈振摇数秒，再倒转过来，如此反复数次，使溶液充分混匀，如图1-3(c)所示。

如固体是经加热溶解的，须待溶液冷却后才能转入容量瓶。如要把浓溶液配制稀释成稀溶液，要用移液管或吸量管吸取准确体积的浓溶液放入容量瓶中，再按上述方法稀释至标线，上下混匀。

容量瓶不能放在烘箱中烘烤，也不能用任何加热的方法来加速容量瓶中药品的溶解。长期不用的溶液不要放置在容量瓶中，应将其转移至洁净干燥或经该溶液润洗过的试剂瓶中保存。容量瓶用毕后应立即用水冲洗干净，如长期不用，磨口处应洗净擦干，并用纸片将磨口与瓶塞隔开，以防粘连。

（四）锥形瓶

锥形瓶是圆锥形的平底玻璃瓶，如图 1-4 所示，有 25 mL、50 mL、250 mL 等各种规格。滴定分析中通常用锥形瓶盛放用移液管准确移取的被滴定的溶液，同时锥形瓶便于滴定操作中作圆周转动，使从滴定管中滴入的溶液与被滴定溶液均匀混合，充分反应，而不使溶液溅出瓶外。滴定分析时，对锥形瓶的洗涤要求与滴定管、移液管不完全相同，洗涤锥形瓶只需依次用去污粉（或洗涤剂）、自来水、去离子水洗净即可，不需用所装溶液润洗。

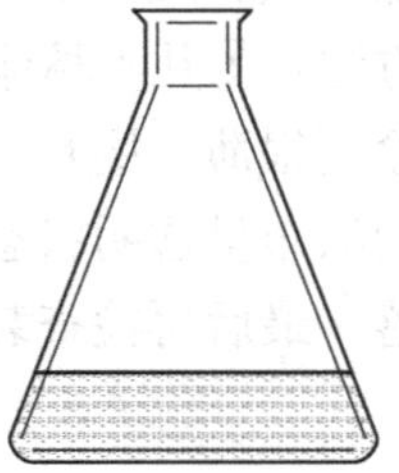

图 1-4　锥形瓶

（五）滴定管

滴定管是滴定分析中用来准确测量管内流出液体体积的一种量具。通常，它能准确测量到 0.01 mL。常用滴定管的体积一般为 50 mL 和 25 mL，滴定管上的刻度每一大格为 1 mL，每一小格为 0.1 mL，两刻度线之间可以估读出 0.01 mL。滴定管刻度值与常用的量筒不同，滴定管从上到下刻度值增加。

1. 酸管和碱管的区别。滴定管分为酸式滴定管和碱式滴定管，它们的区别在于管的下端。酸式滴定管下端连接玻璃旋塞，用以控制管内溶液滴出速度。酸式滴定管用于酸性溶液或氧化性溶液，不能用于碱性溶液，这是因为碱性溶液腐蚀磨口的玻璃旋塞，时间长了就会使旋塞粘住。碱性溶液应使用碱式滴定管，碱式滴定管的下端由胶管连接带有尖嘴的小玻璃管，如图 1-5 所示，胶管内装有一个玻璃圆球代替旋塞。使用时左手大拇指和食指捏住玻璃球部位稍上的地方，轻轻往一边挤压玻璃圆球旁边的胶管，使管内形成一条缝隙，溶液即从玻璃管嘴中流出。碱式滴定管不能用来盛装酸性或强氧化性溶液(如 $KMnO_4$、I_2溶液)，否则橡皮管会与这些溶液反应而粘住。

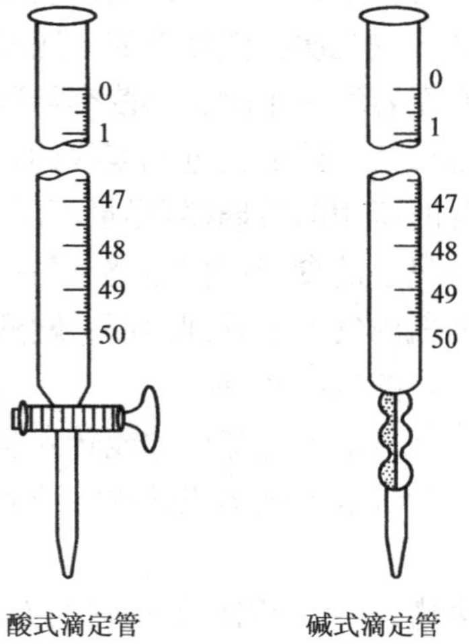

图 1-5 滴定管

2. 涂凡士林和检漏。酸式滴定管使用前，通常先检查其玻璃旋塞是否漏水。如果发现漏水或者旋转不灵活，应把玻璃旋塞取下，洗净后用碎滤纸片把水吸干再涂凡士林。其方法：①凡士林涂的位置，套：小涂大不涂；塞：大涂小不涂。这样可避开中间小孔。②涂上很薄一层凡士林，再把玻璃旋塞插入栓管中。③向同一方向旋转几周，使凡士林均匀涂布呈透明状态，如图 1-6 所示，再用橡皮圈套在玻璃旋塞末端凹槽内，以防旋塞脱落，最后再检查装好的旋塞是否漏水。如碱式滴定管漏水，应更换胶管或玻璃珠。

图 1-6 旋塞涂凡士林、安装和转动的方法

3. 洗涤和装液。洗净的滴定管内壁应完全被水润湿而不挂水珠，所以在滴定开始前，对于酸式滴定管应首先用少量铬酸洗液(如 50 mL 滴定管，用约 10 ~ 15 mL)加入滴定管中洗涤(为何碱式滴定管不能用铬酸洗液？)，用双手端平滴定管让管内洗液全部浸润滴定管内壁后，再让洗液通过活塞下面管嘴内壁，最后把洗液全部放出。然后依次分别用

自来水、去离子水洗净，再用少量(5～8 mL)标准溶液润洗 2～3 次，以保证装入滴定管内的标准溶液的浓度不会改变。最后把标准溶液装入滴定管到上端刻度 0.00 以上，这时必须注意滴定管下段是否存有气泡，气泡在滴定过程中会引起较大误差，必须把滴定管下端的气泡赶出。如是酸式滴定管应稍倾斜，左手迅速反复多次地打开旋塞，使溶液冲出带走气泡。再使旋塞开启变小，调至液面弯月面正好与 0.00 刻度线相切。如是碱式滴定管应将胶管向上弯曲，用两指挤压稍高于玻璃珠所在处，使溶液从尖嘴喷出，气泡亦随之逸出，继续边挤压边放下胶管，气泡便可全部排出，然后再调至 0.00 刻度线，如图 1-7 所示。

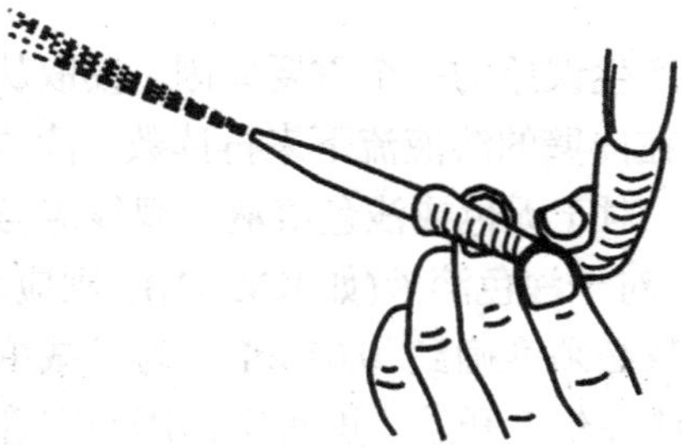

图 1-7　碱式滴定管排气泡

4. 滴定。将装好标准溶液的滴定管进行滴定分析时，对于酸式滴定管一般都用左手大拇指、食指和中指捏住旋塞把手，手心空握，如图 1-8 所示，转动旋塞时应注意不要让手掌顶出旋塞而造成漏液。右手拇指、食指和中指拿住锥形瓶的颈部，使滴定管管尖伸入瓶口 1～2 cm，一边滴入溶液，一边向同一方向(顺时针)旋转摇动锥形瓶作圆周运动，如图 1-9 所示，使瓶内溶液充分混合，发生反应。不可前后振荡，以免溅出溶液，引起误差。整个滴定过程中，左手一直不能离开旋塞而让溶液自流。对于碱式滴定管一般都是左手拇指在前，食指在后，捏挤玻璃珠外面的胶管，溶液便可流出，但不能捏挤玻璃珠下面的胶管，否则会在管嘴出现气泡。滴定速度不可过快，要使溶液逐滴流出而不连成线，滴定速度一般为 10 mL/min 即 3～4 滴/s。

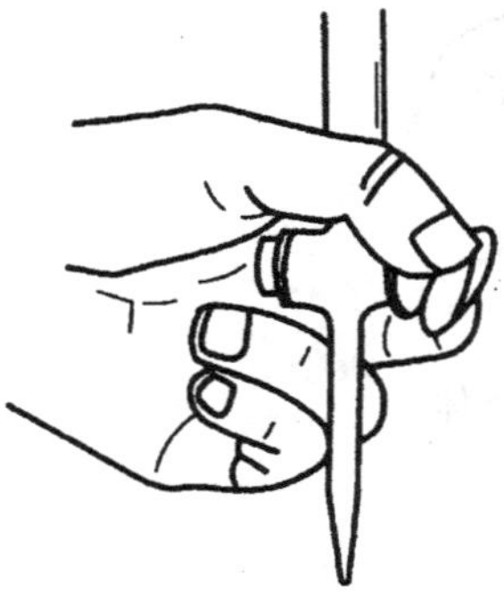

图 1-8　酸式滴定管操作方法

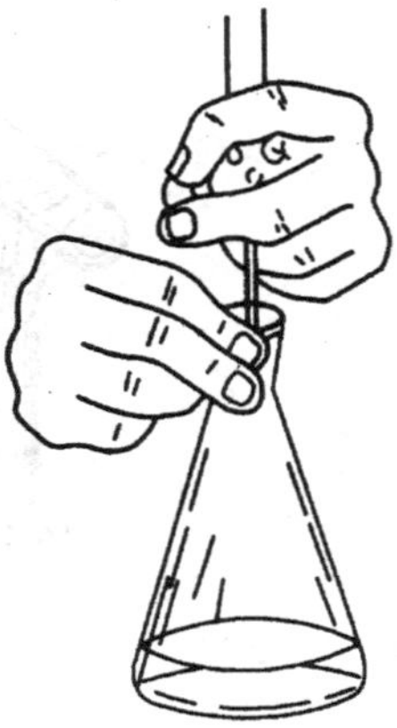

图 1-9　滴定操作方法

滴定过程中，要注意观察标准溶液的滴落点。开始滴定时，离终点很远，滴入标准溶液时一般不会引起可见的变化，但滴到后来，滴落点周围会出现暂时性的颜色变化而很快消失，随着离终点愈来愈近，颜色消失渐慢，在接近终点时，新出现的颜色暂时地扩散到较大范围，但转动锥形瓶 1 ~ 2 圈后仍完全消失。此时应不再边滴边摇，而应滴一滴摇几下。通常最后滴入半滴，溶液颜色突然变化而半分钟内不褪，则表示终点已达到。滴加半滴溶液时，可慢慢控制旋塞，使液滴悬挂管尖而不滴落，用锥形瓶内壁将液滴擦下，再用洗瓶以少量蒸馏水将之冲入锥形瓶中。

滴定过程中，尤其临近终点时，应用洗瓶将溅在瓶壁上的溶液洗下去，以免引起误差。

5. 读数。读数不准确是产生误差的一个重要原因。读取从滴定管中放出溶液的体积时，必须等 1 ~ 2 min 使附着在内壁的溶液流下来再读数，读数前还要检查管壁是否挂水珠，滴定管尖嘴是否有气泡。对于无色或浅色溶液，视线应与管内溶液弯月面最低点保持水平，读取相应的刻度值。对于深色溶液(如 $KMnO_4$)，则应读取溶液液面两侧最高点，同时视线与该点成水平，读数必须准确到 0.01 mL。为了减少测量误差，每次滴定应从 0.00 开始或从接近零刻度的任一刻度开始，即每次都用滴定管的同一段体积。

（六）烧杯中液体的加热

所盛液体的体积以烧杯容积的 1/3 ~ 2/3 为宜。加热前，要先将烧杯外壁上的水擦干，再放在石棉网上加热。

（七）试管中液体的加热

所盛液体的量不应超过试管高度的 1/3，一般试管与桌面成 45°角。加热时应用试管夹夹住试管的中上部，如图 1-10 所示。先加热液体中上部，再慢慢移动试管热及下部，然后不时地振荡试管，从而使液体各部分均匀受热，同时试管口不能对着自己或别人，以免试管内部液体加热时因局部沸腾而迸溅到脸上，造成烫伤。

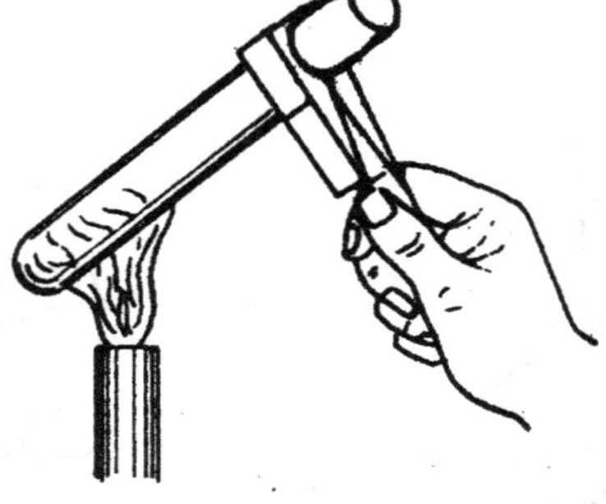

图 1-10　加热试管内的液体

第五节　化学试剂

一、试剂的质量规格和用途

（一）一般试剂

我国化学试剂属于国家标准的标有 GB 代号，属于原化工部标准的标有 HG 或 HGB (暂行)代号。常见试剂的质量分为优级纯、分析纯、化学纯和实验试剂四种规格。详见表 1-1。

表 1-1　我国化学试剂等级和标志

级别	一级品	二级品	三级品	四级品
纯度分类	优级纯(保证试剂)	分析纯(分析试剂)	化学纯	实验试剂
标签颜色	绿色	红色	蓝色	蓝色
符号	G. R.	A. R.	C. P.	L. R.
应用范围	精确分析和研究工作	一般分析和科研	工业分析和实验教学	一般化学实验

（二）高纯试剂

质量品级高于一级品的高纯试剂，国内常用 9 表示产品的纯度，在规格栏中标以 2 个 9、3 个 9、4 个 9 等。如杂质总含量不大于 $1\times10^{-2}\%$，其纯度为 4 个 9(99.99%)。

（三）其他规格的试剂

其他规格的试剂虽未经有关部门明确规定和正式公布，但多年来已为广大的化学试剂生产、销售和使用者所熟悉和沿用。详见表 1-2。

表 1-2　其他规格的化学试剂

规格	代号	用途	备注
高纯试剂	E. P.	配制标准溶液	包括超纯、特纯、高纯
pH 基准缓冲溶液		配制 pH 标准缓冲溶液	
色谱纯试剂	G. C.	气相色谱分析专用	液相色谱代号为 L. C.
指示剂	Ind	配制 pH 指示液等	
光谱纯试剂	S. P.	用于光谱分析	
生化试剂	B. R.	配制生物化学检验试液	标签为黄色系生物制品
生物染色剂	B. S.	配制微生物标本染色液	
特殊专用试剂		用于特定分析，如无砷锌	含砷不得超过 $4\times10^{-5}\%$

以上这些试剂都在标签上注明。本着节约原则，应根据实验要求，选用不同规格的试剂。既不超规格引起浪费，又不随意降低规格影响分析结果的准确性，所以实验工作者应该对试剂规格有正确的认识。在一般分析工作中，通常要求使用分析纯试剂。本书实验中使用的试剂一般均为分析纯试剂，以后不再另行说明。

二、试剂的使用和保存

（一）使用

取用化学试剂前应检查试剂的外观，注意其生产日期，不使用失效的试剂。如怀疑有变质可能，应检验合格后再用。使用时要注意保护瓶上的标签，如有脱落要及时贴好，如有损毁要照原样补全并贴牢。不能用手接触药品，不要把鼻孔凑到容器口去闻试剂(尤其是气体)的气味，不得尝任何试剂的味道。

1. 固体试剂的取用

(1) 一般都用药匙来取用固体试剂。药匙的两端有大小不同的两个匙，分别用于取大量固体和少量固体。注意药匙的清洁和干燥，以避免固体试剂被污染，最好专匙专用。用玻璃棒制作的小玻璃勺可长期存放于盛有固体试剂的小广口瓶中，无需每次洗涤。

(2) 往试管中加入固体试剂时，为避免试剂沾在试管口或试管壁上，应将试管倾斜，把药品放在对折的纸片上，再伸进试管的 2/3 处，然后使试管直立让试剂全部落到试管底部。如固体颗粒较大，可放在干燥洁净的研钵中研碎。研钵中固体试剂的量不应超过研钵容量的 1/3。

(3) 取固体试剂称量前，先看清标签，再打开瓶盖和瓶塞，将瓶塞反放在实验台上。然后用干燥洁净的药匙取固体试剂放在称量纸上称量，但对于具有腐蚀性、强氧化性和易潮解的固体试剂应放在玻璃容器内称量。根据称量精度的要求，可分别选择台秤或分析天平称量固体试剂，用称量瓶称量时，应用减量法操作。取固体试剂应遵守“只出不回、量用为出”的原则，多取的固体试剂不能放回原试剂瓶，也不要随意丢弃，更不要拿出实验室，应放在指定的容器内。取完药品立即把瓶塞塞紧，绝不能将瓶塞“张冠李戴”。

2. 液体试剂的取用

(1) 从试剂瓶中取用液体试剂通常用倾注法，不得在试剂瓶中直接吸取，倒出的试剂不可再倾回原试剂瓶中。先将瓶塞取下，然后反放在实验台上，手握瓶上贴标签的一侧并使瓶签在上方倾注试剂，如图 1-11 所示，倾出所需量后，将瓶口在容器上靠一下，再逐渐竖起试剂瓶，以免淌下的试剂玷污或腐蚀瓶签。如有试剂流到瓶外要及时擦净，绝不允许试剂沾染瓶签。

(2) 从滴瓶中取用液体试剂。先将液体试剂吸入滴管，滴入试管时滴管要垂直，这样滴入的体积才能准确，如图 1-12 所示。滴管口应离试管口 5 mm 左右，不得将滴管插入试管中，以免触及试管内壁而玷污滴瓶内药品。滴管只能专用，用后立即放回原滴瓶。使用滴管的过程中，装有试剂的滴管，不得横放或滴管口向上倾斜，以免液体流入滴管的橡皮帽中。试管实验中，可用计算滴数的办法来估计取用液体的量，一般滴管 16～20 滴液体约为 1mL。

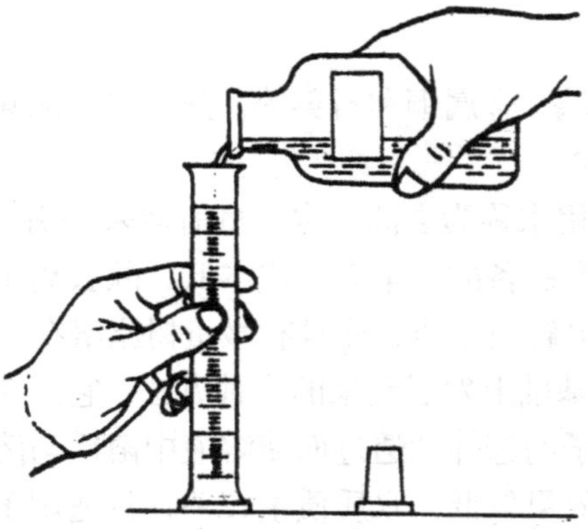

图 1-11　倾注溶液

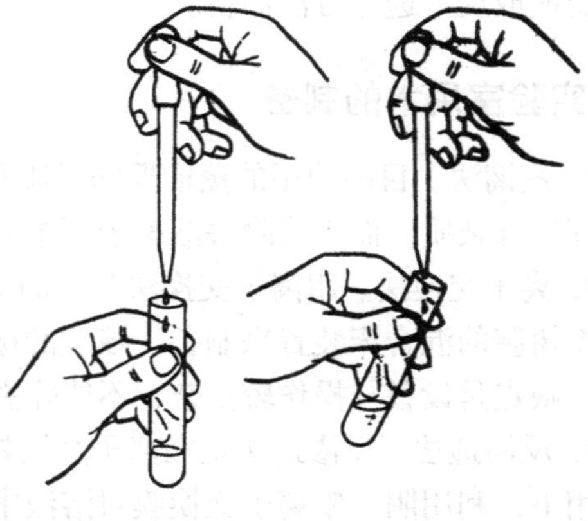

(1) 正确　　(2) 不正确

图 1-12　滴管加试剂

（二）保存

1. 分类摆放。化学试剂较多时，应按各种试剂的化学性质分类保管。

2. 剧毒试剂应贮存于保险箱中，并有专人保管。

3. 易挥发试剂应贮放在有通风设备的房间内。

4. 易燃、易爆试剂应贮存于铁皮柜或沙箱中。

5. 影响试剂变质的因素有空气、温度、光、杂质和贮存期。对变质试剂可通过提纯或精制以提高质量，否则应弃去不用。

第六节　水

国家标准 GB/T 6682—2008《分析实验室用水规格和试验方法》中明确了实验室用三个等级净化水的规格和相应的质量检验方法，应根据实验工作的不同要求选用不同等级的水。

一、实验室用水的质量要求

（一）外观

实验室用水应是无色透明的液体，其中不得有肉眼可辨的颜色及纤絮杂质。

（二）等级

1. 一级水。基本上不含有溶解杂质或胶态粒子及有机物。它用二级水经进一步处理制得，用于制备标准水样或超痕量物质分析。

2. 二级水。常含有微量的无机、有机或胶态杂质。可用蒸馏、离子交换或反渗透法制得的水进行再蒸馏的方法制备。用于精确分析和研究工作。

3. 三级水。用于一般实验工作，也就是通常所说的去离子水或蒸馏水。常用蒸馏、离子交换或反渗透等方法制备。

二、实验室用水的制备

1. 蒸馏法。目前使用的蒸馏器的材质有玻璃、金属铜和石英等，蒸馏法只能除去水中非挥发性杂质，而不能除去溶解于水中的气体。

2. 离子交换法。用离子交换法制取的实验用水称为去离子水，目前多采用阴、阳离子交换树脂的混合床装置来制备。该法的优点是制备的水量大、成本低，除去离子的能力强。缺点是设备与操作较复杂，不能除去非电解质杂质，而且有微量树脂溶在水中。

3. 反渗透法。反渗透法是在离子交换技术基础上发展起来的一种方法。它是在外电场作用下，利用阴、阳离子交换膜对溶液中离子的选择性透过而使溶液中溶质与溶剂分开，从而达到净化水的目的。该法除去杂质的效果较低，水质质量较差，只适用于一般要求不太高的分析工作。

三、实验室用水的质量检验

用于质量检验的各级水样量不得少于 2 L，水样应注满于清洁、密闭的聚乙烯容器内。质检项目主要有：pH、电导率、可氧化物、吸光度、可溶性硅和蒸发残渣。一般三级实验用水只测定去离子水或蒸馏水的 pH 和电导率。

四、特殊要求的实验用水

不含氯的水、不含氨的水、不含二氧化碳的水、不含酚的水、不含砷的水、不含铅(重金属)的水、不含有机物的水，对这些有特殊要求的实验用水，常需使用相应的技术条件处理和检验。

第七节　重量分析操作技术

重量分析通常是将待测组分经沉淀、过滤、洗涤、干燥、灼烧、称重等步骤以测定其含量的方法。

一、沉淀

在分析化学中常用沉淀法将溶液中待测组分通过加入适当的沉淀剂使之转化为固体形态的沉淀，即为沉淀操作。沉淀操作是重量分析法的首要环节，是将待测组分以难溶化合物的形式由水相中分离出来的技术。沉淀反应也常用于富集待测组分或用于分离除去某些主体成分的干扰。

(一) 沉淀的形成

沉淀的溶解度必须很小，以保证待测组分完全分离。

沉淀反应是否完全，可根据反应达到平衡后溶液中所含待测组分的剩余量来衡量，通常要求其不得超过 0.0001 g，即小于分析天平的称量允许误差。

同离子效应、盐效应、酸效应、络合效应以及温度、介质、晶体结构等均影响沉淀的溶解度。为保证分析数据的准确性，在沉淀操作中常通过增加沉淀剂用量、适当调整溶液酸度、降低强电解质含量等方法以降低沉淀的溶解度。

通常沉淀的溶解度随温度升高而加大，所以在操作中应控制反应温度，避免沉淀损失，并在相同温度条件下进行沉淀的过滤和洗涤。

（二）沉淀的类型

在沉淀反应中，沉淀的形成过程是由构晶离子经过核作用产生晶核，再生长为沉淀微粒，沉淀微粒经聚集生成无定形沉淀，或经定向排列生成晶形沉淀。

无定形沉淀颗粒小，排列杂乱无序，结构疏松，体积庞大，不易沉降。

晶形沉淀颗粒大，排列整齐，结构紧密，体积较小，易于沉降。

通常沉淀的溶解度越大就越易生成晶形沉淀。沉淀的溶解度越小，形成的颗粒也越小而更易于生成无定形沉淀。

（三）沉淀的条件

1. 在合理的稀溶液中进行沉淀。溶液的相对饱和度低则均相成核作用不显著，容易获得易滤、易洗的大颗粒晶形沉淀，还可减少共沉淀现象，但也并不是溶液浓度越稀越好，溶液太稀，沉淀溶解所引起的损失将超过允许的分析误差。

2. 在缓慢滴加沉淀剂并不断搅拌的条件下进行沉淀，以减少局部过浓现象，避免生成大量晶核而产生颗粒较小、纯度又低的沉淀。

3. 在热溶液中进行沉淀，能增加沉淀的溶解度而降低溶液中局部过饱和现象，易于获得大的晶粒。同时溶液温度增加还可以加大构晶离子的扩散速度，加快晶体的生成，有利于形成大的晶粒。

4. 沉淀析出后与母液共同静置充分陈化，使小晶粒逐渐溶解，大晶粒不断增长，不完整的晶粒逐渐转化为较完整的晶粒，亚稳态沉淀便可转化为稳态沉淀。

5. 控制溶液的 pH，可使难溶的氢氧化物完全沉淀。

6. 利用均匀沉淀法改变沉淀条件以获得所需类型的沉淀。

二、过滤

过滤是利用滤纸、滤膜或滤器将溶液中的固态物质（悬浮物和沉淀等）进行有效分离的分析操作。过滤出的溶液为滤液，固态物质则留在过滤器上。其方法通常有常压过滤、减压过滤和热过滤。

（一）常压过滤

常压过滤最简便也最常用，特别适合沉淀为微细的结晶，如图 1-13 所示。滤纸通常按四折法折叠，如图 1-14 所示。即先将滤纸整齐地对折，然后再对折。记住第二次不要折死，将锥体打开，放入漏斗，如上边缘不密合可改变折叠的角度，使滤纸与漏斗密合，此时再折死。打开三层的一面对准漏斗出口短的一面，食指按紧三层的一面，用洗瓶吹入少量蒸馏水以润湿滤纸，轻轻按滤纸，使滤纸锥体上部与漏斗间无气泡，滤纸锥体下部与漏斗内壁形成缝隙。然后加水至滤纸边缘，此时漏斗颈应全部充满水并形成水柱。

分离沉淀应先用倾析法转移大量溶液至漏斗中，让沉淀尽可能地留在烧杯内。这样可避免沉淀过早堵塞滤纸小孔而影响过滤速度。倾入溶液时，应让溶液沿着玻璃棒流入漏斗中，玻璃棒应直立，下端对着三层厚滤纸一边，并尽可能接近滤纸，但不要与滤纸接触。再用倾析法洗涤沉淀 3 ~ 4 次。

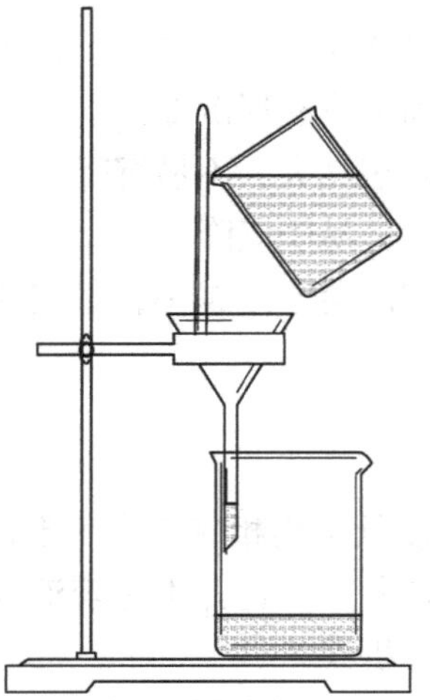

图 1-13 常压过滤

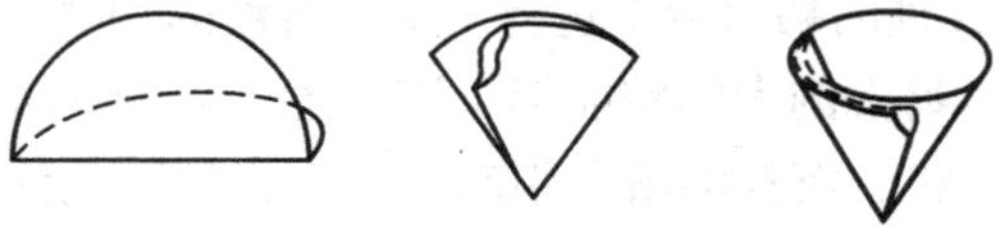

图 1-14 滤纸的折叠

"倾析法"是待沉淀静置沉降后将上层清液倾入另一容器中使沉淀与溶液分离的过程，其目的是少留溶液以便在容器内进行沉淀的初步洗涤。最后将少量溶液与沉淀集中倾于滤纸的中心部位。

定量转移沉淀是保证测量结果正确可靠的关键，应注意以下 5 点：

1. 每次转移至漏斗中的溶液量不得超过漏斗容量的 2/3，液面应低于滤纸边缘 1cm 左右。

2. 溶液转移完毕，容器壁上黏附的少量沉淀可用少量洗涤液并用小片滤纸或淀帚轻轻洗擦，直至确认全部洗净为止。

3. 对比较稳定的沉淀必要时可略提高溶液温度以增加滤速。

4. 在保证不穿滤的情况下，可用减压抽滤以提高滤速，但绝不允许翻动滤纸或用玻璃棒搅拌以提高滤速。

5. 过滤时滤纸与漏斗壁间勿存有气泡，以使支管内形成水柱而加大滤速。同时漏斗下支管管口紧贴在滤液容器壁上，这样既可提高滤速，又可防止滤液迸溅而造成的损失。

（二）减压过滤

减压过滤也称吸滤、抽滤或真空过滤，以前常用玻璃制的水泵进行吸滤，因浪费自来水，目前多采用循环水式真空泵。减压过滤可加快过滤速度，并把沉淀抽滤得比较干燥。但胶体沉淀在过滤速度很快时会透过滤纸，因此不能用减压过滤。另颗粒很细的沉淀会因减压过滤而在滤纸上形成一层密实的沉淀，使溶液不易透过反而达不到加速目的，也不能用减压过滤。

过滤前先剪好滤纸，滤纸不能折叠，因折叠处在减压过滤时很容易透滤。滤纸的大小应比布氏漏斗内径略小而又能将漏斗的孔全盖上为宜。每个学生都应具备只用眼睛观察漏斗就能将滤纸剪好的技能。减压过滤如图 1-15 所示。把剪好的滤纸放在布氏漏斗内，先用少量水润湿，再开真空泵使滤纸贴紧布氏漏斗。溶液转移同常压过滤。结束后先拔下抽滤瓶的胶管，再取下布氏漏斗，用玻璃棒撬起滤纸边，取下滤纸和沉淀。滤液从瓶口倒出，绝不能从侧口倒出，以免污染滤液。

强酸性、强碱性、强腐蚀性溶液可用尼龙布或熔砂玻璃漏斗过滤，但熔砂玻璃漏斗不适合过滤碱性太强的物质。

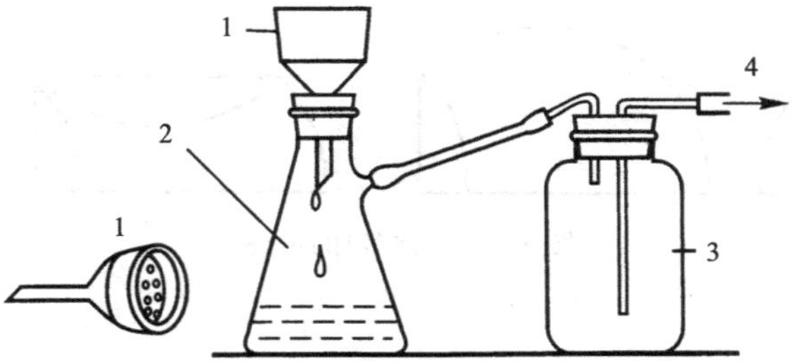

图 1-15　减压过滤

1. 布氏漏斗；2. 抽滤瓶；3. 缓冲瓶；4. 接真空泵

（三）热过滤

如溶液中溶质在冷却后易析出结晶，同时实验要求溶质在过滤时保留在溶液中，则应采用热过滤方法。

三、洗涤

沉淀洗涤如图 1-16 所示。为除去沉淀表面上吸附的杂质，需对沉淀进行洗涤，根据沉淀反应的条件和沉淀的性质选择洗涤剂的原则如下：

1. 用冷的沉淀剂稀溶液洗涤晶形沉淀，以减少其溶解量。沉淀剂如系非挥发性物质，则不得用作洗涤液。

2. 用有机溶剂洗涤易水解的沉淀。

3. 用含有少量电解质（如铵盐）的水溶液加热后洗涤胶状沉淀，可防止胶溶。

4. 通常先在原沉淀容器中洗涤沉淀 4～5 次，每次都用倾析法过滤，尽可能滗净溶液，勿使倾出的沉淀弥漫在滤纸上。在容器内最后一次洗涤沉淀后，应将溶液搅浑连同沉淀一起向滤纸上作定量转移。

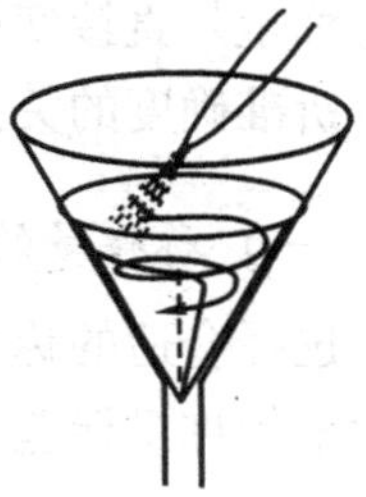

图 1-16　洗涤沉淀

5. 在滤纸上洗涤沉淀时，应从滤纸边沿稍下部位置开始，按螺旋形向下移动，使沉淀集中在滤纸锥体下部。按少量多次的原则待前一次液体流尽，再做下一次洗涤。

6. 洗涤效果按沉淀条件进行检验。如：洗至流出液无色、洗至流出液不呈酸性或碱性、洗至流出液中检不出某种离子等。

四、干燥

用玻璃棒把带有沉淀的滤纸三层部分掀起，再将其取出，打开成半圆形，自上向下折叠，再自右向左卷成小包，如图 1-17 所示。将滤纸包层数较多的一面向上，放入已恒重的坩埚中，用加热烘干的方法进行处理。当仅需测定沉淀的重量时，烘干后称量至恒重即可。如需进一步分析沉淀的各组分含量，必须将已干燥的沉淀经灼烧、溶解(酸或其他试剂)使成溶液，再定容后分析。

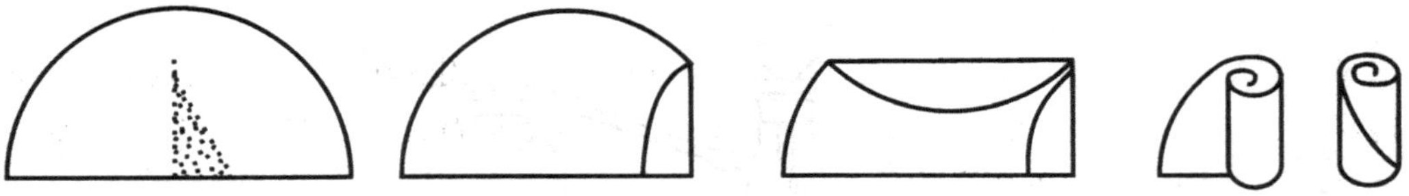

图 1-17　沉淀包的折叠

五、灼烧

将沉淀先小火烘干再炭化，炭化时只能冒烟不能着火，如着火用坩埚盖盖住使之熄灭，千万不能吹灭，以免沉淀飞溅。滤纸全部炭化后再升高温度使之灰化，烧去一切可以烧掉的炭质，最后进行高温加热使之脱水、除掉挥发性杂质、烧去有机质得到最稳态的干燥物质即为灼烧。灼烧的成效取决于灼烧温度和灼烧方法，通常以灼烧后的残渣是否达到恒重为标准。空容器与物料的灼烧条件应严格一致。

灼烧的设备有两类，一类是高温炉，如马弗炉、管式炉和高频感应加热炉；另一类是加热灯，如煤气灯、酒精喷灯等。

灼烧的容器有瓷(石英)坩埚(皿)、金属(铁、镍、银)坩埚和铂坩埚等。

六、称重

称重是直接使用分析天平准确计量物质质量的操作。在确定天平精度的条件下，提高分析准确度的关键是选择合适的称样量和使用正确的称量方法。

(一) 称样量的选择

选择合适的称样量是保证重量分析准确性的重要条件之一。例如，一般万分之一分析天平的称量误差为±0.2 mg，为使称量的相对误差小于 0.1%，则合适的称样量为：

$$\text{称量相对误差}=\frac{\text{称量绝对误差}}{\text{称样量}}\times 100\%$$

$$称样量=\frac{称量绝对误差}{称量相对误差}=\frac{0.0002}{0.1\%}=0.2g$$

所以，要保证分析结果误差在0.1%范围内，称样量就不得少于0.2 g。同理，要准确称量最后得到的沉淀质量也应符合这个条件。

（二）称量方法的选择

在常规分析中，通常采用直接称量的方法。直接称量包括：常规称量法、固定量称量法和减量称量法。

1. 常规称量法。就是按天平操作规程先称空容器质量，加样品于该容器中再称重，前后两次称重之差即为样品的准确量。

2. 固定量称量法。用于准确称取指定质量的样品。即先称空容器质量，再将样品慢慢加入容器中至所需量。

3. 减量称量法。多用于称量易吸水、易氧化或能与二氧化碳发生反应的物质，并可连续称取样品。先称装有样品的容器质量，再称从容器中倾出一定量样品后的质量，前后两次称重之差即为样品的准确量。

（三）称量误差

称量操作和其他分析操作一样存在误差，能引起称量误差的因素有：被称物性状变化、环境因素变动、天平和砝码的影响、空气浮力的影响和操作误差等。其中被称物性状变化包括被称物表面吸附水分引起的称量误差、被称物性质引起的称量误差和被称物温度未彻底平衡引起的称量误差。

第八节　滤纸规格和型号

定性滤纸和定量滤纸一般以优质纤维素(高级棉)为原料，具有纯洁度高、组织均匀、过滤速度恒定和强度高的特点，广泛用于定性、定量分析和定性、定量层析分析及测试。其选择依据是被过滤物和操作所需的颗粒保留度、流速、负载力、湿强度和化学抗性等因素。定量分析还要考虑定量滤纸的纯度和灰分。

定性滤纸用于鉴定物质性质，不同型号的定性滤纸有不同的特性，定性滤纸厚度为0.18～0.40 mm，灰分占质量的0.06%～0.2%。定量滤纸由纯度非常高的纤维素制成，并用稀盐酸和氢氟酸处理。定量滤纸在高温灼烧时转变成二氧化碳和水，从而脱离高温体系，极少有灰分潴留。一般定量滤纸的灰分小于滤纸质量的0.01%。定量滤纸又称为“无灰”滤纸，每张滤纸灼烧后的灰分在0.1 mg以下，小于天平的称量误差(0.2 mg)。

滤纸按紧密程度和孔径空隙大小分为快速、中速和慢速三类。胶状沉淀或非晶形沉淀如$Fe(OH)_3$、$Al(OH)_3$等，沉淀体积大，难于过滤和洗涤，宜选用快速滤纸过滤。粗晶形沉淀如CaC_2O_4、H_2SiO_3等宜选用中速滤纸过滤。细晶形沉淀如$BaSO_4$、$CaCO_3$等易穿透滤纸宜选用慢速滤纸过滤。

化学分析滤纸在滤纸盒上用白带(快速)、蓝带(中速)、红带(慢速)作为分类标志。滤纸外形有圆形和方形两种。常用的圆形滤纸有 ϕ 7cm、ϕ 9cm 和 ϕ 11cm 等规格，方形滤纸有 30 cm×30cm 和 60cm×60cm 等规格。定量和定性分析滤纸的主要规格和型号见表 1-3。

表 1-3 定量、定性滤纸的规格和型号

项目	定量滤纸			定性滤纸		
	快速（白带）	中速（蓝带）	慢速（红带）	快速（白带）	中速（蓝带）	慢速（红带）
质量/ (g/m^2)	75	75	80	75	75	80
孔径/ μm	80 ~ 120	30 ~ 50	1 ~ 3	>80	>50	>3
水分/%	<7	<7	<7	<7	<7	<7
灰分/%	<0.01	<0.01	<0.01	<0.15	<0.15	<0.15
含铁量/%	—	—	—	<0.003	<0.003	<0.003
水溶性氯化物/%	—	—	—	<0.02	<0.02	<0.02
水溶性杂质/%	<0.01	<0.01	<0.01	<0.1	<0.1	<0.1
相应砂芯滤器规格	G1、G2	G3	G4、G5	G1、G2	G3	G4
过滤测定示例	$Fe(OH)_3$	CaC_2O_4	$BaSO_4$	$Fe(OH)_3$	CaC_2O_4	$BaSO_4$
主要用途	分离大颗粒沉淀，纸张组织松软，过滤速度快	分离较大颗粒沉淀，纸张组织较紧密，滤速中等	分离极细颗粒沉淀，纸张组织紧密，滤速缓慢	分离大颗粒沉淀，不能用于定量分析	分离较大颗粒沉淀，不能用于定量分析	分离细小颗粒沉淀，不能用于定量分析

注：表中硫酸钡为热溶液。

根据沉淀物不同类型、沉淀量和过滤量选择滤纸直径，大多数普通圆形滤纸(扇形折叠)的最大过滤量见表 1-4。沉淀应装到相当于滤纸圆锥高度的 1/3 或 1/2 处，另滤纸的大小还应与漏斗相匹配，滤纸应比漏斗上沿低约 1cm。

表 1-4 滤纸直径与过滤量关系

滤纸直径/mm	过滤量/mL
90	15
110	20
125	35
150	75
185	135
240	300

第九节 蒸发和浓缩、结晶和重结晶

一、蒸发和浓缩

在物质的提纯与制备实验中，蒸发和浓缩一般在水浴锅上进行。如溶液很稀，而且物质的热稳定性又比较好，可直接先放在电炉上用小火加热蒸发，记住要在电炉上放石棉网。控制加热温度，以防溶液暴沸、迸溅而造成损失，然后再放在水浴锅上加热蒸发。水分不断蒸发，溶液逐渐浓缩，当蒸发浓缩到一定程度后冷却，即可析出晶体。当物质溶解度较大时，必须蒸发到溶液表面出现晶膜时才停止。蒸发浓缩的程度与溶质溶解度的大小、有无结晶水和对晶粒大小的要求有关。通常溶质的溶解度越大，晶体又不含结晶水，对晶粒的要求越小，则蒸发浓缩的时间就长一些，蒸得就干一些；反之就短些、稀些。若物质在水溶液中发生水解，可调节溶液 pH 以抑制水解反应的进行。若晶体含有结晶水，在蒸发浓缩时先析出的晶体所含的结晶水较少，可能是无水物，放置冷却时无水物从母液中吸取水形成含结晶水的晶体，所以蒸发浓缩不能过度。在定量分析实验中也常常通过蒸发浓缩来减少溶液的体积，同时又保持不挥发成分的损失。常用的蒸发容器是蒸发皿(只限于水溶液，有机溶液必须用蒸馏方法)，蒸发皿面积较大，有利于快速蒸发。蒸发皿内所盛放溶液的体积不得超过其容积的 2/3，可以随着水分的蒸发逐渐添加待浓缩的溶液。

二、结晶和重结晶

（一）结晶

结晶就是溶液达到过饱和后晶体从溶液中析出的过程。它是物质提纯与制备的重要方法之一。结晶时要求溶质的浓度达到饱和，要使溶质的浓度达到饱和，一般有两种方法。一种是蒸发法，即通过蒸发浓缩使蒸气逸出，减少一部分溶剂使溶液浓缩到过饱和状态后而析出晶体，该方法主要用于溶解度随温度变化不大的物质。另一种是冷却法，即通过降低温度使溶液冷却达到饱和而析出晶体，该方法主要用于溶解度随温度下降而明显减小的物质。有些物质的提纯与制备需将两种方法结合使用。

晶体的析出分两步，一是形成一个微小的晶核，二是晶核长大成晶体。所以晶体析出首先与晶核形成的速度有关，就一般物质而言，过饱和状态是一种不稳定状态，在过饱和溶液中加入一小粒晶体(晶种)，搅拌或用玻璃棒摩擦器皿形成晶核，从而加速晶体的析出。因此溶液过饱和程度越大，形成晶核的速度也越大，晶体析出的速度也越快。

晶体颗粒的大小与结晶条件有关，所以在实验操作中应根据需要控制结晶条件，以便得到大小合适的晶体颗粒。如溶质溶解度小，或溶液浓度高，或溶剂蒸发速度快，或溶液冷却快，即析出细小的晶体颗粒。反之，即可析出较大的晶体颗粒。搅拌溶液、摩擦器壁和静置溶液，可以得到不同的晶体。搅拌溶液、摩擦器壁有利于细晶的生成，静置溶液有利于大晶体的生成。静置溶液时若加入小粒晶种，有利于大晶体的生成。

（二）重结晶

重结晶就是第一次得到的晶体纯度不符合要求，然后再将其溶于溶剂中，再进行蒸发浓缩(或冷却)、析出晶体的反复操作过程。它也是物质提纯与制备的重要方法之一。有些物质的提纯与制备需经过几次重结晶才能完成。它适用于溶解度随温度变化而有显著变化的物质。重结晶是提纯固体有机化合物常用方法之一，从有机合成或从天然有机化合物中得到纯的固体有机物常常用重结晶方法。

1. 重结晶合适溶剂的选择及要求

(1) 与被提纯物不起化学反应。

(2) 合适的溶剂易挥发，但沸点不宜太低，便于与结晶分离。

(3) 被提纯物质在热溶剂中溶解度大，冷却时溶解度小，而杂质在冷、热溶剂中溶解度都较大。杂质始终留在母液中，或杂质在热溶剂中不溶解，热过滤时能除去杂质。

2. 重结晶提纯的步骤

(1) 将粗产品溶于适当的热溶剂中制成饱和溶液。

(2) 趁热过滤除去不溶性杂质。

(3) 冷却此溶液或蒸发溶剂使结晶慢慢析出，杂质留在母液中。或使杂质析出，欲提纯的物质留在溶液中。

(4) 减压过滤分离母液，洗涤除去吸附在晶体表面的母液，分离出欲提纯的物质晶体或杂质。

(5) 如未达要求需进一步纯化，可重复上述过程。

第十节　质量保证和质量控制

一、误差

(一) 真值

在某一时刻、某一位置或状态下，某量的效应体现出的客观值或实际值称为真值。真值包括理论真值、约定真值和相对真值。

1. 理论真值：如三角形内角之和等于 180°。

2. 约定真值：由国际计量大会定义的单位值。

3. 相对真值：标准器(包括标准物质)给出的数值。

(二) 误差

由于被测量的数值形式通常不能以有限位数表示，又由于认识能力的不足和科学水平的限制，测量值与其真值并不完全一致，表现在数值上的这种差异即为误差。误差按其产生的原因和性质分为系统误差、随机误差和过失误差。

1. 系统误差

系统误差又称为恒定误差、可测误差或偏倚。指在多次测量同一量时，其测量值与真值之间误差的绝对值和符号保持恒定，或在改变测量条件时，测量值常表现出按某一确定规律变化的误差。

实验或测量条件一经确定，系统误差就获得一个客观上的恒定值，多次测量的平均值也不能减弱它的影响。

产生的原因：方法误差、仪器误差、试剂误差、操作误差和环境误差。

消减的方法：仪器校准、空白实验、标准物质对比分析和回收率实验。

2. 随机误差

随机误差又称为偶然误差或不可测误差。是由测量过程中各种随机因素的共同作用造成的。在实际测量条件下，多次测量同一量时，误差的绝对值和符号的变化，时大时小，时正时负，以不可测定的方式变化。

随机误差遵从正态分布，特点为：有界性、单峰性、对称性和抵偿性。

产生的原因：由能够影响测量结果的许多不可控制或未加控制的因素的微小波动引起的。它可视为大量随机因素导致的误差的叠加。

减小的方法：严格控制实验条件，正确地执行操作规程和增加测量次数。

3. 过失误差

过失误差也叫粗差，它是分析者在测量过程中发生的不应有的错误而造成的。它无一定的规律可循。

含有过失误差的测量数据，经常表现为离群数据，可按照离群数据的统计检验方法将其剔除。

过失误差一经发现必须及时纠正。消除过失误差的关键是提高分析人员的业务素质和工作责任感，不断提高其理论和技术水平。

（三）误差的表示方法

1. 绝对误差

为测量值（单一测量值或多次测量值的均值）与真值之差。测量结果大于真值时，误差为正，反之为负。

绝对误差=测量值－真值

2. 相对误差

为绝对误差与真值的比值，常以百分数表示。

相对误差=绝对误差÷真值

3. 绝对偏差

为某一测量值(x_i)与多次测量值的均值($\bar{x}$)之差，以 d_i 表示。

$$d_i = x_i - \bar{x}$$

4. 相对偏差

为绝对偏差与均值的比值，常以百分数表示。

$$相对偏差 = d_i \div \bar{x}$$

5. 平均偏差

为绝对偏差的绝对值之和的平均值，以 $\bar{d}$ 表示。

$$\bar{d} = \frac{1}{n}\sum_{i=1}^{n}|d_i| = \frac{1}{n}(|d_1| + |d_2| + \cdots\cdots + |d_n|)$$

6. 相对平均偏差

为平均偏差与测量均值的比值，常以百分数表示。

$$相对平均偏差 = \overline{d} \div \overline{x}$$

7. 极差

为一组测量值内的最大值与最小值之差，又称为范围误差或全距，以 R 表示。

$$R = x_{\max} - x_{\min}$$

8. 差方和

又称为离均差平方和或平方和，指绝对偏差的平方之和，以 S 表示。

$$S = \sum_{i=1}^{n}(x_i - \overline{x})^2 = \sum_{i=1}^{n} d_i^2$$

9. 方差

以 s^2 或 V 表示。

$$s^2 = \frac{1}{n-1}\sum_{i=1}^{n}(x_i - \overline{x})^2 = \frac{1}{n-1}S$$

10. 标准偏差

也称为标准差，以 s 或 SD 表示。

$$s = \sqrt{\frac{1}{n-1}\sum_{i=1}^{n}(x_i - \overline{x})^2} = \sqrt{s^2} = \sqrt{\frac{1}{n-1}S}$$

11. 相对标准偏差

又称为变异系数，是标准偏差与其均值的比值，常用百分数表示，前者记为 RSD，后者记为 CV。

$$RSD(CV) = \frac{s}{\overline{x}} \times 100\%$$

二、名词解释

（一）准确度

1. 定义。准确度常用以度量一个特定分析程序所获得的分析结果(单次测定值或重复测定值的均值)与假定的或公认的真值之间的符合程度。一个分析方法或分析系统的准确度是反映该方法或该测量系统存在的系统误差和随机误差的综合指标，它决定着这个分析结果的可靠性。

准确度用绝对误差或相对误差表示。

2. 准确度的评价方法。①标准物质分析；②回收率测定；③不同方法的比较。

（二）精密度

精密度是使用特定的分析程序在受控条件下重复分析均一样品所得测定值之间的一致程度。它反映了分析方法或测量系统存在的随机误差的大小。测量结果的随机误差越小，测量的精密度越高。

精密度常用极差、平均偏差和相对平均偏差、标准偏差和相对标准偏差表示。标准偏差在数理统计中属于无偏估计量而常被采用。

为满足某些特殊需要，常用平行性、重复性和再现性作为精密度的专用术语。

（三）灵敏度

灵敏度指某方法对单位浓度或单位量待测物质变化所致的响应量变化程度。它可以用仪器的响应量或其他指示量与对应的待测物质的浓度或量之比来描述。如分光光度法常以标准曲线的斜率来度量灵敏度。一个分析方法的灵敏度可因实验条件的变化而改变，在一定的实验条件下，灵敏度具有相对的稳定性。

分光光度法中常用的摩尔吸光系数ε，是指当测量光程为 1 cm，待测物质浓度为 1 mol/L 时，相应于待测物质的吸光系数。ε越大，方法的灵敏度越高。

（四）空白实验

1. 定义。空白实验（空白测定）指除用水代替样品外，其他所加试剂和操作步骤均与样品测定完全相同的操作过程。空白实验应与样品测定同时进行。

2. 空白实验值。样品分析的响应值如吸光度和峰高等，通常不仅是样品中待测物质的响应值，还包括其他所有因素，如试剂中的杂质、器皿、环境以及操作过程中的沾污等的响应值。由于影响空白值的各种因素大小经常变化，为了解这些因素的综合影响，在分析样品的同时，每次均应做空白实验。空白实验所得的结果称为空白实验值。

3. 实验用水。实验用水应符合要求，其中待测物质的浓度应低于所用方法的检出限。否则将增大空白实验值及其标准偏差而影响实验结果的精密度和准确度。

（五）标准曲线

1. 定义。标准曲线是描述待测物质浓度或量与相应的测量仪器响应量或其他指示量之间的定量关系的曲线。标准曲线包括“工作曲线”（标准溶液的分析步骤与样品分析步骤完全相同）和“标准曲线”（标准溶液的分析步骤与样品分析步骤相比有所省略，如省略样品的前处理）。

2. 标准曲线的绘制

(1) 配制在测量范围内的一系列已知浓度的标准溶液。

(2) 按照与样品测定完全相同的分析步骤测定各浓度标准溶液的响应值。

(3) 选择适当的坐标纸，以响应值为纵坐标，浓度或量为横坐标，将测量数据标在坐标纸上植点。

(4) 通过各点绘制一条合理的曲线。在样品分析中，通常选用它的直线部分。

(5) 标准曲线的点阵符合要求时，亦可用最小二乘法的原理计算回归方程。

3. 线性范围。某方法标准曲线的直线部分所对应的待测物质浓度或量的变化范围，称为该方法的线性范围。

（六）检出限

检出限为某特定分析方法在给定的置信度内可从样品中检出待测物质的最小浓度或最小量。所谓“检出”是指定性检出，即判定样品中存有浓度高于空白的待测物质。

（七）方法的适用范围

方法的适用范围为某特定方法具有可获得响应的浓度范围。在此范围内可用于定性或定量的目的。

（八）测定限

测定限为定量范围的两端，分别为测定上限和测定下限。

1. 测定上限。在限定误差能满足预定要求的前提下，用特定方法能够准确地定量测定待测物质的最大浓度或量，称为该方法的测定上限。对没有或消除了系统误差的特定分析方法的精密度要求不同，测定上限亦将有所不同。

2. 测定下限。在测定误差能满足预定要求的前提下，用特定方法能够准确地定量测定待测物质的最小浓度或量，称为该方法的测定下限。测定下限反映出分析方法能准确地定量测定低浓度水平待测物质的极限可能性。在没有或消除了系统误差的前提下，它受精密度要求的限制。通常分析方法的精密度要求越高，测定下限高于检出限越多。常以 3.3 倍检出限浓度作为测定下限。

（九）最佳测定范围

最佳测定范围亦称为有效测定范围，指在限定误差能够满足预定要求的前提下，特定方法的测定下限至测定上限之间的浓度范围。在此范围内能够准确地定量测定待测物质的浓度或量。最佳测定范围应小于方法的适用范围。测量结果的精密度要求越高，相应的最佳测定范围就越小。

三、有效数字和数值计算

（一）有效数字

有效数字由全部确定数字和一位不确定数字构成。

测量结果的记录、运算和报告必须注意有效数字。由有效数字构成的数值如测定值与通常数学上的数值在概念上是不同的。如：21.5、21.50 和 21.500 在数学上都视为同一数值，但如用于表示测定值，它所反映的测量结果的准确程度是不相同的。

有效数字用于表示测量结果，指测量中实际能测得的数字，即表示数字的有效意义。一个由有效数字构成的数值，其倒数第二位以上的数字应该是可靠的或确定的，只有末位数字是可疑的或不确定的。记录和报告的测量结果只应包含有效数字，对有效数字的位数不能任意增删。

有效数字构成的测定值必然是近似值,所以测定值的运算应按照近似计算规则进行。

数字“0”，当它用于表示小数点的位置，而与测定的准确程度无关时，不是有效数字；当它用于表示与测定的准确程度有关的数值大小时，就是有效数字。这与“0”在数值中的位置有关。

1. 第一个非零数字前的“0”不是有效数字，如：

0.0489	三位有效数字
0.0009	一位有效数字

2. 非零数字中的“0”是有效数字，如：

2.0076	五位有效数字
4202	四位有效数字

3. 小数中最后一个非零数字后的“0”是有效数字，如：

2.3200	五位有效数字
0.870%	三位有效数字

4. 以“0”结尾的整数，有效数字的位数难以判断，如：489 00 可能是三位、四位或五位有效数字。在此情况下，应根据测定值的准确程度改写成指数形式，如：

4.89×10^4	三位有效数字
4.890×10^4	四位有效数字
4.8900×10^4	五位有效数字

（二）数值的进舍修约规则

建议按 GB8170—87 数值修约规则进行数值修约。

1. 拟舍弃数字的最左一位数字小于 5 时，则舍去，即保留的各位数字不变。如：

将 12.3289 修约到一位小数，得 12.3
将 12.3289 修约成两位有效数字，得 12

2. 拟舍弃数字的最左一位数字大于 5 或虽等于 5 而其后并非全部为 0 的数字时，则进 1，即保留的末位数字加 1。如：

将 1268 修约到“百”位数，得 13×10^2
将 1268 修约成三位有效数字，得 127×10
将 20.504 修约到“个”位数，得 21

3. 拟舍弃数字的最左一位数字是 5，右边无数字或皆为 0 时，若所保留的末位数字为奇数则进 1，为偶数则舍弃。如：

将 0.075 修约成一位有效数字，得 0.08
将 2.050 修约成两位有效数字，得 2.0

4. 负数修约时，先将它的绝对值按上述规则进行修约，然后在修约值前面加上负号。如：

将－485 修约成两位有效数字，得－48×10

5. 拟修约数字应在确定修约位数后一次修约获得结果，而不应多次按上述规则连续修约。如：

将 25.4546 修约成两位有效数字，得 25
不应将 25.4546→25.455→25.46→25.5→26，得 26

（三）记数规则

1. 记录测量数据时，只保留一位可疑数字，即不确定的数字。

2. 表示精密度通常只取一位有效数字。测定次数很多时，方可取两位有效数字，而且最多只取两位有效数字。

3. 在数值计算中，当有效数字位数确定后，其余数字一律按修约规则舍去。

4. 在数值计算中，某些倍数、分数、不连续物理量的数目，以及不经测量而完全根据理论计算或定义得到的数值，其有效数字的位数可视为无限。这类数值在计算中需要几位就写几位有效数字。

5. 测量结果的有效数字所能达到的位数不能低于方法检出限的有效数字所能达到的位数。

（四）近似计算规则

1. 加法和减法。几个近似值进行加法和减法运算时，其和或差的有效数字决定于绝对误差最大的数值，即最后结果的有效数字与各个加、减数中的小数点后位数最少者相同。如：

$$508.4-438.63+13.046-6.0548=76.7$$

2. 乘法和除法。几个近似值进行乘法和除法运算时，所得积或商的有效数字位数决定于相对误差最大的近似值，即最后结果的有效数字位数要与各近似值中有效数字位数最少者相同，而与小数点后的位数无关。如：

$$2.35\times3.642\times3.3576=28.7$$

3. 乘方和开方。近似值进行乘方和开方运算时，最后结果的有效数字与原数相同，即原近似值有几位有效数字，计算结果就可以保留几位有效数字。如：

$$6.54^2=42.8$$

$$\sqrt{7.39} = 2.72$$

4. 对数和反对数。近似值进行对数运算时，所取对数的尾数应与真数有效数字位数相同。反之，尾数有几位，真数就取几位。如：

$$\text{pH}=4.74，则\ c(\text{H}^+)=1.8\times10^{-5}\text{mol/L}$$

5. 平均值。求四个或四个以上准确度接近的近似值的平均值时，其有效数字可增加一位。如：

$$\frac{3.77+3.70+3.79+3.80+3.72}{5}=3.756$$

第二章　实验常用仪器设备使用方法

一、TG328B 半自动电光分析天平

准确称量物体的质量是化学实验中最基本的操作之一，在许多化学实验中，往往需要准确称量物体质量到 0.1 mg，这就需要选用精确度高的精密分析天平。电光天平是常用的一种分析天平，有半机械加码和全机械加码两种。TG328B 半自动电光分析天平如图 2-1 所示。

图 2-1　TG328B 半自动电光分析天平

（一）原理

杠杆原理。动力×动力臂=阻力×阻力臂。对等臂天平而言，物体的质量=砝码的质量。也就是天平平衡时，由已知质量的砝码来确定（衡量）被称物体的质量。TG328B 半自动电光分析天平的最大称量载荷为 200 g，可精确到 0.1 mg。

（二）主要构件

1. 天平梁。通常称为横梁，梁上有 3 个三棱形的玛瑙刀，刀与刀之间的距离为 7 cm，中间的刀口向下，用来支承天平梁，称为支点刀。左右两边刀口向上，用来悬挂称盘，称为承重刀。玛瑙刀口的尖锐程度决定天平的灵敏度，直接影响称量的精确程度，所以使用天平时最重要的是注意保护天平的刀口。梁的两端装有两个平衡螺丝（调零点）、指针和重心球（调节天平灵敏度）。

2. 空气阻尼装置。也称速停装置，由内外相互罩合而不接触的阻尼内筒和阻尼外筒构成，它利用筒内空气的阻力产生的阻尼作用，阻止天平的摆动使其迅速地达到平衡。

3. 秤盘和砝码。天平有两个秤盘，左盘放被称物体，右盘放砝码。砝码盒内装有

1~100 g 砝码，其中有两个 20 g 的砝码(其质量有微小的差别)，一个带“*”号，一个不带“*”号，称量时尽量取不带“*”号的那个砝码。10 ~ 990 mg，通过旋转指数盘自动增减圈形砝码，指数盘外圈 0.*x* g 即小数点后第一位；指数盘内圈 0.0*x* g 即小数点后第二位。10 mg 以下由投影屏读出，即小数点后第三位和第四位。

4. 升降旋钮。是控制天平工作状态和休止状态的旋钮，也称天平的开关，使用时左手掌心向上，向右轻轻转动升降旋钮，天平处于工作状态；向左轻轻转动升降旋钮，天平处于休止状态。

5. 光学投影屏。用来读取 10 mg 以下的读数(即小数点后第三和第四位的读数)，记住投影屏的光带总是向着重的方向移动。

6. 微动调节杆。也称为拨杆，当天平零点(即空载平衡点)偏离零位时，可用拨杆微调到零位，在称量过程中不能再移动拨杆。

（三）使用方法

1. 调水平。检查天平是否水平，可观察天平立柱后的水准仪是否在水平位置。天平水平时，可观察到天平箱内水准仪的小圆珠在中间，哪边重，小圆珠就往哪边偏。应在教师指导下通过调节垫脚螺丝，使天平成水平位置。

2. 检查天平横梁、秤盘、吊耳的位置是否正常，转动升降旋钮，使梁轻轻落下，观察指针摆动是否正常，秤盘上若有灰尘，应用软毛刷轻轻拂净。

3. 检查砝码盒中砝码是否齐全，有无缺少，8 个圈码所钩位置是否合适，有无脱落。

4. 调节天平零点。天平的零点即空载天平处于平衡状态时指针的位置。光学读数天平零点的测定：接通电源，轻轻地向右转动升降旋钮，慢慢地打开(启动)天平，天平在不载重的情况下，检查投影屏上的标尺位置。若零点不与投影屏上的标线重合，小范围可通过拨杆调节，挪动投影屏的位置，使其重合。若相差较大时通过天平梁上的平衡螺丝调节，以调节空载盘的位置。

5. 天平灵敏度的测定。天平的灵敏度(感量)是指在天平一个盘上多增加一个额外质量(一般是增加 1 mg)时天平梁的倾斜度。通常以指针偏移的格数来衡量，指针移的格数越多，则天平的灵敏度越高。天平的灵敏度很大程度上取决于天平梁上 3 个接触点的摩擦情况。3 个玛瑙刀口的棱边越锋利，玛瑙平板越光滑，即它们之间摩擦力越小，天平的灵敏度就越高，所以，长期使用的天平灵敏度就会逐渐下降。此外，天平的负重不同，也会影响到它的灵敏度，通常灵敏度是随负重的增加而降低。一般灵敏度过低，会降低称量的准确度，若天平的灵敏度过高，又会使天平变得不稳定，增加摆动周期。

$$\text{灵敏度}=\frac{\text{指针偏移的格数}}{1\ \text{mg}}$$

天平灵敏度的测定：调节天平的零点与投影屏上的标线重合，在天平盘上放一个校准过的 10 mg 砝码，再开动天平测定平衡点，标尺应移动 98 ~ 102 个小格，即在 9.8 ~ 10.2 mg 范围内，此时天平灵敏度符合要求，否则，应调节灵敏度。

6. 物体的称量。打开天平的侧门，将已在台秤天平上粗略称量过的物体放在左盘的中央，相当质量的砝码放在右盘的中央，关好两侧门。左手掌心向上慢慢地向右转动升降旋钮(注意刚开始称量时，升降旋钮不要开到底)，观察投影屏上指针偏移情况，并根据指针偏移情况增减砝码，1 g 以上取砝码盒内的砝码，1 g 以下通过旋转指数盘自动加减，直到投影光屏上的刻线与标尺投影上某一读数重合并静止在 10 mg 内的读数为止(整个操作左手不离升降旋钮，右手不离操纵砝码)。加砝码的原则：由大到小加砝码，中间截取加圈码。

(1) 直接称量法。用一条干净的纸条拿取被称物放入天平的秤盘，然后去掉纸条，在砝码盘上加砝码，使砝码直接与被称物平衡，此时，砝码所标示的质量就等于被称物的质量。如烧杯、表面皿、坩埚等一般都采用直接称量法。

(2) 增量法(又称固定质量称量法)。将盛物容器放于天平的秤盘，在砝码盘上加适当的砝码使之平衡，得到盛物容器重 W_0，然后在砝码盘上添加与所称试样等重的砝码，用牛角勺取试样加于盛物容器中，直至天平达到平衡，此时，砝码总重为 W，则称取的样品质量为 $W-W_0$。此法一般用来称量规定质量的试样(如基准物质)，该称量操作的速度很慢，适于称量不易吸潮、在空气中能稳定存在的粉末状或小颗粒样品。

注意：若不慎加入试剂超过指定质量，应先关闭升降旋钮，用牛角勺取出并弃去多余试剂，千万不能放回原试剂瓶中，也不能将试剂散落于天平盘等容器以外的地方。重复上述操作，直至试剂质量符合指定要求为止。

(3) 减量法(又称递减称量法)。将适量试样装入称量瓶中，用纸条缠住称量瓶放于天平托盘上，称得称量瓶及试样质量为 W_1。然后用纸条缠住称量瓶，从天平盘上取出，举放于容器上方，瓶口向下稍倾，用纸捏住称量瓶盖，轻敲瓶口上部，使试样慢慢落入容器中，当倾出的试样接近所需要的质量时，慢慢地将称量瓶竖起，再用称量瓶盖轻敲瓶口下部，使瓶口的试样集中到一起，盖好瓶盖，放回到天平盘上称量，得 W_2。两次称量之差就是试样的质量，如此继续进行，可称取多份试样。

$$\text{第一份：试样重} = W_1 - W_2\,(\text{g})$$
$$\text{第二份：试样重} = W_2 - W_3\,(\text{g})$$
$$\text{第三份：试样重} = W_3 - W_4\,(\text{g})$$

此法一般用来连续称取几个试样，其量允许在一定范围内波动，也用于称取易吸湿、易氧化或易与二氧化碳反应的试样。

7. 完整、准确地将所称物体质量的数据记在记录本上。

8. 休止天平，取出物体和砝码，将指数盘还原。

9. 再次调节零点，在 2 小格以内，该称量精度在范围内，如在 5 格以上，须重新称量。

10. 关掉电源，罩上天平罩。最后登记天平使用的情况记录。

(四) 注意事项

1. 天平在使用之前，先用软毛刷清扫天平。检查天平是否处于正常状态，天平是否水平，检查和调节天平的零点。

2. 开动或关闭天平要缓慢平稳，以免损坏玛瑙刀口。

3. 待称物不能直接放在天平盘上，而应放在干净的称量容器如表面皿、称量瓶、称量纸内。吸湿性强、易挥发和具有腐蚀性的样品必须装在密闭容器中称量。

4. 称量时左手手心向上不离开升降旋钮，右手加减砝码或旋转指数盘自动加减圈形砝码。

5. 读数时关好天平门，门开着或关不严会因空气对流而读数不精确。

6. 加减砝码或取放称量物时，一定要关掉天平，目的是保护刀口，因这时天平梁和盘托被托起，刀口与平板脱离，光源切断。

7. 天平的前门不能随意打开，整个称量过程中，取放物体或加减砝码，只能打开天平左右侧门，当两边质量接近时，必须在天平门完全关闭后，才能转动升降旋钮进行称量。

8. 待称物的质量不得超过该天平的最大负荷。

9. 加减砝码时，应轻轻转动砝码指数盘，防止砝码跳落、互相碰撞。

10. 被称物的温度和天平室温度应一致，不允许称量过热或过冷物品。

二、FA1604 型电子天平

电子天平是新一代天平，是根据电磁力平衡原理，直接称量，全量程不需砝码。放上称量物后，在几秒钟内即达到平衡，显示读数，称量速度快，精度高。电子天平的支承点用弹性簧片取代机械天平的玛瑙刀口，用差动变压器取代升降旋钮装置，用数字显示代替指针刻度式。因而，电子天平具有使用寿命长、性能稳定、操作简便和灵敏度高的特点。此外，电子天平还具有自动校正、自动去皮、超载指示、故障报警等功能以及具有质量电信号输出功能，而且可与打印机、计算机联用，进一步扩展其功能，如统计称量的最大值、最小值、平均值以及标准偏差等。由于电子天平具有机械天平无法比拟的优点，尽管其价格较贵，但也会越来越广泛地应用于各个领域并逐步取代机械天平。

图 2-2　FA1604 型电子天平

电子天平按结构可分为上皿式和下皿式两种，秤盘在支架上面为上皿式，秤盘吊挂在支架下面为下皿式，目前，广泛使用的是上皿式电子天平。尽管电子天平种类繁多，但其使用方法大同小异，具体操作可参看各仪器的使用说明书。下面以上海天平仪器厂生产的FA1604型电子天平(160 g/0.1 mg)为例，如图2-2所示，简单介绍电子天平的使用方法。

1. 水平调节。观察水平仪，如水平仪水泡偏移，需调整水平调节脚，使水泡位于水平仪中心。

2. 预热。接通电源，预热至规定时间后，开启显示器进行操作。

3. 开启显示器。轻按 ON 键，显示器全亮，约 2 s 后，显示天平的型号，然后是称量模式 0.0000，读数时应关上天平门。

4. 天平基本模式的选定。天平一般为“通常情况”模式，并具有断电记忆功能。使用时若改为其他模式，使用后一经按 OFF 键，天平即恢复“通常情况”模式。称量单位的设置等可按说明书进行操作。

5. 校准。天平安装后，第一次使用前，应对天平进行校准。因存放时间较长、位置移动、环境变化或未获得精确测量，天平在使用前一般都应进行校准操作。FA1604 型电子天平采用外校准(有的电子天平具有内校准功能)，由 TAR 键清零及 CAL 键、100 g 校准砝码完成。

6. 称量。按 TAR 键，显示为零后，置称量物于秤盘上，待数字稳定即显示器左下角的“0”标志消失后，即可读出称量物的质量值。

7. 去皮称量。按 TAR 键清零，置容器于秤盘上，天平显示容器质量。再按 TAR 键，显示零，即去除皮重。再将称量物置于容器中，或将称量物(粉末状物或液体)逐步加入容器中直至达到所需质量，待显示器左下角“0”消失，这时显示的是称量物的净质量。将秤盘上的所有物品拿开后，天平显示负值，按 TAR 键，天平显示 0.0000 g。若称量过程中秤盘上的总质量超过最大载荷(FA1604 型电子天平为 160 g)时，天平仅显示上部线段，此时应立即减小载荷。

8. 称量结束后，若较短时间内还使用天平(或其他同学还使用天平)一般不要按 OFF 键关闭显示器。实验全部结束后，关闭显示器，切断电源。若短时间内(例如 2 h 内)还使用天平，可不必切断电源，再用时可省去预热时间。若当天不再使用天平，应拔下电源插头。

三、pHS-3C 型酸度计

雷磁 pHS-3C 型精密酸度计又称为 pH 计，如图 2-3 所示，其使用方法如下：

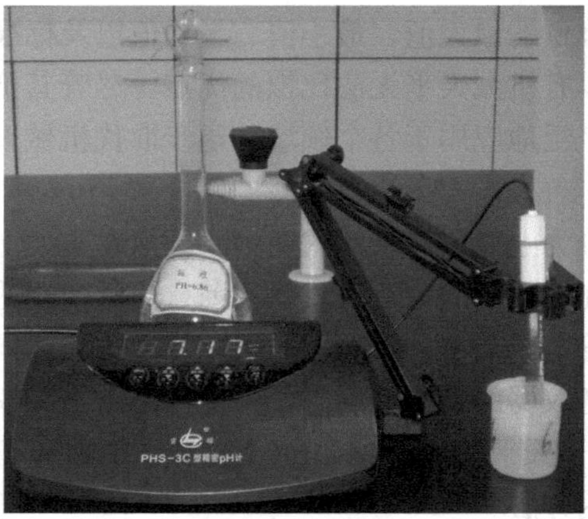

图 2-3　pHS-3C 型酸度计

1. 打开电源开关，按“pH/mV”键，使仪器进入 pH 测量状态(pH 指示灯亮)。

2. 按“温度”按钮，调至显示为溶液温度值(此时温度指示灯亮)，然后按“确认”键，仪器确定溶液温度后回到 pH 测量状态。

3. 将用蒸馏水清洗过并吸干的 pH 复合电极插入 pH=6.86 的 pH 标准缓冲溶液中，待读数稳定后按“定位”键(此时 pH 指示灯慢闪烁，表明仪器在定位标定状态)调至该温度下标准溶液的 pH，然后按“确认”键，使仪器回至 pH 测量状态(pH 指示灯停止闪烁)。

4. 将用蒸馏水清洗过并吸干的 pH 复合电极插入 pH=4.00(或 pH=9.18)的 pH 标准缓冲溶液中，待读数稳定后按“斜率”键(此时 pH 指示灯快闪烁，表明仪器在斜率标定状态)调至该温度下标准溶液的 pH，然后按“确认”键，使仪器回至 pH 测量状态(pH 指示灯停止闪烁)，标定完成。

5. 用蒸馏水清洗电极并吸干后即可对被测溶液进行测量。

6. 如果被测溶液温度与标定溶液的温度不一致，用温度计测量出被测溶液的温度，然后按“温度”键，使仪器显示为被测溶液的温度值，然后再按“温度”键，即可对被测溶液进行测量。

7. pH 计标定错误后补救措施

(1) 如果在标定过程中操作失误或按键按错而使仪器测量不正常，可关闭电源，然后按住“确认”键再开启电源，使仪器恢复初始状态，然后重新标定。

(2) 标定后，“定位”键及“斜率”键不能再按，如果触动此键，此时仪器 pH 指示灯闪烁，请不要按“确认”键，而是按“pH/mV”键，使仪器重新进入 pH 测量即可，而无需再进行标定。

(3) 标定的缓冲溶液一般第一次用 pH=6.86 的溶液，第二次用接近被测溶液 pH 值的缓冲溶液，如被测溶液为酸性时，缓冲溶液应选 pH=4.00；如被测溶液为碱性时则选 pH=9.18 的缓冲溶液。

四、可见-紫外分光光度计

（一）测量原理

光是一种电磁波，具有一定的波长和频率。可见光的波长范围在 400 ~ 760 nm，紫外线为 10~400 nm，红外线为 760nm~1mm。可见光因波长不同呈现不同颜色，这些波长在一定范围内呈现不同颜色的光称单色光。太阳或钨丝等发出的白光是复合光，是各种单色光的混合光。利用棱镜可将白光分成按波长顺序排列的各种单色光，即红、橙、黄、绿、青、蓝、紫等，这就是光谱。有色物质溶液可选择性地吸收一部分可见光的能量而呈现不同颜色，而某些无色物质能特征性地选择紫外线或红外线的能量。物质吸收由光源发出的某些波长的光可形成吸收光谱，由于物质的分子结构不同，对光的吸收能力不同，因此每种物质都有特定的吸收光谱。

物质分子对可见光或紫外线的选择性吸收在一定的实验条件下符合朗伯-比尔(Lambert-Beer)定律。当一束单色光通过一定浓度范围的稀的有色溶液时，溶液中的吸光分子对光的吸收程度 A 与溶液浓度 c(mol/L)和液层厚度 b(cm)成正比，其关系为：

$$A = \lg \frac{I_0}{I_t} = \varepsilon bc$$

式中：A 为吸光度；ε 为摩尔吸光系数(与入射光的波长、吸光物质的性质、温度等有关，是有色物质在一定波长下的特征常数)；b 为样品溶液的厚度；c 为溶液中待测物质的浓度。

朗伯-比尔定律中透过光的强度 I_t 与入射光的强度 I_0 的比值 I_t/I_0 称为透过率，用 T 表示，与吸光度的关系为：$A=-\lg T$。

测定时将有色溶液盛在厚度 b 一定的吸收池中，根据 A 与 c 的线性关系，通过测定标准溶液和试样溶液的吸光度，用图解法或计算法，求得试样中待测物质的浓度。

721 型和 722 型分光光度计的光学系统示意图如图 2-4 和图 2-5 所示。

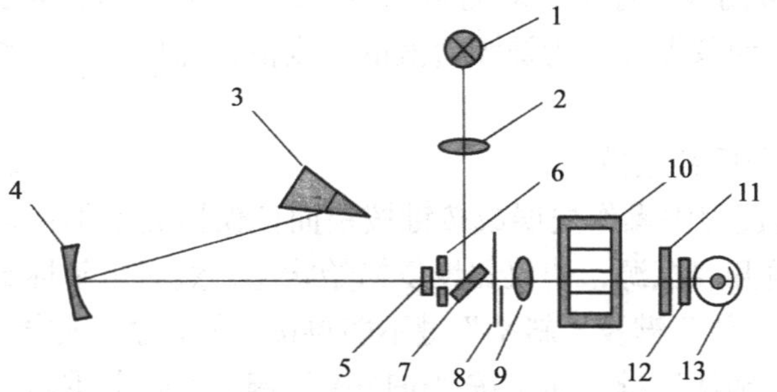

1-钨灯；2-透镜；3-玻璃棱镜；4-准直镜；5 和 12-保护玻璃；6-狭缝；
7-反射镜；8-光栅；9-聚光透镜；10-比色皿；11-光门；13-光电管

图 2-4　721 型分光光度计光学系统示意图

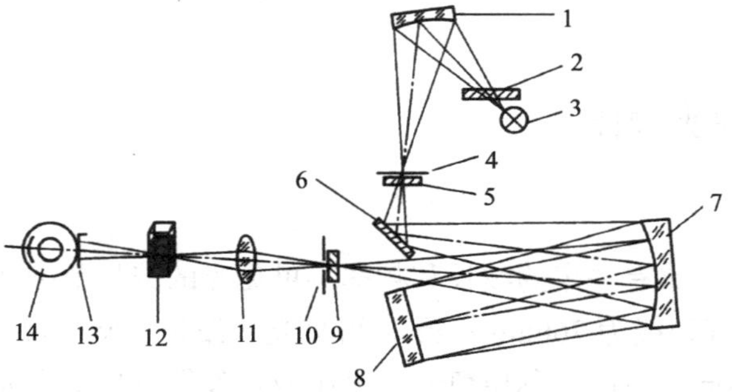

1-聚光镜；2-滤色片；3-钨灯；4-入口狭缝；5 和 9-保护玻璃；6-反射镜；7-准直镜；
8-光栅；10-出口狭缝；11-聚光透镜；12-比色皿；13-光门；14-光电管

图 2-5　722 型分光光度计光学系统示意图

（二）测定物质含量的方法

分光光度法定量分析一般采用标准曲线法，配制 5 ~ 7 个浓度由小到大依次排列的标准溶液，在选定的最佳实验条件下依次测定其吸光度 A_i，以溶液浓度为横坐标，相应的吸光度为纵坐标，绘制标准曲线。未知液的测定条件与标准曲线的测定条件相同，测出未知液的吸光度 A 后，即可从标准曲线上查出相应未知液的含量，最后计算出试样中被测物质的含量。

（三）仪器构造

分光光度计商品仪器类型很多，国产可见分光光度计有 721 型、722 型和 722S 型，紫外分光光度计有 751 型、752 型等，各类仪器原理基本相同。分光光度计的结构如图

2-6 所示。

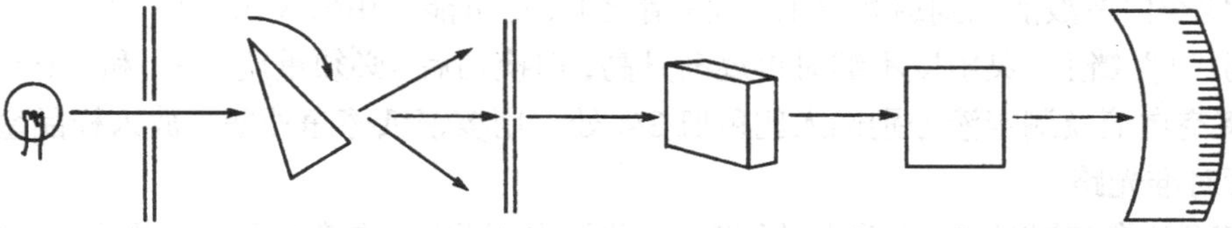

图 2-6　分光光度计结构图

1. 光源。提供稳定和强度大的连续光。钨灯或卤钨灯(适用的波长为 350 ~ 1000 nm)在可见区发光强度大，被用作可见区测定的光源。氢灯(适用的波长为 150 ~ 400 nm)在紫外区发光强度大，被用作紫外区测定的光源。

2. 分光系统。也称单色器，是仪器的核心，其作用是将光源提供的混合光色散成单色光。分光光度计通常采用光栅作为发光元件，配以入射狭缝、准光镜、投影物镜、出射狭缝等光学器件构成发光系统。

3. 样品池。由推拉架、比色皿架和暗箱组成。分光光度计所用比色皿材质有玻璃和石英之分。玻璃比色皿适用于可见光区，石英比色皿可用于紫外和可见光区，但石英比色皿价格较贵，一般只用于紫外区。

4. 检测显示系统。将透过吸收池的光转换成电信号，经放大和对数转换后，以模拟或数字信号的形式显示吸光度值。

(四) 721型分光光度计使用方法

721 型分光光度计的外形如图 2-7 所示。使用方法如下：

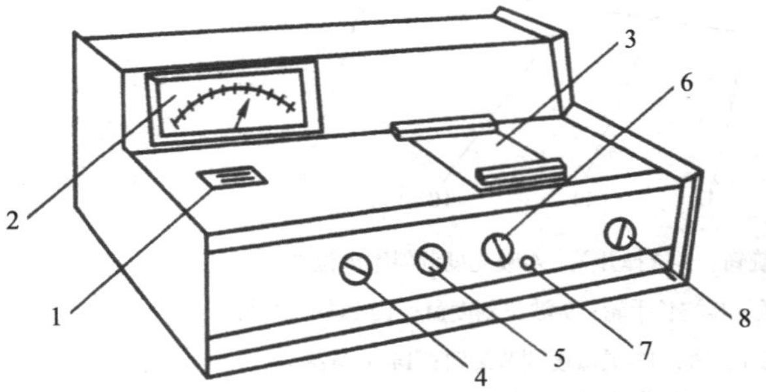

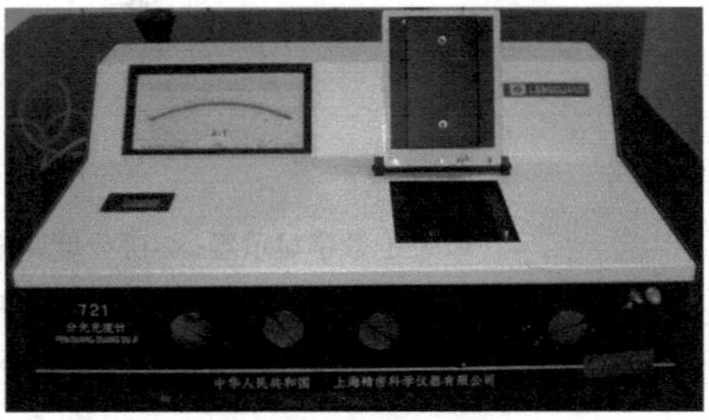

1-波长读数盘；2-电表；3-比色皿暗盒盖；4-波长调节；5-“0”透光率调节

6-“100”透光率调节；7-比色皿架拉杆；8-灵敏度选择

图 2-7　721 型分光光度计

1. 仪器应放在坚固平稳的工作台上，室内保持干燥，无强光射入。

2. 仪器未接电源前，电表指针必须置于“0”刻度线，否则需要旋动电表上的校正螺丝进行调节。

3. 接通电源，打开仪器开关，掀开样品室暗箱盖，预热 15 分钟。

4. 根据所需波长旋转波长调节器旋钮。

5. 选择适当的灵敏度挡。灵敏度有五挡，是逐渐增加的，“1”挡最低，其选择的原则是，使空白溶液能调到透光率100%的情况下，尽可能采用低灵敏度挡。所以测定时，首先调到“1”挡上，灵敏度不够时再逐渐升高，但换挡后，必须重调“0”和“100%”。

6. 将空白液及测定液分别倒入比色皿 3/4 处，用擦镜纸擦净外壁，放入样品室内，使空白管对准光路。

7. 打开比色皿暗箱盖，光路自动切断，调节零点调节器，使读数盘指针指向 T=“0”处。

8. 盖上暗箱盖，光路接通，调节“100%”调节器，使光 100%透过。

9. 重复调节“0”和“100%”，待指针稳定后，轻轻拉动比色皿座架拉杆，使待测的有色溶液进入光路，此时表头指针所指示的即为该有色溶液的吸光度值。

10. 比色测量完毕，关闭开关，拔下电源插头，取出比色皿洗净，放回原处，样品室用软布擦净，盖好比色皿暗箱盖，罩好仪器。

(五) 722型分光光度计使用方法

722 型分光光度计采用了数字显示，其外形如图 2-8 所示。使用方法如下：

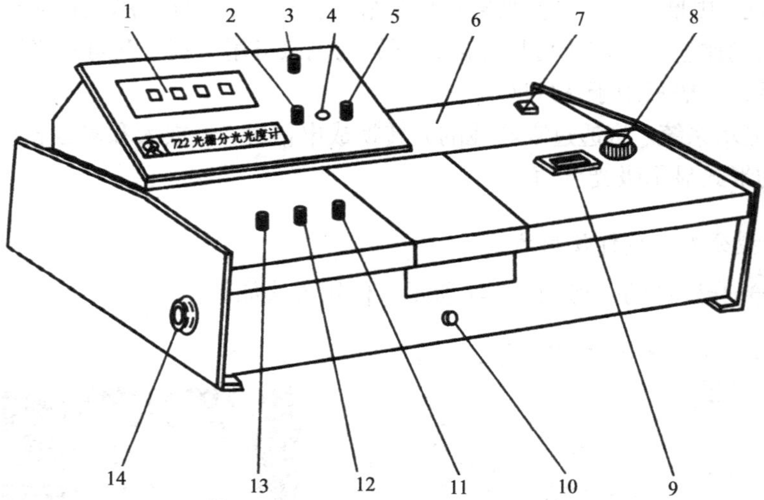

1-数字显示器；2-吸光度调零旋钮；3-选择开关；4-吸光度调斜率电位器；
5-浓度旋钮；6-光源室；7-电源开关；8-波长手轮；9-波长刻度窗；10-试样架拉杆；
11-100%透光率旋钮；12-0%旋钮；13-灵敏度调节旋钮；14-干燥器

图 2-8　722 型分光光度计

1. 预热仪器。将选择开关置于“T”，打开电源开关，使仪器预热 20 分钟。为了防止光电管疲劳，不要连续光照，预热仪器和不测定样品时应将样品室盖打开，使光路切断。

2. 选定波长。根据实验要求，转动波长手轮，调至所需要的单色波长。

3. 固定灵敏度挡。在能使空白溶液调到“100%”的情况下，尽可能采用低灵敏度挡，使用时首先调到“1”挡，灵敏度不够时再逐渐升高。但换挡改变灵敏度后，须重新校正“0%”和“100%”。选好灵敏度后，实验过程中就不能再变动。

4. 调节 T=0%。轻轻旋动“0%”旋钮，使数字显示为“00.0”(此时样品室是打开的)。

5. 调节 T=100%。将盛蒸馏水(或空白溶液，或纯溶剂)的比色皿放入比色皿座架中的第一格内，并对准光路，将样品室盖子轻轻盖上，调节透过率“100%”旋钮，使数字显示正好为“100.0”。

6. 吸光度测定。将选择开关置于“A”，盖上样品室盖子，将空白液置于光路中，调节吸光度调节旋钮，使数字显示为“.000”。将盛有待测溶液的比色皿放入比色皿座架中的其他格内，盖上样品室盖，轻轻拉动样品架拉手，使待测溶液进入光路，此时数字显示值即为该待测溶液的吸光度值。

7. 浓度的测定。选择开关由“A”旋置“C”，将已标定浓度的样品放入光路，调节浓度旋钮，使得数字显示为标定值，将被测样品放入光路，此时数字显示值即为该待测溶液的浓度值。

8. 关机。实验完毕，切断电源，将比色皿取出洗净，并将比色皿座架用软纸擦净。

（六）注意事项

1. 比色皿一定要洗净，比色皿不能用碱溶液或氧化性强的洗涤液洗涤，也不能用毛刷清洗。比色皿外壁附着的水或溶液应用擦镜纸或细而软的吸水纸吸干，不要擦拭，以免损伤它的光学表面。

2. 取拿比色皿时，手指只能捏住比色皿的毛玻璃面，而不能碰比色皿的光学表面。放在比色皿架上时，一定要放正，不能倾斜，使用完毕，及时洗净放回原处。

3. 仪器在预热、间歇期间，要将比色皿暗箱盖打开，使光路切断，以防光电管受光时间过长而“疲劳”，目的是延长光电管的使用寿命。

4. 仪器连续使用时间不宜超过 2 小时，最好是休息半小时后再使用。仪器使用半年左右或搬动后，要校正波长。

五、DDS-307 型电导率仪

DDS-307 型电导率仪如图 2-9 所示，它是实验室测量水溶液电导率必备的仪器，其使用方法如下。

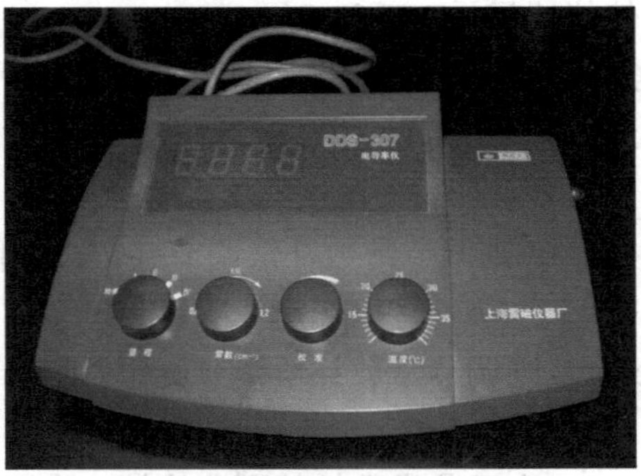

图 2-9　DDS-307 型电导率仪

（一）开机

1. 电源线插入仪器电源插座，仪器必须有良好接地。

2. 按电源开关，接通电源，预热 30 分钟后，进行校准。

（二）校准

仪器使用前必须进行校准。将“选择”开关量程选择开关旋钮指向“检查”，“常数”补偿调节旋钮指向“1”刻度线，“温度”补偿调节旋钮指向“25”刻度线，调节“校准”调节旋钮，使仪器显示 100.0 μS/cm，至此校准完毕。

（三）测量

1. 在电导率测量过程中，正确选择电导电极常数，对获得较高的测量精度是非常重要的。可配用常数为 0.01、0.1、1.0、10 四种不同类型的电导电极。学生应根据测量范围参照表 2-1 选择相应常数的电导电极。

表 2-1　测量范围和相应常数的电导电极

测量范围/(μS/cm)	推荐使用电导常数的电极
0 ~ 2	0.01，0.1
2 ~ 200	0.1，1.0
200 ~ 2000	1.0
2000 ~ 20000	1.0，10
20000 ~ 200000	10

注：常数为 1.0、10 类型的电导电极有“光亮”和“铂黑”两种形式，镀铂电极习惯称作铂黑电极，光亮电极测量范围以 0~300 μS/cm 为宜。

2. 电极常数的设置方法如下：

目前电导电极的电极常数为 0.01、0.1、1.0、10 四种不同类型，但每种类型电极具体的电极常数值，制造厂均粘贴在每支电导电极上，根据电极上所标的电极常数值调节仪器面板“常数”补偿调节旋钮到相应的位置。

(1) 将量程选择开关旋钮指向“检查”，“温度”补偿调节旋钮指向“25”度线，调节“校准”调节旋钮，使仪器显示 100.0 μS/cm。

(2) 调节“常数”补偿调节旋钮使仪器显示值与电极上所标数值一致。

①电极常数为 0.01025 cm^{-1}，则调节常数补偿调节旋钮，使仪器显示值为 102.5。(测量值=读数值×0.01)

②电极常数为 0.1025 cm^{-1}，则调节常数补偿调节旋钮，使仪器显示值为 102.5。(测量值=读数值×0.1)

③电极常数为 1.025 cm^{-1}，则调节常数补偿调节旋钮，使仪器显示值为 102.5。(测量值=读数值×1)

④电极常数为 10.25 cm^{-1}，则调节常数补偿调节旋钮，使仪器显示值为 102.5。(测量值=读数值×10)

3. 温度补偿的设置

(1) 调节仪器面板上“温度”补偿调节旋钮，使其指向待测溶液的实际温度值，此时，测量得到的将是待测溶液经过温度补偿后折算为25℃下的电导率值。

(2) 如果将“温度”补偿调节旋钮指向“25”刻度线，那么测量的将是待测溶液在该温度下未经补偿的原始电导率值。

4. 常数、温度补偿设置完毕，应将量程选择开关旋钮按表2-2调置合适位置。在测量过程中，如显示值熄灭，说明测量值超出量程范围，此时，应切换量程选择开关旋钮至上一挡量程。

表2-2　选择开关位置与量程范围

序号	选择开关位置	量程范围/(μS/cm)	被测电导率/(μS/cm)
1	Ⅰ	0～20.0	显示读数×C
2	Ⅱ	20.0～200.0	显示读数×C
3	Ⅲ	200.0～2000	显示读数×C
4	Ⅳ	2000～20000	显示读数×C

注：C为电导电极常数值。例：当电极常数为0.01时，C=0.01；当电极常数为0.1时，C=0.1；当电极常数为1.0时，C=1.0；当电极常数为10时，C=10。

（四）注意事项

1. 在测量高纯水时应避免污染，最好采用密封、流动的测量方式。

2. 因温度补偿系采用固定的2%的温度系数补偿的，故对高纯水测量尽量采用不补偿方式进行测量后查表。

3. 为确保测量精度，电极使用前应用小于0.5 μS/cm的蒸馏水(或去离子水)冲洗二次，然后再用被测试样冲洗三次方可测量。

4. 电极插头座绝对防止受潮，以造成不必要的测量误差。

5. 电极应定期进行常数标定。

六、SWC-Ⅱ数字贝克曼温度计

（一）结构特点

数字贝克曼温度仪是一种用来精密测量体系始态和终态温度变化差值的数字温度温差测量仪。面板如图2-10所示，其结构是通过一个非线性传感器微变量测量补偿线路实现的。该线路采用双恒流源、非线性传感器、固定电阻、高阻抗差动放大器组件和线性补偿电阻以及零调电位器组成。该温度温差测量仪解决了实验室的高精度温度温差测量，由于它具有测温度和测温差两种功能，因此在实验中可用它代替水银式贝克曼温度计。其主要特点如下：

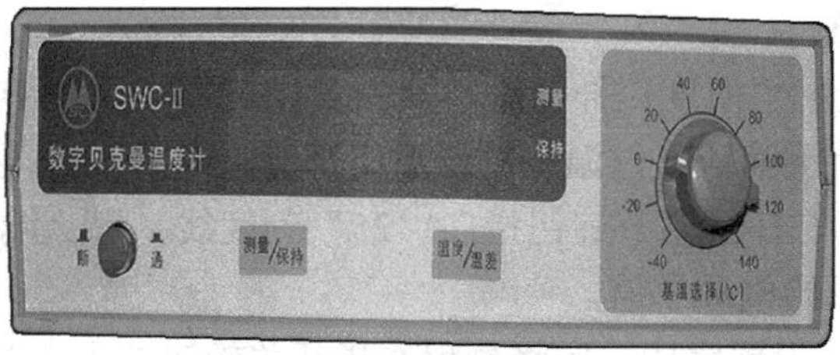

图 2-10　SWC-Ⅱ数字贝克曼温度计面板图

(1) 该仪器测量精度高，测量范围广。水银式贝克曼温度计温度测量只可在−20℃ ~ +120℃范围内使用，而数字贝克曼温度计可在−50℃ ~ +150℃使用，温度测量分辨率可以达到 0.01℃；温差(相对温度)测量范围可以达到 199.99℃；温差测量分辨率为 0.001℃。

(2) 操作简单方便，安全可靠。还可和微机直接结合完成温度、温差的检测、控制自动化。

(二) 使用方法

1. 操作实验前的准备

(1) 将仪器后面板的电源线插入 220 V 电源。

(2) 检查探头编号(应与仪器后盖编号相符)，并将其和后盖的“Rt”端子对应连接紧(槽口对准)。

(3) 将探头插入被测物中深度应大于 50 mm，打开电源开关。

2. 温度测量

(1) 按面板“温度-温差”按钮，使仪器处于温度测量状态，此时温度计显示的温度值为待测物的实际温度(数值后有℃符号)，读取该温度作为基温。

(2) 按面板“测量-保持”按钮，使仪器处于测量状态(“测量”指示灯亮)。

(3) 根据基温值，调节“基温选择”旋钮于适当的挡位。

3. 温差测量

(1) 按面板“温度-温差”按钮，使仪器处于温差测量状态，此时温度计显示的温度值为贝克曼温度(数值后无℃符号)，在此条件下可进行温差测量。

(2) 按面板“测量-保持”按钮，使仪器处于测量状态(“测量”指示灯亮)。

(3) 按待测物的实际温度调节“基温选择”旋钮于适当的挡位，使读数的绝对值尽可能小，例如，待测物的实际温度为 15℃左右，则将“基温选择”置于 20℃位置，此时显示器显示−5.000℃左右。

(三) 保持功能的操作

当温度和温差的变化太快无法读数时，为方便记录数据，可使用“保持”功能。按面板“测量-保持”按钮，使仪器处于保持状态(“保持”指示灯亮)，仪器显示按键时刻的温度值，记录数据后，再按下“测量-保持”按钮，使仪器恢复到测量状态(“测量”指示灯亮)，跟踪测量。

（四）注意事项

1. 本仪器仅适用于 220 V 电源。

2. 作温差测量时，“基温选择”在一次测量中不允许换挡。

3. 当跳跃显示“00000”时，表明仪器测量已超量程，检查被测物的温度或传感器是否接好。仪器数字不变，可检查仪器是否处于“保持”状态。

七、DP-AW 精密数字压力计

该仪器可取代水银 U 型管压力计，无汞污染，安全可靠。仪器线路采用全集成电路芯片设计方案，具有质量轻、体积小、耗电省、稳定性好等特点。数据直观，使用方便。仪器选用精密差压传感器，将压力信号转换为电信号。此微弱信号经过低漂移、高精度的集成运算放大器放大后，转成数字信号。仪器的数字显示采用高亮度 LED，字型美，亮度高。如图 2-11 所示。

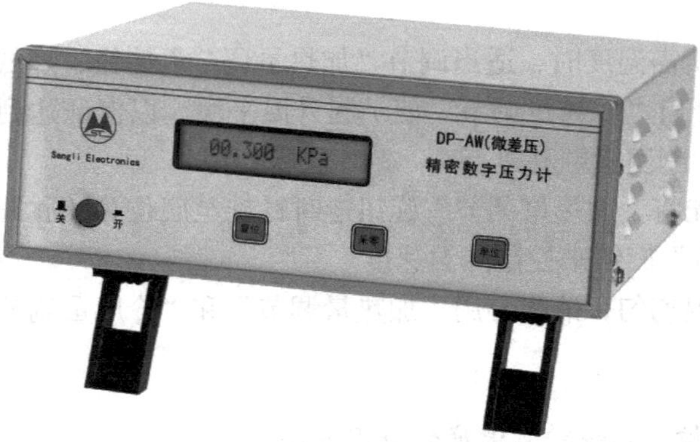

图 2-11　DP-AW 精密数字压力计

1. 将数字压力计与压力源(正压或疏空)用橡胶管连接，接通电源，仪表显示初始状态。

2. “单位”键。选择所需要的计量单位。初始状态 kPa 指示灯亮，LED 显示为计量单位的压力值；按一下“单位”键，mmHg 指示灯亮，LED 显示以 mmHg 为计量单位的压力值；按一下“单位”键，mmH_2O 指示灯亮，LED 显示以 mmH_2O 为计量单位的压力值。

3. 气密性检查。缓缓加压至满量程，观察数字压力计显示值变化情况，若显示值稳定，说明传感器及其检测系统无泄露。确认无泄露后，泄压至零，并在全量程反复预压 2 ~ 3 次，方可正式测试。

4. “采零”。在测试前必须按一下“采零”键，使仪表自动扣除传感器零压力值，以消除仪表系统的零点漂移，LED 显示为“0000”，保证测试时显示值为被测介质的实际压力值。

5. 测试。仪表采零后接通被测量系统，进行加压(或疏空)测试，此时仪表显示值即为被测系统的压力差值。

6. “复位”键。按下此键，可重新启动 CPU，仪表即可返回初始状态。一般用于死机时，在正常测试中，不应按此键。

7. 关机。实验完毕，先将被测系统泄压后，再关掉电源开关。

八、KWL-08 可控升降温电炉和 SWKY 数字控温仪

该仪器可满足各种可用试管加热的实验，具有独立加热和冷却系统，可自行控制升温和降温速度，也可和 SWKY 数字控温仪配套使用，实现自动升温，防止温度过冲。

（一）采用“内控”系统控制温度的使用方法

1. 将面板控制开关置于“内控”位置。

2. 将温度传感器置于样品管中，放置高度以传感器高温端点与试样高度距离最近为佳。

3. 将电炉面板开关置于“开”的位置，接通电源，调节“加热量调节”旋钮对炉子进行升温。

4. 当炉温接近所需温度时，适当调节“加热量调节”旋钮，降低加热电压，使炉内升温趋缓，必要时开启“冷风量调节”使炉膛升温平缓，以保证达到所需温度时基本稳定，避免温度过冲影响实验顺利进行。

5. 降温时，首先将“加热量调节”旋钮逆时针旋至底位(关断炉子的加热电源)，然后调节“冷风量调节”旋钮来控制降温速度。

6. 为使炉内降温均匀，请耐心用“加热量调节”和“冷风量调节”两旋钮配合调节来实现。

（二）采用“外控”系统控制温度的使用方法

用“内控”虽可实现对炉温的控制，但易产生较大的温度过冲。采用外控(即用 SWKY 数字控温仪)实现自动控温就较理想。一般采用 SWKY 数字控温仪与 KWL-08 可控升降温电炉配套使用，如图 2-12 所示。仪器采用自整定 PI 技术对系统温度进行控制，并进行非线性补偿，有效防止温度过冲。

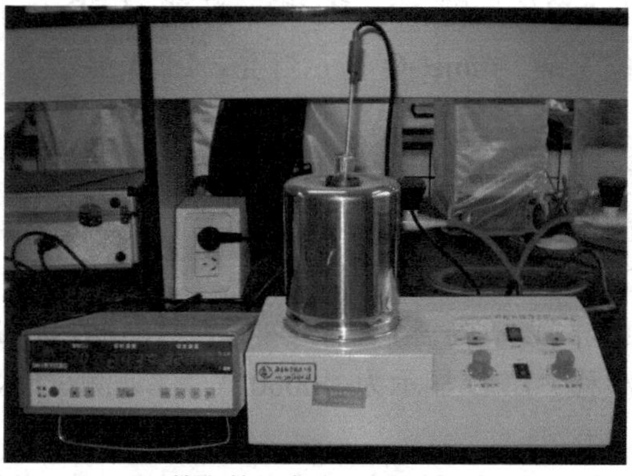

图 2-12　SWKY 数字控温仪与 KWL-08 可控升降温电炉

1. 将传感器(Pt100)、加热器分别与后盖板的“传感器插座”、“加热器电源”对应连接。

2. 将～220 V电源线接入后盖板上的电源插座。

3. 按技术要求的插入深度，将传感器插入到被测物中。一般插入深度≥50 mm。

4. 打开电源开关。显示初始状态，如：

00	020.0℃	320.0℃

其中，实时温度一般显示为室温，320.0℃为系统初始设置温度。“置数”指示灯亮。

5. 设置控制温度。按“工作/置数”键，使控温仪处于置数状态(置数指示灯亮)。依次按“×100”、“×10”、“×1”、“×0.1”设置“设定温度”的百、十、个及小数位的数字，每按动一次，显数码按0～9依次递增，至设置到所需“设定温度”的值，设置完毕，再按“工作/置数”键，转换到工作状态。工作指示灯亮。

注意：置数工作状态时，仪器不对加热器进行控制。

6. 若需隔一段时间观察记录，可按“工作/置数”键，置数灯亮，按定时增、减键设置所需间隔的定时时间。有效调节范围：10～99 s。时间倒数至零，蜂鸣器鸣响，鸣响时间为 5 s。若无需定时提醒功能，将时间调至 00～09 s。时间设置完毕，再按“工作/置数”键，切换到工作状态，“工作”指示灯亮。

7. 实验结束后，关闭电炉和数字控温仪的电源。

九、WZZ-2B型自动旋光仪

旋光仪是测定物质旋光度的仪器，通过对样品旋光度的测定，可以分析确定物质的浓度、含量及纯度等。WZZ-2 型自动旋光仪采用光电自动平衡原理，进行旋光测量，测量结果由数字显示，它既保持了 WZZ-1 型自动指示旋光仪稳定可靠的优点，又弥补了它的读数不方便的缺点，具有体积小、灵敏度高、没有误差、读数方便等特点。对目视旋光仪难以分析的低旋光度样品也能适用。WZZ-2B 型自动旋光仪如图 2-13 所示，其使用方法如下：

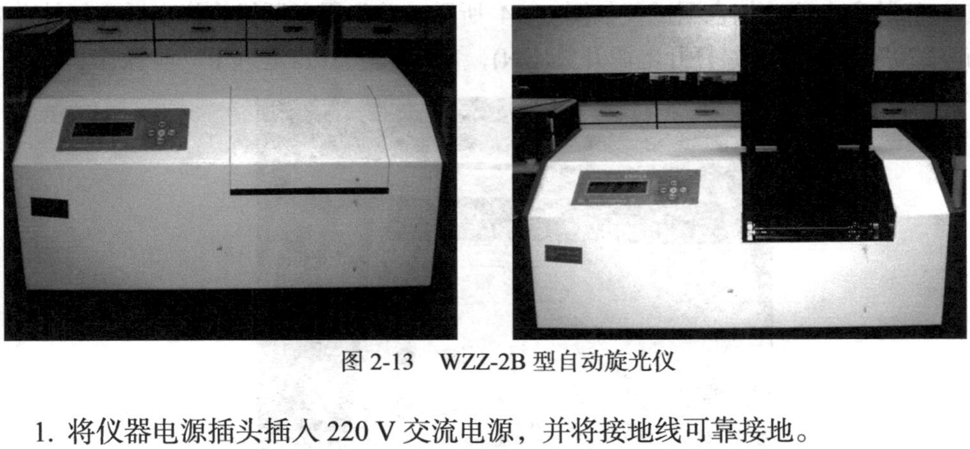

图 2-13　WZZ-2B 型自动旋光仪

1. 将仪器电源插头插入 220 V 交流电源，并将接地线可靠接地。

2. 向上打开电源开关(右侧面)，这时钠光灯在交流工作状态下启辉，经 5 min 激活后，钠光灯才发光稳定。

3. 向上打开光源开关(右侧面)，仪器预热 20 min(若光源开并扳上后，钠光灯熄灭，则再将光源开关上下重复扳动 1 ~ 2 次，使钠光灯在直流下点亮，为正常)。

4. 按“测量”键，这时液晶屏应有数字显示。

注意：开机后“测量”键只需按一次，如果误按该键，则仪器停止测量，液晶屏无显示。用户可再次按“测量”键，液晶屏重新显示，此时需重新校零(若液晶屏已有数字显示，则不需按测量键)。

5. 将装有蒸馏水或其他空白溶剂的旋光管放入样品室，盖上箱盖，待示数稳定后，按“清零”键。旋光管中若有气泡，应先让气泡浮在凸颈处。通光面两端的雾状水滴，应用软布揩干，旋光管螺帽不宜旋得过紧，以免产生应力，影响读数。旋光管安放时应注意标记位置和方向。

6. 取出旋光管。将待测样品注入旋光管，按相同的位置和方向放入样品室内，盖好箱盖，仪器将显示出该样品的旋光度，此时指示灯“1”点亮。

注意：旋光管内腔应用少量被测试样冲洗 3 ~ 5 次。

7. 按“复测”键一次，指示灯“2”点亮，表示仪器显示的是第一次复测结果，再次按“复测”键，指示灯“3”点亮，表示仪器显示第二次复测结果。按“123”键，可切换显示各次测量的旋光度值。按“平均”键，显示平均值，指示灯“AV”点亮。

8. 如样品超过测量范围，仪器在±45°处来回振荡。此时，取出旋光管，仪器即自动转回零位。此时可将试样稀释一倍再测。

9. 仪器使用完毕后，应依次关闭光源、电源开关。

10. 钠灯在直流供电系统出现故障不能使用时，仪器也可以在钠灯交流供电(光源开关不向上开启)的情况下测试，但仪器的性能可能略有降低。

11. 当放入小角度样品(小于±5°)时，示数可能变化，这时只要按“复测”键钮，就会出现新数字。

十、SDC-Ⅱ数字电位差综合测试仪

SDC-Ⅱ数字电位差综合测试仪如图 2-14 所示，首先用电源线将仪表后面板的电源插座与 ~ 220 V 电源连接，打开电源开关(ON)，预热 15 min 再进入下一步操作。

图 2-14　SDC-Ⅱ数字电位差综合测试仪

（一）内标法为基准进行测量

1. 校验

(1) 将“测量选择”旋钮置于“内标”。

(2) 将“10^0”位旋钮置于“1”，“补偿”旋钮逆时针旋到底，其他旋钮均置“0”。此时，“电位指标”显示“1.00000”V。若显示小于“1.00000”V可调节补偿电位器以达到显示“1.00000”V。若显示大于“1.00000”V应适当减小“10^0～10^{-4}”旋钮，使显示小于“1.00000”V再调节补偿电位器以达到“1.00000”V。

(3) 待“检零指示”显示数值稳定后，按“采零”键，此时，“检零指示”应显示“0000”。

2. 测量

(1) 将“测量选择”置于“测量”。

(2) 用测试线将被测电动势按“+”、“−”极性与“测量插孔”连接。

(3) 调节“10^0～10^{-4}”五个旋钮，使“检零指示”显示数值为负且绝对值最小。

(4) 调节“补偿旋钮”，使“检零指示”显示为“0000”，此时，“电位显示”数值即为被测电动势的值。

注意：测量过程中，若“检零指示”显示溢出符号“OUL”说明“电位指示”显示的数值与被测电动势值相差过大。

（二）外标法为基准进行测量

1. 校验

(1) 将已知电动势的标准电池按“+”、“−”极性与“外标插孔”连接。

(2) 将“测量选择”旋钮置于“外标”。

(3) 调节“10^0～10^{-4}”五个旋钮和“补偿”旋钮，使“电位指示”显示的数值与外标电池数值相同。

(4) 待“检零指示”数值稳定后，按“采零”键，此时，“检零指示”显示为“0000”。

2. 测量

(1) 拔出“外标插孔”的测试线，再用测试线将被测电动势按“+”、“−”极性接入“测量插孔”。

(2) 将“测量选择”置于“测量”。

(3) 调节“10^0～10^{-4}”五个旋钮，使“检零指示”显示数值为负且绝对值最小。

(4) 调节“补偿旋钮”，使“检零指示”显示为“0000”，此时，“电位显示”数值即为被测电动势的值。

最后关机，首先关闭电源开关(OFF)，然后拔下电源线。

第三章　物质基本性质及常数测定

实验一　Zn 和 $CuSO_4$ 反应热的测定

一、实验目的

1. 学习用量热计测定物质化学反应热的简单方法。
2. 巩固理解热力学基本知识。
3. 熟悉化学实验室常用仪器的基本操作。

二、实验原理

在化学反应过程中，除了发生物质的变化外，还有能量的传递。通常遇到的是化学能与热能间的转化，例如，燃料燃烧释放出热量，燃烧1 kg石油发热量达4×10^4kJ，而煤矸石仅有8×10^3kJ。

在恒压下发生化学反应时，体系吸收或放出的热量为恒压反应热(也称为反应的热效应)，用ΔH表示。规定体系吸收热量时，ΔH为正值；体系放出热量时，ΔH为负值。本实验测定锌粉和硫酸铜溶液反应的热效应：

$$Zn+CuSO_4=ZnSO_4+Cu \qquad \Delta H=-216.8\text{kJ/mol}$$

这个反应是放热反应，每摩尔 $CuSO_4$ 与 Zn 反应放出 216.8 kJ 热量。

测定反应热的方法很多。本实验是在一个保温杯式量热计中进行的，如图 3-1 所示。反应放出的热量一方面将引起量热计中溶液温度的升高，另一方面也使量热计的温度相

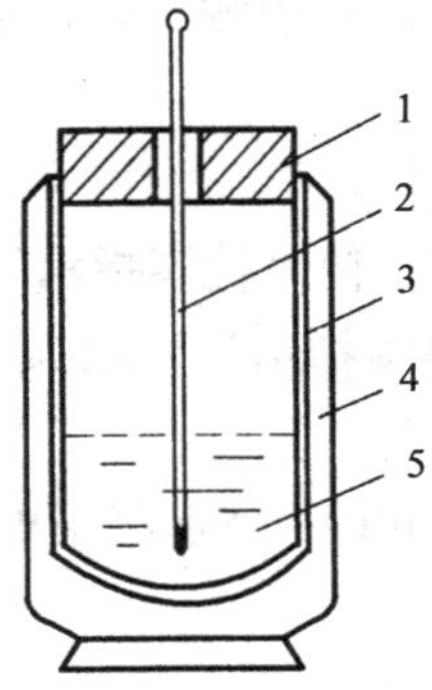

1-保温杯盖；2-温度计；3-真空隔热层；4-保温杯外壳；5-$CuSO_4$溶液

图 3-1　反应热测定装置示意图

应提高，根据反应前后溶液温度的变化和溶液的比热容，即可求得它的反应热ΔH：

$$\Delta H = -\frac{\Delta T c V \rho + \Delta T C_p}{n}$$

式中，ΔH——反应热，kJ/mol；

ΔT——溶液终了温度与起始温度的差，K；

c——溶液的比热容，J/(g·K)；

V——$CuSO_4$溶液的体积，mL；

ρ——溶液的密度，g/mL；

n——$CuSO_4$物质的量，mol；

C_p——量热计的热容，J/K。

本实验采用保温杯式量热计。对于常温下水溶液中进行的反应，保温杯式量热计适用。对于气体或反应后升温很高的反应，保温杯式量热计就不适用了，而应采用弹式量热计。

三、仪器、药品及材料

仪器：保温杯式量热计、温度计、台秤、药匙、洗瓶、电炉（或恒温水浴锅）、50 mL移液管、100 mL烧杯、50 mL量筒、洗耳球。

药品：0.2 mol/L $CuSO_4$、锌粉。

材料：秒表、称量纸。

四、实验步骤

1. 量热计热容的测定

(1) 用量筒量取 50 mL 蒸馏水，倒入量热计中，盖好后适当摇动，约 2 min 待系统达到热平衡后，记录温度 t_1(精确到 0.1℃)。

(2) 在 100 mL 烧杯中加入 50 mL 蒸馏水，加热到高于 t_1 30℃左右，静置 1 ~ 2 min，待热水系统温度均匀稳定后，记录温度 t_2(精确到 0.1℃)。

(3) 尽快将热水倒入量热计中，盖好后不断地摇荡量热计，并立即计时和记录水温，每隔 30 s 记录一次温度，直到温度上升到最高点，再继续测定 4 min。用外推法求得热水和冷水混合后水的最高温度 t_3，计算量热计热容 C_p。

(4) 将上述实验重复一次。作温度-时间图，用外推法求水的最高温度t_3，并计算量热计热容C_p。取两次实验结果的平均值。实验数据记录在表3-1中。

2. 锌与硫酸铜反应热的测定

(1) 用台秤称取 2 g 锌粉。

(2) 用 50 mL 移液管准确移取 0.2 mol/L $CuSO_4$溶液 50.00 mL 于量热计中，注意温度计要插入 $CuSO_4$ 溶液中，但不要碰到杯底。盖好盖子，沿桌面轻轻摇动量热计，使$CuSO_4$溶液与量热计的温度达到平衡。每隔 30 s 记录一次温度，1 ~ 2 min 待系统温度平衡后，取其平均值作为反应前溶液的温度 t_1。注意动作要轻，以免溶液溢出量热计。

(3) 迅速加入已称好的2 g锌粉，并立即盖好盖子，不断沿桌面轻轻摇动量热计，使锌粉和$CuSO_4$溶液充分反应，并每隔30 s记录一次温度，直到温度上升到最高点后，再继续测定4 min。用作图外推法求得反应后溶液的最高温度 t_2。实验数据记录在表3-1中。

(4) 计算反应热ΔH，相对误差，并分析产生误差的原因。

表 3-1　Zn 粉和 $CuSO_4$ 溶液反应热测定的原始实验数据

C_p		ΔH	
时间/min	温度/℃	时间/min	温度/℃
冷水温度	t_1=____℃，T_1=_____K	1～2	___、___、___、___
热水温度	t_2=____℃，T_2=_____K	反应前溶液温度平均值	t_1=____℃，T_1=_____K
0.5		0.5	
1.0		1.0	
1.5		1.5	
2.0		2.0	
2.5		2.5	
3.0		3.0	
3.5		3.5	
4.0		4.0	
4.5		4.5	
5.0		5.0	
…		…	
作图外推得水的最高温度	t_3=____℃，T_3=_____K	外推得反应后溶液最高温度	t_2=____℃，T_2=_____K
$C_p=\dfrac{\left[(T_2-T_3)-(T_3-T_1)\right]\times 50\times 1.00\times 4.184}{T_3-T_1}$		$\Delta T=T_2-T_1$ $\Delta H=-\dfrac{\Delta TcV\rho+\Delta TC_p}{n}$	

五、思考题

1. 测定锌粉和硫酸铜溶液反应热前为什么必须先测定量热计热容 C_p？

2. 测定量热计热容时，需测定哪些实验数据？测定锌粉和硫酸铜溶液反应热时，又需测定哪些实验数据？

六、注意事项

1. 量热计的热容是指量热计温度升高 1℃所需热量。在测定反应热之前必须先确定所用量热计的热容。测定的方法是：在量热计中加入一定量(如 50 mL)温度为 t_1 的冷水，再加入相同量温度为 t_2 的热水，测混合后水的最高温度 t_3，已知水的比热容为 4.184 J/(g·K)，则：

$$\text{热水失热(J)}=(T_2-T_3)\times 50\times 1.00\times 4.184$$
$$\text{冷水得热(J)}=(T_3-T_1)\times 50\times 1.00\times 4.184$$
$$\text{量热计得热(J)}=(T_3-T_1)\times C_p$$

因为热水失热与冷水得热之差即为量热计得热，所以

$$C_p(\mathrm{J/K}) = \frac{[(T_2 - T_3) - (T_3 - T_1)] \times 50 \times 1.00 \times 4.184}{T_3 - T_1}$$

2. 根据公式计算反应热ΔH。反应后溶液的比热容近似地取水的比热容 4.184 J/(g·K)；反应后溶液的密度近似地取水的密度 1 g/L，严格应用密度计测定实验室准备好的 0.2 mol/L $CuSO_4$溶液的密度。

3. 实验关键是求ΔT。我们实验测得的ΔT 并不能真正地反映该反应体系所引起的真正热效应，必须通过作图外推得到混合时间 t=0 时的ΔT。为什么要外推有两方面的因素：①由于反应后溶液的温度需要一段时间才能升到最高值，而本实验所用简易量热计并不是严格的绝热系统，因为在这段时间里，量热计不可避免地会与周围环境发生少量热交换。为了校正由此所造成测定ΔT 的偏差，需要用图解法确定体系温度变化的最大值ΔT。②温度计有滞后效应，比如在一杯冷水里加入 100℃的热水，假设混合时的水温是 60℃。如果你插入一根温度计，温度计的温度不可能立刻上升到 60℃，而是慢慢地上升，当温度计的温度上升到最高值时，水温已经没有 60℃，也就是温度计不可能测出 60℃，最高也只能测得 50 多℃，其中损失的温度只有通过作图外推。如何外推？以测得的温度为纵坐标，反应时间为横坐标，用坐标纸作温度–时间关系图，当温度上升到最高点后，再继续测后面几个点(通常 8 个)，根据后面几个点的走势，按虚线外推到刚开始混合 t=0 时，也就是刚加锌粉的那一瞬间，其所对应的温度与初始温度之差就是该反应体系温度变化的最大值ΔT。这个外推得到的ΔT 值能较客观地反映出反应热效应所引起的真正温差，如图 3-2 所示。

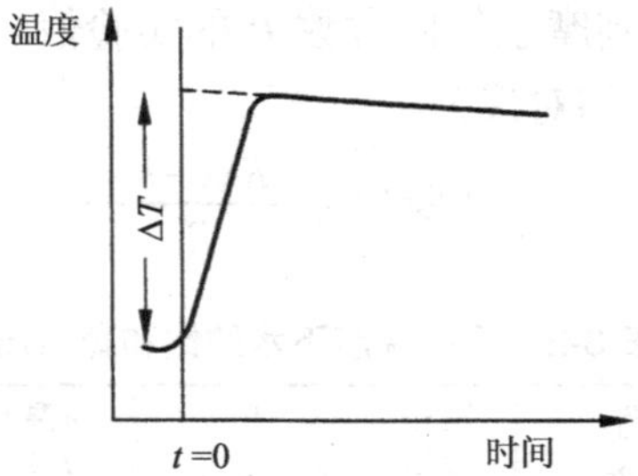

图 3-2　反应温度与时间变化的关系

实验二　摩尔气体常数 R 的测定

一、实验目的

1. 学会一种测定摩尔气体常数 R 的操作方法和气压计的使用。
2. 巩固理想气体状态方程式和气体分压定律。

二、实验原理

$$Mg+H_2SO_4=MgSO_4+H_2\uparrow$$

一定质量金属镁条和过量的稀硫酸反应，在一定的温度和压力下，可以测出反应所置换出来的氢气体积，根据理想气体状态方程式 $PV=nRT$，可求出摩尔气体常数 R(假设在实验条件下，氢气服从理想气体的行为)。

$$R=\frac{P_{H_2}V_{H_2}}{n_{H_2}T}$$

式中，P_{H_2}——氢气的分压，根据分压定律，$P_{H_2}=P-P_{H_2O}$。其中 P 表示实验时的大气压；

P_{H_2O}——实验温度下水的饱和蒸气压；

V_{H_2}——氢气的体积，即量气管内混合气体体积的变化值，也就是反应后与反应前量气管水面的刻度差；

n_{H_2}——氢气物质的量(mol)，可根据所称得的镁条质量计算，$n_{H_2}=\frac{W_{Mg}}{M_{Mg}}$($M_{Mg}$=24.31g/mol)；

T——实验时的热力学温度，$T=t+273.15$。即实验时的摄氏温度(气温)加上273.15。

因为氢气是在水面上收集的，在封闭的管子里，除了氢气外，还混有水蒸气，所以氢气的分压等于实验时的大气压减去实验温度下水的饱和蒸气压，不同温度下水的饱和蒸气压见表 3-2。这样即可得到摩尔气体常数 R 的实验值。$R_{理论}$=8.314J/(mol · K)，通过与理论值比较，可算出实验的相对误差。

$$相对误差=\frac{R_{实验}-R_{理论}}{R_{理论}}$$

表 3-2　不同温度下水的饱和蒸气压

室温 t /℃	P_{H_2O} /Pa	室温 t /℃	P_{H_2O} /Pa	室温 t /℃	P_{H_2O} /Pa	室温 t /℃	P_{H_2O} /Pa	室温 t /℃	P_{H_2O} /Pa
5	872	11	1312	17	1937	23	2809	29	4005
6	935	12	1403	18	2064	24	2984	30	4242
7	1001	13	1497	19	2197	25	3168	31	4492
8	1073	14	1599	20	2339	26	3361	32	4754
9	1148	15	1705	21	2487	27	3565	33	5030
10	1228	16	1817	22	2645	28	3780	34	5320

三、仪器、药品及材料

仪器：铁架台、量气管、水平管、小试管、玻璃棒。

药品：2 mol/L H_2SO_4、镁条。

材料：硅胶管、砂纸、橡皮塞。

四、实验步骤

1. 精确称取一根质量在 0.0200 ~ 0.0300 g 范围内已除去表面氧化膜的金属镁条。

2. 如图 3-3 所示装好仪器。

图 3-3　摩尔气体常数测定的装置图

3. 向水平管内加入自来水，使量气管水面的刻度等于或略低于“0”位置。(为什么量气管水面的刻度不一定在“0”位置？)

4. 气密性检查。装上小试管，将水平管上移(或下移)一段距离，量气管的液面会略有上升(或下降)。如果不漏气，2 ~ 3 min 达到平衡后，量气管上升(或下降)后的液面始终会低于(或高于)水平管的液面，而且液面高度不再变化。如果漏气，量气管的液面会逐渐上升，水平管的液面会逐渐下降，最后两边的液面会趋于同一高度，这时要仔细检查漏气原因(经常是橡皮塞没有塞紧，可将橡皮塞沾点水增加气密性)，继续按照上面的方法检查直到不漏气为止。

5. 取下小试管，加入 5 mL 2 mol/L H_2SO_4，将试管旋转 180°，将镁条蘸少量水后贴在试管另一边，用玻璃棒小心地将镁条推入试管中部，装上小试管，并塞紧橡皮塞，再次检查是否漏气。如果不漏气，将水平管放到原来的位置，尽量使水平管和量气管的液面处于同一高度，这时准确地记下量气管内水的弯月面最低点的读数 V_1。(为什么要使两管处于同一液面高度时再读取读数？)

6. 提高试管底部，使镁条滑入稀硫酸溶液中反应，反应所产生的氢气进入量气管，把量气管中的水压入水平管，为了避免量气管内压力过大，在量气管液面下降的同时，水平管也相应地下移，尽量使两管的液面保持同一高度。反应结束后，待试管冷却至室温，移动水平管，使两管的液面处于同一水平位置后，再准确地记下量气管内水的弯月面最低点的读数 V_2。V_2-V_1 就是该反应所产生的氢气体积。实验数据记录在表 3-3 中。

表 3-3　摩尔气体常数 *R* 测定的原始实验数据

项目	实验数据
精确称取一根镁条的质量 W_{Mg}/g	
氢气物质的量 n_{H_2} /mol	
反应后量气管内液面读数 V_2/mL	
反应前量气管内液面读数 V_1/mL	
产生的氢气体积 V_{H_2}/mL	
室温/℃	
T/K	
实验时的大气压/Pa	
室温下水的饱和蒸气压 P_{H_2O}/Pa	
氢气的分压 P_{H_2}/Pa	
摩尔气体常数 R/[J/(mol·K)]	
相对误差	

五、思考题

1. 计算摩尔气体常数 *R* 实验值时需要测定哪些数据?

2. 镁条与稀硫酸反应后，为什么要等小试管冷却到室温时再读取量气管液面读数?

3. 如果实验装置漏气、或镁条装入小试管时碰到稀硫酸溶液、或量气管和硅胶管内的气泡没有赶净，对实验结果有何影响？请一一说明。

六、注意事项

1. 向水平管里加水后，应检查量气管、水平管以及硅胶管连接处是否有气泡，如果有气泡，必须将气泡赶净，否则测定结果 *R* 会偏高。

2. 这套简易的实验装置在测定过程中不能漏气，否则测定结果 *R* 会偏低。

3. 读取量气管水面读数时，应将量气管和水平管处于同一液面高度，否则要进行换算。

4. 反应结束后，必须等小试管冷却到室温再读取量气管水面读数，否则测定结果 *R* 会偏高。

5. 镁条贴入试管时不能碰到稀硫酸溶液，否则测定结果 *R* 会偏低。

6. 量气管开始液面不要太低，否则反应结束后会低于 50 mL，无法读取反应后体积。

实验三　固体氯化铵标准摩尔生成焓的测定

一、实验目的

1. 学会用量热计测定固体氯化铵标准摩尔生成焓的简单方法。
2. 加深对 Hess 定律的理解。
3. 掌握作图外推法求真实温差的原理和方法。
4. 进一步巩固化学实验室常用仪器的基本操作。

二、实验原理

盐类的溶解通常包含两个同时进行的过程：一是晶格的破坏，为吸热过程；二是离子的溶剂化，即离子的水合作用，为放热过程。溶解焓是这两个过程热效应的总和，因此，盐类的溶解过程最终是吸热还是放热，由这两个热效应的相对大小所决定。在恒压下发生化学反应时，体系吸收或放出的热量为反应热(也称为反应的热效应)，用ΔH 表示。规定体系吸收热量时，ΔH 为正值；体系放出热量时，ΔH 为负值。

热力学标准状态下由稳定单质生成 1 mol 化合物时的反应焓变称为该化合物的标准摩尔生成焓。标准摩尔生成焓一般可通过测定有关反应热而间接求得。

本实验用保温杯式量热计，如图 3-4 所示。分别测定氨水与盐酸反应的中和热和固体氯化铵的溶解热，再根据已知氨水和盐酸标准摩尔生成焓的数据，由 Hess 定律计算求得固体氯化铵的标准摩尔生成焓。

$$NH_3(aq)+HCl(aq)=NH_4Cl(s) \rightarrow NH_4Cl(aq)$$
$$NH_3(aq)+HCl(aq) = NH_4Cl(aq) \qquad \Delta H_{中和}$$
$$NH_4Cl(s) \rightarrow NH_4Cl(aq) \qquad \Delta H_{溶解}$$

反应放出(或吸收)的热量一方面将引起量热计中溶液温度的升高(或降低)，另一方面也使量热计的温度相应地提高(或降低)，只要测出量热计系统温度的改变值ΔT和量热计系统的热容C_p，即可计算出反应的热效应，对于放热反应：

$$\Delta H = -\frac{\Delta T c V \rho + \Delta T C_p}{n}$$

式中，ΔH——反应热(或焓变)，J/mol；

ΔT——反应终了温度与起始温度的差，K；

c——反应后溶液的比热容，本实验取水的比热容4.184 J/(g·K)；

V——反应后溶液的体积，mL；

ρ——反应后溶液的密度，g/mL；

n——被测物质的量，mol；

C_p——量热计的热容，J/K。

“量热计的比定压热容”指量热系统在恒压下温度升高1℃所需的热量。在测定反应热之前必须先确定所用量热计的热容值，测定的方法是：在量热计中加入50 mL温度为t_1的冷水，再加入相同量温度为t_2的热水，测定热水和冷水混合后水的最高温度t_3，已知水的比热容为4.184 J/(g·K)，则：

$$热水失热\ (J)=(T_2 - T_3)\times 50\times 1.00\times 4.184$$
$$冷水得热\ (J)=(T_3 - T_1)\times 50\times 1.00\times 4.184$$
$$量热计得热(J) = (T_3 - T_1)\times C_p$$

因为热水失热与冷水得热之差即为量热计得热，所以

$$C_p(J/K) = \frac{\left[(T_2 - T_3)-(T_3 - T_1)\right]\times 50\times 1.00\times 4.184}{T_3 - T_1}$$

实验关键是求ΔT。由于反应后的温度需要一段时间才能升到最高值(或降到最低值)，而实验所用简易量热计并不是严格的绝热系统，在这段时间里，量热计不可避免地会与周围环境发生少量热交换。为了校正这些因素所造成测定ΔT的偏差，需要用图解法确定体系温度变化的最大值ΔT。即以测得的温度为纵坐标，反应时间为横坐标绘图，如图3-5所示，按虚线外推到开始混合的时间(t=0)，求出体系温度变化的最大值ΔT。这个外推得到的ΔT值能较客观地反映出反应热效应所引起的真实温度变化。

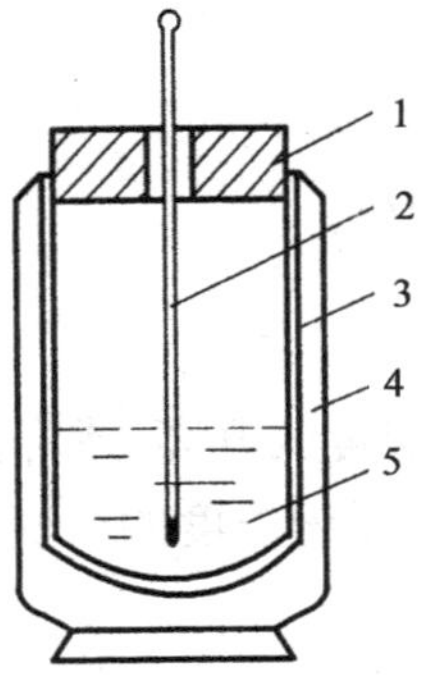

图 3-4　反应热测定装置示意图

1-保温杯盖；2-温度计；3-真空隔热层；4-保温杯外壳；5-NH_4Cl 溶液

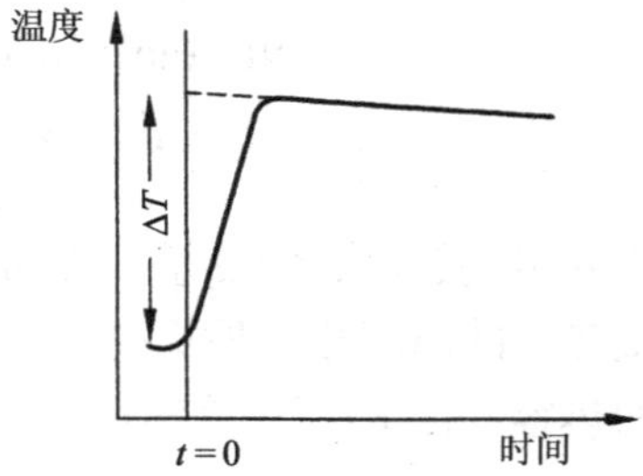

图 3-5　反应温度与时间变化的关系

三、仪器、药品及材料

仪器：保温杯式量热计、温度计、台秤、药勺、洗瓶、恒温水浴锅、100 mL烧杯、50 mL量筒、100 mL量筒。

药品：1.5 mol/L HCl、1.5 mol/L $NH_3 \cdot H_2O$、$NH_4Cl(s)$。

材料：称量纸、秒表。

四、实验步骤

1. 量热计热容的测定

(1) 用量筒量取50 mL去离子水于量热计中，盖好后适当摇荡量热计约2 min，待系统达到热平衡后，记录温度 t_1。

(2) 将恒温水浴锅中的去离子水加热到高于 t_1 30℃左右，并记录温度 t_2。然后用量筒从恒温水浴锅中量取50 mL去离子水并尽快倒入量热计中，盖好后不断地摇荡量热计，并立即计时和记录水温，每隔15 s记录一次温度，直到温度上升到最高点，再继续测定3 min。作出温度-时间关系图，用外推法求热水与冷水混合后的最高温度 t_3，并计算量热计系统的热容C_p。

2. 氨水与盐酸反应中和热的测定

洗净量热计，用量筒量取50 mL 1.5 mol/L $NH_3 \cdot H_2O$于量热计中，每隔30 s记录一次温度，适当摇荡量热计约2 min，待系统达到热平衡后，取其温度的平均值记为t_1。然后迅速加入50 mL 1.5 mol/L HCl于量热计中，盖好后不断地摇荡量热计，每隔15 s记录一次温度，直到温度上升到最高点，再继续测定3 min。作出温度-时间关系图，用作图外推法求得反应后溶液的最高温度 t_2。得ΔT，计算出氨水与盐酸反应的中和热$\Delta H_{中和}$。

3. 固体氯化铵溶解热的测定

洗净量热计，用量筒量取100 mL去离子水于量热计中，每隔30 s记录一次温度，适当摇荡量热计约2 min，待系统达到热平衡后，取其温度的平均值记为 t_1。然后迅速加入4 g固体氯化铵于量热计中，盖好后不断地摇荡量热计，使固体氯化铵溶解，每隔15 s记录一次温度，直到温度下降到最低点，再继续测定3 min。作出温度-时间关系图，用作图外推法求得反应后溶液降低的最低温度t_2。得ΔT，计算出固体氯化铵的溶解热$\Delta H_{溶解}$。

以上实验数据均记录在表3-4中。

表 3-4　固体氯化铵标准摩尔生成焓测定的原始实验数据

量热计热容 C_p		氨水与盐酸反应中和热$\Delta H_{中和}$		固体氯化铵溶解热$\Delta H_{溶解}$	
时间/s	温度/℃	时间/s	温度/℃	时间/s	温度/℃
冷水温度	t_1=____℃ T_1=____K	1.5 mol/L $NH_3 \cdot H_2O$ 50 mL 于量热计中	____、____、____、____	100 mL 去离子水于量热计中	____、____、____、____
热水温度	t_2=____℃ T_2=____K	氨水与盐酸反应前温度平均值	t_1=____℃ T_1=____K	反应前温度平均值	t_1=____℃ T_1=____K
15		15		15	
30		30		30	
45		45		45	
60		60		60	
75		75		75	
90		90		90	
105		105		105	
130		130		130	
145		145		145	
160		160		160	
…		…		…	
作图外推得冷热水混合后水的最高温度	t_3=____℃ T_3=____K	作图外推得反应后溶液最高温度	t_2=____℃ T_2=____K	作图外推得反应后溶液最低温度	t_2=____℃ T_2=____K
$C_p=\dfrac{[(T_2-T_3)-(T_3-T_1)]\times 50\times 1.00\times 4.184}{T_3-T_1}$		$\Delta T=T_2-T_1$ $\Delta H=-\dfrac{\Delta Tc V\rho+\Delta TC_p}{n}$		$\Delta T=T_1-T_2$ $\Delta H=\dfrac{\Delta Tc V\rho+\Delta TC_p}{n}$	

五、思考题

1. 氨水与盐酸反应的中和热和固体氯化铵的溶解热之差，是哪一个反应的热效应？
2. 为什么放热反应的温度-时间关系图的后半段逐渐下降，而吸热反应则相反？
3. 计算实验的相对误差，分析产生误差的原因。

六、注意事项

1. 已知$NH_3 \cdot H_2O(aq)$和$HCl(aq)$的标准摩尔生成焓分别为−80.29 kJ/mol和−167.159 kJ/mol。注意计算生成固体氯化铵时反应所放出的热量，一定要折算成单位摩尔所放出的热量，然后再根据Hess定律，计算固体氯化铵的标准摩尔生成焓。

2. 由于$NH_4Cl(aq)$浓度很小，所以可做如下近似处理：①反应前后溶液的体积不变；②氨水与盐酸反应的中和热只能使量热计和水的温度升高；③固体氯化铵的溶解热只能使量热计和水的温度降低。

3. 每做完一个实验都要将量热计清洗干净。

实验四 $(NH_4)_2S_2O_8$与KI化学反应速率和活化能测定

一、实验目的

1. 验证浓度、温度和催化剂对化学反应速率的影响。
2. 测定$(NH_4)_2S_2O_8$与KI在一定温度下的反应速率、反应级数和反应速率系数。
3. 根据Arrhenius方程，掌握作图法求反应活化能。
4. 培养综合应用基础知识的能力。

二、实验原理

水溶液中$(NH_4)_2S_2O_8$和KI的氧化还原反应为：

$$S_2O_8^{2-}(aq)+3I^-(aq)=2SO_4^{2-}(aq)+I_3^-(aq) \quad (反应慢) \tag{1}$$

实验能测定的速率是在一段时间内反应的平均速率，该反应的平均反应速率为：

$$\bar{V}=-\frac{\Delta c(S_2O_8^{2-})}{\Delta t}=kc_0^{\alpha}(S_2O_8^{2-})\cdot c_0^{\beta}(I^-)$$

式中，$\bar{V}$——反应的平均反应速率；

$\Delta c(S_2O_8^{2-})$——Δt时间内$(NH_4)_2S_2O_8$的浓度变化；

$c_0(S_2O_8^{2-})$——$(NH_4)_2S_2O_8$的起始浓度；

$c_0(I^-)$——KI的起始浓度；

k——反应的速率系数；

α——反应物$(NH_4)_2S_2O_8$的反应级数；

β——反应物KI的反应级数；

$\alpha+\beta$——该反应的总反应级数。

实验关键是怎样测出Δt时间内$S_2O_8^{2-}$的浓度变化？为了测出Δt时间内$S_2O_8^{2-}$的浓度变化，在$(NH_4)_2S_2O_8$与KI混合前，先在KI溶液中加入已知浓度和一定体积的$Na_2S_2O_3$和淀粉溶液，淀粉作为指示剂，指示$Na_2S_2O_3$完全反应所需要的时间。这样$(NH_4)_2S_2O_8$与KI反应所产生的I_3^-会立即与$S_2O_3^{2-}$反应生成无色的$S_4O_6^{2-}$和I^-。

$$2S_2O_3^{2-}(aq)+I_3^-(aq)=S_4O_6^{2-}(aq)+3I^-(aq) \quad (反应快) \tag{2}$$

反应(2)几乎是瞬间完成，比反应(1)快得多。所以观察不到碘与淀粉反应呈现的特征蓝色。也就是说，在反应开始的一段时间内，溶液是无色的，一旦$Na_2S_2O_3$完全反应，反应(2)不再进行，而反应(1)还再进行，那么$(NH_4)_2S_2O_8$与KI反应所产生的I_3^-就立即与淀粉作用，使溶液呈现出特有的蓝色。

由反应(1)和(2)的关系可知：

$$\Delta c(S_2O_8^{2-}) = \frac{1}{2}\Delta c(S_2O_3^{2-})$$

由于在 Δt 时间内 $S_2O_3^{2-}$ 已全部反应，所以 $\Delta c(S_2O_3^{2-})$ 实际上就是反应开始时 $Na_2S_2O_3$ 的浓度，即：$-\Delta c(S_2O_3^{2-})=c_0(S_2O_3^{2-})$。在该实验中，由于每份混合溶液中 $Na_2S_2O_3$ 的起始浓度都相同，因而 Δt 时间内 $S_2O_3^{2-}$ 的浓度变化也是相同的。这样，只要测出从开始反应到溶液变蓝所需要的时间 Δt，就可以算出该温度下反应的平均反应速率：

$$\overline{V} = -\frac{\Delta c(S_2O_8^{2-})}{\Delta t} = -\frac{\Delta c(S_2O_3^{2-})}{2\Delta t} = \frac{c_0(S_2O_3^{2-})}{2\Delta t}$$

怎样测定 $(NH_4)_2S_2O_8$ 的反应级数 α 和 KI 的反应级数 β？按照初始速率法测定不同初始浓度下的反应速率，就可以得到反应的反应级数 α 和 β。由实验 1、2、3，先固定 KI 的浓度，改变 $(NH_4)_2S_2O_8$ 的初始浓度，测定 $(NH_4)_2S_2O_8$ 不同初始浓度下的反应速率，即可得到 $(NH_4)_2S_2O_8$ 的反应级数 α。由实验 1、4、5，再固定 $(NH_4)_2S_2O_8$ 的浓度，改变 KI 的初始浓度，测定 KI 不同初始浓度下的反应速率，即可得到 KI 的反应级数β，$(\alpha+\beta)$就是该反应的总反应级数。再由

$$k=\frac{V}{c_0^{\alpha}(S_2O_8^{2-})\cdot c_0^{\beta}(I^-)} \tag{3}$$

即可求出各个实验的反应速率系数 k。

活化能指化学反应中，使普通分子变成活化分子所需提供的最低限度的能量。在一定温度下，活化能越大，反应速度越慢；反之，活化能越小，反应速度越快。

根据 Arrhenius 方程：

$$\lg k=A-\frac{E_a}{2.303RT} \tag{4}$$

式中，E_a——反应的活化能，J/mol；

R——摩尔气体常数，8.314 J/(mol·K)；

T——热力学温度，K；

A——$A=\lg k_0$，k_0 为 $E_a=0$ 时的速率系数。

测定不同温度下的 k 值，以 $\lg k-\frac{1}{T}$ 作图，可得一条直线，直线的斜率为：$-\frac{E_a}{2.303R}$，即可求得反应的活化能 E_a。

Cu^{2+} 可以加快 $(NH_4)_2S_2O_8$ 与 KI 的反应速率，Cu^{2+} 的加入量不同，加快的反应速率也不相同。

三、仪器、药品及材料

仪器：恒温水浴锅、磁力搅拌器、50 mL 烧杯、10 mL 量筒、5 mL 量筒、玻璃棒。

药品：0.2 mol/L $(NH_4)_2S_2O_8$、0.2 mol/L KI、0.05 mol/L $Na_2S_2O_3$、0.2 mol/L KNO_3、0.2 mol/L $(NH_4)_2SO_4$、0.2％淀粉、0.02 mol/L $Cu(NO_3)_2$。

材料：坐标纸、秒表。

四、实验步骤

1. 浓度对反应速率的影响，求反应级数、速率系数

按表 3-5 所列各反应物试剂用量，用量筒分别准确量取，混合在各编号的烧杯中，把烧杯放在磁力搅拌器上搅拌使溶液混合均匀，如图 3-6 所示。注意：$(NH_4)_2S_2O_8$ 最后加入，当加入$(NH_4)_2S_2O_8$ 溶液时，立即计时，当溶液刚刚变蓝时停止计时，记下反应时间Δt 和室温。计算每个实验的反应速率 V。由实验 1、2、3 的数据，依据初始速率法求出α。由实验 1、4、5 的数据，依据初始速率法求出β，即可得到总反应级数$(\alpha+\beta)$。由公式(3) ，求出各个实验的反应速率系数 k，同时将计算结果填入表 3-5 中。

图 3-6　反应速率测定装置

表 3-5　反应物浓度对反应速率的影响　　室温：______℃

实　验　编　号		1	2	3	4	5
试剂用量/mL	0.2 mol/L $(NH_4)_2S_2O_8$	10.0	5.0	2.5	10.0	10.0
	0.2 mol/L KI	10.0	10.0	10.0	5.0	2.5
	0.2 mol/L KNO_3	0	0	0	5.0	7.5
	0.2 mol/L $(NH_4)_2SO_4$	0	5.0	7.5	0	0
	0.05 mol/L $Na_2S_2O_3$	3.0	3.0	3.0	3.0	3.0
	0.2％淀粉溶液	1.0	1.0	1.0	1.0	1.0
混合液中主要反应物的初始浓度 c_0/(mol/L)	$(NH_4)_2S_2O_8$					
	KI					
	$Na_2S_2O_3$					
反应时间 Δt/s						
反应速率 V/[mol/(L·s)]						
速率系数 k/[$(mol/L)^{1-\alpha-\beta}$/s]						
α=		β=			$\alpha+\beta$=	

2. 温度对反应速率的影响，求反应的活化能 E_a(本实验误差不超过 10%)

按 1 号烧杯试剂的用量分别测定高于室温 10℃、20℃和 30℃三种情况下的反应速率 V 和速率系数 k，实验结果填入表 3-6 中。

表 3-6　不同温度对反应速率的影响

实 验 编 号	1	6	7	8
反应温度 t/℃	室温	室温+10℃	室温+20℃	室温+30℃
$\frac{1}{T}$/K^{-1}				
反应时间 Δt/s				
反应速率 V/[mol/(L·s)]				
速率系数 k/[(mol/L)$^{1-\alpha-\beta}$/s]				
$\lg k$				

根据表 3-6 中每次实验的 k 和 T，以 $\lg k-\frac{1}{T}$ 作图(图的坐标值不要从 0 开始)，由直线的斜率，即可求得反应的活化能 E_a。

3. 催化剂对反应速率的影响

在室温下，按 1 号烧杯试剂的用量进行实验，在 $(NH_4)_2S_2O_8$ 溶液加入混合溶液之前，先在混合溶液中分别滴入 1 滴、2 滴和 3 滴 0.02 mol/L $Cu(NO_3)_2$ 溶液，其他操作同实验 1。分别测定各溶液的反应速率，实验结果记录在表 3-7 中。

表 3-7　催化剂对反应速率的影响

实 验 编 号	1	9	10	11
加入催化剂的滴数	0	1	2	3
反应时间 Δt/s				
反应速率 V/[mol/(L·s)]				

由加入催化剂后的实验数据，你可得出何种结论？

五、思考题

1. 若不用 $S_2O_8^{2-}$ 而用 I^- (或 I_3^-)的浓度变化来表示该反应速率，则 V 和 k 是否一样？

2. 实验中为什么可以由反应溶液出现蓝色的时间长短来计算反应速率？反应溶液出现蓝色后，反应是否就终止了？

3. 本实验 $Na_2S_2O_3$ 的用量过多或者过少，对实验结果有何影响？

4. 实验 2～5 号反应液中为什么要加入 KNO_3 或 $(NH_4)_2SO_4$ 溶液？

5. 取 $(NH_4)_2S_2O_8$ 试剂的量筒没有专用，对实验结果有何影响？

6. $(NH_4)_2S_2O_8$ 缓慢加入 KI 混合溶液中，对实验结果有何影响？

六、注意事项

1. 本实验对试剂有一定的要求。KI 溶液应为无色透明的溶液，不能使用有碘析出的浅黄色溶液。$(NH_4)_2S_2O_8$ 溶液要新配制，因为时间长了$(NH_4)_2S_2O_8$ 易分解，如所配制的$(NH_4)_2S_2O_8$ 溶液其 pH 小于 3，说明该试剂已分解，不适合本实验使用。所用试剂中如混有少量 Cu^{2+}、Fe^{2+}等杂质，对反应有催化作用，需滴加几滴 0.1 mol/L EDTA 溶液。

2. 本实验成败的关键是所用溶液的浓度要准确，因此取用试剂的量筒千万不能混淆，以免污染试剂，从而改变了试剂的浓度。尤其是量取$(NH_4)_2S_2O_8$ 的量筒必须专用，千万不能量取其他试剂。

3. 为了使每次实验中溶液的离子强度和总体积保持不变，在进行编号 2～5 的实验中所减少的 KI 或$(NH_4)_2S_2O_8$的用量可分别用 0.2 mol/L KNO_3 和 0.2 mol/L $(NH_4)_2SO_4$溶液来补足。

4. 因本实验在 Δt 时间内反应物的浓度变化很小，所以可以近似地用平均反应速率代替初始反应速率 V_0。

5. 测定温度对反应速率影响时，KI、$Na_2S_2O_3$ 和淀粉三种试剂的混合溶液以及$(NH_4)_2S_2O_8$ 溶液要分别加热至所需的温度，再将$(NH_4)_2S_2O_8$ 溶液加入混合溶液中，而且反应时也要保持所需的反应温度。温度计必须分开，不能搞混。

6. 加试剂顺序：KI→$Na_2S_2O_3$→淀粉溶液→加$(NH_4)_2S_2O_8$(计时)→蓝色(停止计时)。

实验五　醋酸标准溶液浓度标定和解离常数测定

Ⅰ　pH 法

一、实验目的

1. 加深对弱电解质解离平衡的理解。
2. 了解 pHS-3C 型酸度计的原理及其使用。
3. 掌握标定醋酸标准溶液浓度以及用酸度计测定其解离度和解离平衡常数。

二、实验原理

HAc 是一元弱酸，在水溶液中存在下列解离平衡(忽略水的解离)：

$$HAc(aq)+H_2O(l) \rightleftharpoons H_3O^+(aq)+Ac^-(aq)$$

初始浓度	c_0	0	0
平衡浓度	c_0-x	x	x

$$K_a^\Theta(HAc)=\frac{[H^+][Ac^-]}{[HAc]}=\frac{x^2}{c_0-x}$$

在一定温度下，用 pH 计测定五种已知浓度的 HAc 溶液的 pH，根据 $pH=-lg[H^+]$，求出 $[H^+]$，即 x，代入上式，即可求得五个对应的 $K_a^\Theta(HAc)$，取其平均值，即为该温度下 HAc 的解离平衡常数。解离平衡常数是温度的函数，在一定的温度下，解离平衡常数近似地为一常数，在 10 ~ 30℃范围内，$K_a^\Theta(HAc)=1.76\times10^{-5}$。本实验测定的 $K_a^\Theta(HAc)$ 在 1.0×10^{-5} ~ 2.0×10^{-5} 范围内为合格。温度一定时，浓度增大，解离度降低。

三、仪器、药品及材料

仪器：pHS-3C 型酸度计、pH 复合电极、100 mL 的烧杯 5 只(分别编为 1、2、3、4、5 号)、酸式滴定管、碱式滴定管、玻璃棒、洗瓶、250 mL 锥形瓶、25 mL 移液管、洗耳球。

药品：0.1000 mol/L HAc 标准溶液（待标定）、0.1000 mol/L NaOH 标准溶液（实验室给出准确浓度）、甲基橙指示剂、pH=4.00 和 pH=6.86 的 pH 标准缓冲溶液。

材料：碎滤纸。

四、实验步骤

1. 0.1000 mol/L 醋酸标准溶液浓度的标定

同时准确地取三份已知准确浓度的 NaOH 标准溶液 25.00 mL，分别加入 3 只 250 mL 锥形瓶中，加 2 滴甲基橙指示剂，用待标定的醋酸溶液滴定至溶液刚出现橙红色，轻轻摇荡后半分钟内不褪色即为滴定终点，根据下面的计算公式，计算出待标定的醋酸标准溶液的准确浓度。实验数据记录在表 3-8 中。

$$c_{NaOH}\cdot V_{NaOH}=c_{HAc}\cdot V_{HAc}$$

式中，c_{NaOH}——NaOH 标准溶液的浓度，mol/L；

V_{NaOH}——取 NaOH 标准溶液的体积，25.00 mL；

V_{HAc}——标定时所消耗的 HAc 溶液的体积，mL。

表 3-8　标定醋酸标准溶液准确浓度的原始实验数据

测定次数 / 项目	①	②	③
c_{NaOH} / (mol/L)			
移取 NaOH 标准溶液的体积/ mL	25.00	25.00	25.00
HAc 溶液终读数/ mL			
HAc 溶液初读数/ mL			
V_{HAc} / mL			
c_{HAc} / mol/L			
$\overline{c}_{HAc}$			
相对平均偏差			

2. 配制不同浓度的醋酸溶液

(1) 取 5 只洁净干燥小烧杯依次编成 1 ~ 5 号。

(2) 从酸式滴定管中分别向 1、2、3、4、5 号小烧杯中准确地放入 3.00 mL、6.00 mL、12.00 mL、24.00 mL、48.00 mL 已知准确浓度的 HAc 标准溶液。

(3) 用碱式滴定管分别向上述烧杯中依次准确地放入 45.00 mL、42.00 mL、36.00 mL、24.00 mL、0.00 mL 的蒸馏水，并用玻璃棒将烧杯中的溶液搅拌均匀。

3. 不同浓度醋酸溶液 pH 的测定

用 pHS-3C 型酸度计分别依次测定 1～5 号小烧杯中醋酸溶液的 pH，并如实地将实验数据填入表 3-9 中。pHS-3C 型酸度计如图 3-7 所示。

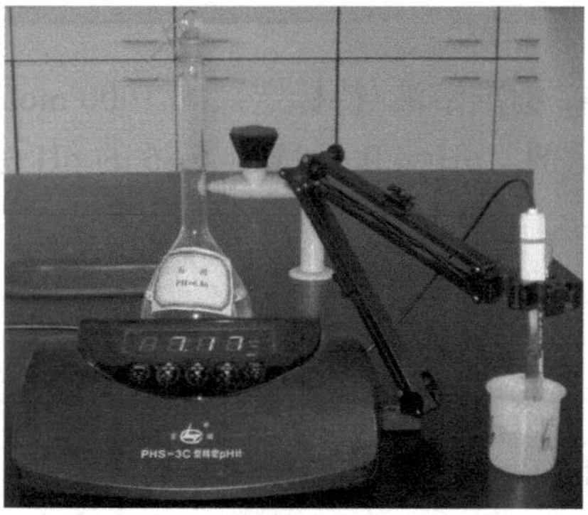

图 3-7　pHS-3C 型酸度计

表 3-9　pH 法测定醋酸解离平衡常数的实验结果

温度______℃ ，醋酸标准溶液的浓度______mol/L

烧杯编号	HAc/mL	H_2O/mL	[HAc]	pH	$[H^+]$	解离度 α	$K_a^\ominus$(HAc)
1	3.00	45.00					
2	6.00	42.00					
3	12.00	36.00					
4	24.00	24.00					
5	48.00	0.00					
	$\overline{K_a^\ominus}$(HAc) =				标准偏差 s=		

由于实验误差，实验测得的 5 个 $K_a^\ominus$(HAc) 可能不完全相同，取其平均值并计算其标准偏差 s。

五、思考题

1. 烧杯是否必须烘干？如果搅拌结束后玻璃棒上带出了部分溶液对测定结果有无影响？

2. 用 pHS-3C 型酸度计测定溶液的 pH 时，各用什么标准溶液定位？

3. 测定不同浓度 HAc 溶液的 pH 时，为什么要按由稀到浓的顺序？

4. 不同浓度的 HAc 溶液的解离度 α 是否相同，为什么？
5. 使用酸度计的主要步骤有哪些？

六、注意事项

1. pH 复合电极要轻拿轻放，避免损坏。每次测量前都要清洗干净并用滤纸吸干。实验结束后电极塞上盛有饱和氯化钾溶液的塑料帽。
2. 测定 pH 之前，烧杯必须洗涤干净并干燥。

Ⅱ　缓冲溶液法

一、实验目的

1. 学会用酸度计测定缓冲溶液 pH 的方法来测定醋酸的解离平衡常数。
2. 学会溶液的配制以及移液管、容量瓶和酸度计的正确使用。

二、实验原理

酸性缓冲溶液 pH 的计算公式：

$$\text{pH}=\text{p}K_{\text{a}}^{\ominus}(\text{HAc})-\lg\frac{c(\text{HAc})}{c(\text{Ac}^{-})}=\text{p}K_{\text{a}}^{\ominus}(\text{HAc})-\lg\frac{c_0(\text{HAc})}{c_0(\text{NaAc})}$$

在 HAc 和 NaAc 组成的缓冲溶液中，由于同离子效应，当解离达到平衡时，溶液中 $c(\text{HAc})\approx c_0(\text{HAc})$，$c(\text{Ac}^{-})\approx c_0(\text{NaAc})$。由于溶液是由等浓度的 HAc 和 NaAc 组成的缓冲溶液，所以 $\text{pH}=\text{p}K_{\text{a}}^{\ominus}(\text{HAc})$。用酸度计测定等浓度 HAc 和 NaAc 混合溶液的 pH，即可得到弱电解质 HAc 的解离平衡常数。

三、仪器、药品及材料

仪器：pHS-3C 型酸度计、pH 复合电极、50 mL 烧杯 4 只、洗瓶、洗耳球、50 mL 容量瓶 3 个、10 mL 刻度吸管、25 mL 移液管、10 mL 量筒。

药品：0.10 mol/L HAc、0.10 mol/L NaOH、1%酚酞指示剂、标准缓冲溶液(pH=4.00；pH=6.86)。

材料：碎滤纸。

四、实验步骤

1. 配制不同浓度的 HAc 溶液

用 4 号烧杯盛 0.10 mol/L HAc 溶液，用 10 mL 刻度吸管从 4 号烧杯中分别吸取 5.00 mL、10.00 mL HAc 溶液于 1 号、2 号容量瓶中，用 25 mL 移液管从 4 号烧杯中吸取

25.00 mL HAc 溶液于 3 号容量瓶中，分别用蒸馏水定容至刻度，上下混匀。

2. 配制等浓度 HAc 和 NaAc 混合溶液及 pH 的测定(由稀到浓)

用 10 mL 量筒量取 1 号容量瓶中已知浓度的醋酸溶液 10 mL 于 1 号烧杯中，加 2 滴 1%酚酞指示剂，用滴管滴入 0.10 mol/L NaOH 溶液至溶液刚刚变成淡粉红色且半分钟内不褪色。再用 10 mL 量筒量取 1 号容量瓶中已知浓度的醋酸溶液 10 mL 于 1 号烧杯中，用玻璃棒混合均匀。用 pH 计测定 1 号烧杯中等浓度 HAc 和 NaAc 混合溶液的 pH。再根据反对数即可求得 HAc 的解离平衡常数。实验数据记录在表 3-10 中。

按照上述步骤，用 2 号、3 号容量瓶中已知浓度的醋酸溶液和 0.10 mol/L 醋酸溶液，分别在 2 号、3 号和 4 号烧杯中配制等浓度 HAc 和 NaAc 混合溶液，并分别测定其 pH。实验数据和计算结果均记录在表 3-10 中。

由于仪器自身的误差和配制溶液的误差，实验结果可能不完全相同，最后取其平均值作为实验结果，并计算相对误差和标准偏差 s。

$$\text{相对误差}=\frac{K_{\text{HAc实验}}-K_{\text{HAc理论}}}{K_{\text{HAc理论}}}$$

$$s=\sqrt{\frac{1}{n-1}\sum_{i=1}^{n}(K_{\text{HAc},i}-\overline{K}_{\text{HAc}})^2}$$

表 3-10　缓冲溶液法测定醋酸解离平衡常数的实验结果

实验编号	吸取 0.10 mol/L HAc 溶液的体积/mL	[HAc]	pH	$K_a^\ominus$(HAc)
1	5.00			
2	10.00			
3	25.00			
4	50.00			
$\overline{K_a^\ominus}$(HAc) =	相对误差=		标准偏差 s=	

五、思考题

1. 分析该实验产生误差的主要来源。
2. 实验所用的容量瓶是否要用 0.10 mol/L 醋酸溶液润洗？烧杯是否要润洗？

六、注意事项

1. 烧杯保持干燥，操作时溶液不能溅到外面。
2. 四个烧杯应在同一台酸度计上测定其 pH。

实验六　分光光度法测定碘化铅溶度积常数

一、实验目的

1. 掌握分光光度法测定碘化铅溶度积常数的原理和方法。
2. 了解分光光度计原理和使用方法。

二、实验原理

碘化铅是难溶电解质，其饱和溶液中存在着沉淀-溶解平衡：

$$PbI_2(s) \rightleftharpoons Pb^{2+}(aq)+2I^-(aq)$$

其溶度积常数：

$$K_{sp}^{\Theta}(PbI_2)=c(Pb^{2+})[c(I^-)]^2$$

在一定温度下，只要测出 PbI_2 饱和溶液中 $c(I^-)$和 $c(Pb^{2+})$，就可以求得 $K_{sp}^{\Theta}(PbI_2)$。

实验采用分光光度法测定 PbI_2 的溶度积常数。原理是在酸性条件下用 $NaNO_2$ 将 I^- 氧化为 I_2，I_2 在水溶液中呈棕黄色或黄棕色，这样就可以用分光光度计测定其吸光度。以测得的吸光度 A 为纵坐标，以相应的 $c(I^-)$浓度为横坐标，绘制 A-$c(I^-)$标准曲线。由标准曲线可查出相应的 $c(I^-)$，从而得到饱和溶液中 $c(I^-)$。再根据 $Pb(NO_3)_2$ 溶液和 KI 溶液的初始浓度及沉淀反应中 Pb^{2+}与 I^-的化学计量关系，计算出饱和溶液中 $c(Pb^{2+})$。最后计算出 PbI_2 的溶度积常数。

$$2I^-+2NO_2^-+4H^+=I_2+2NO\uparrow+2H_2O$$

三、仪器、药品及材料

仪器：分光光度计、2 cm 比色皿、10 mL 比色管、比色管架、5 mL 刻度吸管 4 支[分别贴上 0.0035 mol/L KI、0.035 mol/L KI、水、0.015 mol/L $Pb(NO_3)_2$ 标签]、2 mL 刻度吸管 4 支(分别贴上 0.020 mol/L $NaNO_2$、1 号、2 号、3 号 PbI_2 饱和溶液标签)、小漏斗、洗瓶、洗耳球。

药品：6.0 mol/L HCl、0.015 mol/L $Pb(NO_3)_2$、0.035 mol/L KI、0.0035 mol/L KI、0.020 mol/L $NaNO_2$。

材料：滤纸、镜头纸。

四、实验步骤

1. 绘制 A-$c(I^-)$标准曲线

取 5 支干净、干燥的 10 mL 比色管，按表 3-11 用 5 mL 刻度吸管分别加入 1.00 mL、1.50 mL、2.00 mL、2.50 mL、3.00 mL 0.0035 mol/L KI 溶液，加去离子水使每个比色管中溶液的总体积为 4.00 mL，再分别加入 2.00 mL 0.020 mol/L $NaNO_2$溶液及 1 滴 6.0 mol/L HCl 溶液。摇匀后，分别倒入 2 cm 比色皿中。以水为参比溶液，在 525 nm 波长下分别测定各溶液的吸光度 A。以测得的吸光度 A 为纵坐标，以相应的 $c(I^-)$浓度为横坐标，绘制出 A-$c(I^-)$标准曲线。实验数据记录在表 3-11 中。

表 3-11　绘制 A-$c(I^-)$标准曲线的原始实验数据

比色管编号	V(KI)/mL	$V(H_2O)$/mL	$c(I^-)\times10^{-4}$	吸光度 A
1	1.00	3.00		
2	1.50	2.50		
3	2.00	2.00		
4	2.50	1.50		
5	3.00	1.00		

2. 制备 PbI_2 饱和溶液和吸光度 A 的测定

(1) 取 3 支干净、干燥的 10 mL 比色管，按表 3-12 用 5 mL 刻度吸管分别加入 0.015 mol/L $Pb(NO_3)_2$溶液、0.035 mol/L KI 溶液和去离子水，使每个比色管中溶液的总体积为 10.00 mL。

(2) 塞紧比色管塞，上下摇匀 2 min，静置 1 min 后过滤。

(3) 另取 3 支干净、干燥的 10 mL 比色管，接取上述制得的含有 PbI_2 固体的饱和溶液的滤液，弃去 PbI_2 沉淀。

(4) 分别用 2 mL 的刻度吸管吸取上述 1 号、2 号和 3 号 PbI_2 饱和溶液 2.00 mL 于另外 3 支干净、干燥的 10 mL 比色管中，再分别加入 2.00 mL 去离子水和 2.00 mL 0.020 mol/L $NaNO_2$溶液，最后再滴入 1 滴 6.0 mol/L HCl 溶液。上下摇匀后，分别倒入 2 cm 比色皿中，以水做参比溶液，在 525 nm 波长下测定各溶液的吸光度 A。实验数据的记录、处理和计算均填在表 3-12 中。

五、思考题

1. 如果使用湿的比色管配制标准曲线或 PbI_2 饱和溶液，对实验结果分别产生什么影响？

2. 比色时间过长对测定的吸光度有何影响？

3. 写出使用分光光度计的主要步骤。

表 3-12 PbI_2 饱和溶液的制备和吸光度 A 的测定

比色管编号	1	2	3
$V[Pb(NO_3)_2]$/mL	5.00	5.00	5.00
$V(KI)$/mL	3.00	4.00	5.00
$V(H_2O)$/mL	2.00	1.00	0.00
$V_{总}$ /mL	10.00	10.00	10.00
稀释后溶液的吸光度 A			
由标准曲线查得 $c(I^-)$/(mol/L)			
平衡时饱和溶液中 $c(I^-)$/(mol/L)			
初始 $c(Pb^{2+})$/(mol/L)			
初始 $c(I^-)$/(mol/L)			
变化中 $c(I^-)$/(mol/L)			
变化中 $c(Pb^{2+})$/(mol/L)			
平衡时饱和溶液中 $c(Pb^{2+})$/(mol/L)			
$K_{sp}^{\ominus}(PbI_2)$			
$\overline{K_{sp}^{\ominus}}(PbI_2)$ =		标准偏差 s=	

六、注意事项

1. 制得的含有 PbI_2 固体的饱和溶液一定要干过滤。

2. 配制 A-$c(I^-)$标准曲线用 0.0035 mol/L KI 溶液；配制 PbI_2 饱和溶液用 0.035 mol/L KI 溶液。

3. 吸每种溶液都要用相应的刻度吸管，千万不能混淆。

实验七 银氨配离子配位数和稳定常数测定

一、实验目的

1. 掌握配位平衡和沉淀-溶解平衡原理测定 $[Ag(NH_3)_n]^+$ 的配位数 n 和稳定常数 $K_f^{\ominus}$(稳) 的方法。

2. 熟练掌握滴定管的使用和滴定操作。

3. 练习作图法处理实验数据。

二、实验原理

在硝酸银溶液中加入过量氨水，生成稳定的 $[Ag(NH_3)_n]^+$ 。再往溶液中逐滴滴入溴化钾溶液，直到刚刚开始出现淡黄色的 AgBr 沉淀（或混浊）为止。这时混合溶液中同时存在着如下的配位平衡和沉淀-溶解平衡。

$$Ag^+(aq)+nNH_3(aq) \rightleftharpoons [Ag(NH_3)_n]^+(aq) \tag{1}$$

$$K_f^\ominus(\text{稳}) = \frac{[Ag(NH_3)_n]^+}{[Ag^+]\cdot[NH_3]^n}$$

$$AgBr(s) \rightleftharpoons Ag^+(aq) + Br^-(aq) \tag{2}$$

$$K_{sp}^\ominus = [Ag^+]\cdot[Br^-]$$

配位平衡加沉淀-溶解平衡即(1) +(2) 得：

$$nNH_3(aq) + AgBr(s) \rightleftharpoons [Ag(NH_3)_n]^+(aq) + Br^-(aq)$$

$$K^\ominus = \frac{[Ag(NH_3)_n]^+\cdot[Br^-]}{[NH_3]^n} = K_f^\ominus(\text{稳})\cdot K_{sp}^\ominus \tag{3}$$

式(3)中$[Ag(NH_3)_n]^+$、$[Br^-]$和$[NH_3]$均为平衡浓度，可近似地按以下方法计算求得。

假设在氨水大大过量的条件下，系统中只生成单核配离子$[Ag(NH_3)_n]^+$和 AgBr 沉淀，没有其他副反应发生。每份混合溶液中最初取用的$AgNO_3$溶液的体积V_{Ag^+}均相同，浓度为$[Ag^+]_0$。每份加入的过量氨水和 KBr 溶液的体积分别为V_{NH_3}和V_{Br^-}，其浓度分别为$[NH_3]_0$和$[Br^-]_0$，混合溶液的总体积为$V_{总}$，则混合并达到平衡时：

$$[Ag(NH_3)_n]^+ = \frac{[Ag^+]_0\cdot V_{Ag^+}}{V_{总}} \tag{4}$$

$$[Br^-] = \frac{[Br^-]_0\cdot V_{Br^-}}{V_{总}} \tag{5}$$

$$[NH_3] = \frac{[NH_3]_0\cdot V_{NH_3}}{V_{总}} \tag{6}$$

将式(4)、(5)、(6)代入式(3)，整理后得：

$$V_{Br^-} = \frac{K_f^\ominus(\text{稳})\cdot K_{sp}^\ominus\cdot\left(\frac{[NH_3]_0}{V_{总}}\right)^n}{\frac{[Ag^+]_0\cdot V_{Ag^+}}{V_{总}}\cdot\frac{[Br^-]_0}{V_{总}}}\times V_{NH_3}^n \tag{7}$$

式(7)等号右边除$V_{NH_3}^n$外，其余各项均为已知量或常数，故式(7)可改写为：

$$V_{Br^-} = K'\times V_{NH_3}^n \tag{8}$$

将式(8)两边取对数得直线方程：

$$\lg V_{Br^-}=n\lg V_{NH_3}+\lg K'$$

以 $\lg V_{Br^-}$ 为纵坐标、$\lg V_{NH_3}$ 为横坐标作图，求出该直线的斜率 n，取最接近的整数，即得 $[Ag(NH_3)_n]^+$ 的配位数 n。由直线在 $\lg V_{Br^-}$ 纵坐标轴上的截距为 $\lg K'$，这样就求出了 K'，再根据式(7)，即可求得 $K_f^\ominus$ (稳)。

三、仪器、药品及材料

仪器：125 mL 锥形瓶、10 mL 移液管、20 mL 量筒、50 mL 量筒、25 mL 酸式滴定管、滴定台。

药品：2.0 mol/L $NH_3·H_2O$、0.0100 mol/L $AgNO_3$ 标准溶液、0.0100 mol/L KBr 标准溶液。

材料：坐标纸。

四、实验步骤

1. 用 10 mL 移液管准确地取 0.0100 mol/L $AgNO_3$ 溶液 10.00 mL 于锥形瓶中，再分别加入蒸馏水 20.0 mL 和 2.0 mol/L $NH_3·H_2O$ 20.0 mL，混合均匀，然后在不断振荡下，从酸式滴定管中逐滴滴入 0.0100 mol/L KBr 溶液，直到刚产生的 AgBr 沉淀（或混浊）不再消失即为滴定终点。将滴定时消耗的 KBr 溶液的体积 V_{Br^-} 记录在表 3-13 中，并计算出溶液的总体积 $V_{总}$。

2. 用同样方法按表 3-13 的用量重复上述操作 6 次。在进行重复操作中，当滴定接近终点时应加入适量蒸馏水，继续滴定至终点，使溶液的总体积与第一次滴定的总体积基本相同，记录滴定终点时所消耗的 KBr 溶液的体积 V_{Br^-}。

以 $\lg V_{Br^-}$ 为纵坐标，$\lg V_{NH_3}$ 为横坐标作图，求出直线的斜率 n，即得 $[Ag(NH_3)_n]^+$ 配位数 n。直线在纵坐标轴的截距为 $\lg K'$，这样就求出了 K'，再根据式(7)即可求得 $K_f^\ominus$ (稳)。

表 3-13　$[Ag(NH_3)_n]^+$ 配位数 n 和 $K_f^\ominus$ (稳) 测定的实验数据

实验编号	V_{Ag^+} /mL	V_{NH_3} /mL	V_{Br^-} /mL	V_{H_2O} /mL	$V_{总}$ /mL	$\lg V_{NH_3}$	$\lg V_{Br^-}$
1	10.00	20.0		20.0			
2	10.00	17.5		22.5			
3	10.00	15.0		25.0			
4	10.00	12.5		27.5			
5	10.00	10.0		30.0			
6	10.00	7.5		32.5			
7	10.00	5.0		35.0			

五、思考题

1. 在计算 $[Ag(NH_3)_n]^+$、$[Br^-]$ 和 $[NH_3]$ 平衡浓度时，为什么可以忽略生成 AgBr 沉淀时所消耗的 Ag^+ 和 Br^- 的浓度，同时也可以忽略 $[Ag(NH_3)_n]^+$ 解离出来的 Ag^+ 浓度，以

及生成$[Ag(NH_3)_n]^+$时所消耗的NH_3的浓度？

2. 测定$[Ag(NH_3)_n]^+$配位数 n 和稳定常数K_f^Θ(稳)的理论依据是什么？如何利用作图法处理实验数据？

3. 影响配合物稳定常数的因素有哪些？

4. 由K_f^Θ(稳)和初始浓度求$[Ag(NH_3)_n]^+$、$[Br^-]$和$[NH_3]$平衡浓度，并求出K^Θ。

5. $AgNO_3$溶液为什么要盛放在棕色试剂瓶中？还有哪些试剂应盛放在棕色试剂瓶中？

六、注意事项

1. 实验中所用的锥形瓶开始时必须是干燥的，而且在滴定过程中，也不要用水洗瓶壁。

2. $NH_3·H_2O$ 必须新标定，若放置过久要重新标定。

3. 本实验成功的关键是滴定终点混浊的观察和判断，1 号滴定的准确性最为重要，可先练习 1～2 次，以熟悉滴定终点的判断。

4. 往锥形瓶中滴加溴化钾溶液时，要逐滴滴入，不能成线，同时要不断地摇动锥形瓶。当锥形瓶中刚产生的 AgBr 沉淀(或混浊)不再消失时要立即停止滴定，防止溴化钾溶液过量加入。

5. 作图法处理实验数据要点：①选择合适的坐标系；②点要清晰；③求 n 时从线上取点。

第四章　物质及元素化合物性质

实验八　解离平衡和缓冲溶液

一、实验目的

1. 掌握同离子效应对弱酸、弱碱解离平衡移动的影响。
2. 掌握盐类水解反应及平衡移动的基本原理。
3. 掌握缓冲溶液的配制和缓冲性能。
4. 学会试管实验的基本操作。

二、实验原理

无机化学反应大多数是在水溶液中进行的，参与反应的主要物质是酸、碱和盐。它们都是电解质，在水溶液中能够解离。强电解质在水溶液中全部解离，弱电解质在水溶液中仅部分解离，存在解离平衡。在弱电解质溶液中，加入与弱电解质含有相同离子的强电解质，解离平衡就向生成弱电解质的方向移动，使弱电解质的解离度降低，这种效应称为同离子效应。

由弱酸-弱酸盐(如 HAc 和 NaAc)或弱碱-弱碱盐(如 $NH_3 \cdot H_2O$ 和 NH_4Cl)组成的混合溶液，能抵抗少量外加强酸或强碱的加入或稀释的影响而保持溶液的 pH 基本不变(或仅有微小变化)，这种具有保持溶液 pH 相对稳定性能的溶液称为缓冲溶液。缓冲溶液的 pH 取决于 pK_a^Θ (或 pK_b^Θ)及$\frac{c_{酸}}{c_{盐}}$(或$\frac{c_{碱}}{c_{盐}}$)。当 $c_{酸}=c_{盐}$时，$pH=pK_a^\Theta$；当 $c_{碱}=c_{盐}$时，$pOH=pK_b^\Theta$。所以配制一定 pH 的缓冲溶液时，可选 pK_a^Θ 与 pH 相近的弱酸-弱酸盐(或 pK_b^Θ 与 pOH 相近的弱碱-弱碱盐)。缓冲溶液的缓冲能力与组成缓冲溶液的浓度有关，浓度越大，其缓冲能力也越强。同时也与构成弱酸和它的共轭碱(或弱碱和它的共轭酸)的比值有关，当比值接近 1 时，缓冲能力最强。

盐类的水解反应是由组成盐的离子与水解离出来的 H^+或 OH^-作用，生成弱酸或弱碱的过程。水解反应常常使溶液的酸、碱性发生变化。强酸强碱盐在水中不发生水解反应。其他各类盐在水溶液中均发生水解而使溶液呈酸性或碱性。强酸弱碱盐水解溶液呈酸性；强碱弱酸盐水解溶液呈碱性；弱酸弱碱盐水解溶液的酸碱性取决于生成的弱酸和弱碱的相对强弱。有些盐水解后只能改变溶液的 pH，有些盐水解后既能改变溶液的 pH 又能产生沉淀或气体。盐类水解同样也受到同离子效应的影响，加入水解产物可抑制水解反应，稀释水解盐溶液又可促进水解反应。水解后生成的酸或碱的强度越弱，盐的水解程度就越大。水解是酸碱中和反应的逆反应，是吸热反应，因而加热提高温度可促进水解反应的进行。水解产物的浓度也是影响水解平衡移动的因素。

三、仪器、药品及材料

仪器：试管、试管架、试管夹、玻璃棒、药匙、酒精灯、洗瓶、点滴板。

药品：0.1 mol/L HAc、1 mol/L HAc、0.1 mol/L $NH_3·H_2O$、6 mol/L $NH_3·H_2O$、0.1 mol/L $MgCl_2$、1 mol/L Na_2CO_3、1 mol/L $FeCl_3$、1 mol/L NaCl、1 mol/L NH_4Ac、1 mol/L HCl、6 mol/L HCl、1 mol/L NaAc、1 mol/L NaOH、NaAc(s)、NH_4Cl(s)、$SbCl_3$(s)、甲基橙指示剂、酚酞指示剂。

材料：pH 试纸。

四、实验步骤

1. 同离子效应

(1) 在两支试管中各加入 1 mL 0.1 mol/L HAc 溶液和 1 滴甲基橙指示剂，混匀，观察溶液颜色。在其中一支试管中加入少量固体 NaAc，观察溶液颜色变化，并解释该现象。

(2) 在一支试管中加入 1 mL 0.1 mol/L $NH_3·H_2O$ 溶液和 1 滴酚酞指示剂，混匀，观察溶液颜色。再加入少量固体 NH_4Cl，观察溶液颜色变化，并解释该现象。

(3) 在两支试管中各加入 1 mL 0.1 mol/L $MgCl_2$ 溶液，其中一支试管中加入少量固体 NH_4Cl，然后分别在这两支试管中各加入 1 mL 6 mol/L $NH_3·H_2O$ 溶液，观察这两支试管中发生的变化有何不同，并解释该现象。

根据上述实验讨论解离平衡的移动。

2. 盐类水解

(1) 在白色点滴板的四个孔穴中各滴入 1 滴 1 mol/L Na_2CO_3、1 mol/L $FeCl_3$、1 mol/L NaCl、1 mol/L NH_4Ac 溶液，用精密 pH 试纸测定其酸碱性，说出哪些盐发生了水解反应，写出离子反应方程式。

(2) 取芝麻粒大的 $SbCl_3$ 固体于试管中，加入 1 mL 去离子水，有何现象？用精密 pH 试纸测其酸碱性，滴加 6 mol/L HCl 使溶液刚好澄清，再加水稀释又有何现象？用平衡移动原理解释这一现象，写出反应方程式。

(3) 在试管中加入 1 mL 1 mol/L NaAc 溶液和 1 滴酚酞指示剂，观察溶液的颜色，再将试管中溶液加热至沸腾，溶液的颜色有何变化？解释该现象。

根据上述实验总结影响盐类水解的因素。

3. 缓冲溶液的配制和性质

(1) 在小烧杯中加入 5 mL 1 mol/L HAc 溶液和 5 mL 1 mol/L NaAc 溶液配制成 HAc-NaAc 缓冲溶液，用精密 pH 试纸测定其 pH，并与理论值比较。

(2) 将上述缓冲溶液分在两支试管中，一份滴入 1 滴 1 mol/L HCl，另一份滴入 1 滴 1 mol/L NaOH，再用精密 pH 试纸分别测定其 pH。

(3) 取两支试管各加入 1 mL 去离子水，用精密 pH 试纸测定其 pH，一支试管中滴入 1 滴 1 mol/L HCl，另一支试管中滴入 1 滴 1 mol/L NaOH，再用 pH 试纸分别测定其 pH，并与蒸馏水的 pH 进行比较。

根据上述实验结果，请说明缓冲溶液的缓冲性能。

五、思考题

1. 什么是同离子效应？哪几个实验验证了同离子效应？
2. 影响盐类水解的因素有哪些？
3. 缓冲溶液 pH 的决定因素是什么？

六、注意事项

1. 如何取固体试剂见第一章第五节二(一)1；如何取液体试剂见第一章第五节二(一)2。取试剂时千万不能相互污染。
2. 正确使用 pH 试纸。
3. 注意酒精灯的正确使用。

实验九　配位化合物性质和沉淀溶解平衡

一、实验目的

1. 了解配合物的生成和组成、配离子与简单离子的区别以及配离子的稳定性。
2. 了解配位平衡与其他平衡之间的关系。
3. 理解沉淀生成与溶解、分步沉淀及沉淀转化的条件。
4. 学习电动离心机的使用和离心分离的操作方法。

二、实验原理

1. 配位化合物

由中心离子与配位体按一定的组成和空间构型以配位键结合而形成的化合物称为配位化合物（简称配合物）。配合物的形成过程是一个可逆反应，例如：$Cu^{2+}+4NH_3 \rightleftharpoons [Cu(NH_3)_4]^{2+}$。增加配位剂(如 NH_3)的浓度，该平衡就向配离子生成的方向移动；降低配位剂的浓度，平衡就向配离子解离的方向移动。

配合物一般可分成内界和外界两个组成部分。中心离子和配位体组成配合物的内界，在配合物的化学式中一般用方括号表示内界，方括号以外的部分为外界。内界和外界以离子键结合，在水溶液中完全解离。配位体在水溶液中分步解离，其行为类似于弱电解质。配位体在溶液中稳定性的高低可通过配位体稳定常数的大小来反映。对于同类型的配合物，K_f^Θ(稳)数值愈大，配合物的稳定性就愈好。

在一个配合物的溶液中，加入一种可以与中心离子结合生成难溶物的沉淀剂，就会导致溶液中未配位的金属离子的浓度降低，促进配离子的解离。反之，一种配位剂若能与金属离子结合生成稳定的配合物，并且此配合物是易溶性的，则加入足量的配位剂就可以使该金属离子的难溶盐溶解。若先加入配位剂而后加入沉淀剂，就可以阻止沉淀的生成。沉淀剂与配位剂对金属离子的竞争结果取决于相应难溶物 K_{sp} 和相应配离子 $K_{稳}$ 的相对大小。

有些配合物具有较高的稳定性，有些配合物的稳定性较差。大部分配合物都具有颜色。配合物中心原子的配位数有大有小。配位数不同的配合物其空间构型也不同，因而各种配合物的性质存在着很大的差别。

2. 沉淀-溶解平衡

在难溶强电解质晶体的饱和溶液中，未溶解的难溶强电解质晶体与溶解后溶液中相应离子间的多相离子平衡，称为沉淀-溶解平衡。各离子浓度幂的乘积为一常数，称为溶度积常数 K_{sp}。各离子浓度幂的乘积，称为反应商 Q。

$$A_mB_n(s) \rightleftharpoons mA^{n+}(aq)+nB^{m-}(aq)$$

$$K_{sp}=[A^{n+}]^m\cdot[B^{m-}]^n$$

$$Q=[A^{n+}]^m\cdot[B^{m-}]^n$$

沉淀的生成和溶解可以根据溶度积规则来判断：

$Q > K_{sp}$，溶液为过饱和溶液，平衡向生成沉淀的方向移动，直到形成该温度下的饱和溶液而达到新的平衡，有沉淀生成。

$Q = K_{sp}$，溶液为饱和溶液，饱和溶液与沉淀物处于动态平衡状态，没有沉淀生成。

$Q < K_{sp}$，溶液为不饱和溶液，若体系中有固体存在，平衡就向沉淀溶解的方向移动，直到形成该温度下的饱和溶液而达到新的平衡，沉淀溶解。

溶液 pH 的改变、配合物的形成或发生氧化还原反应，都会引起难溶电解质溶解度的改变。

对于相同类型的难溶电解质，可根据 K_{sp} 的相对大小判断沉淀的先后顺序，通常 K_{sp} 小的先沉淀。对于不同类型的难溶电解质，则要计算确定：哪个需要的沉淀剂的浓度小，哪个就先沉淀。

使一种难溶电解质转化为另一种难溶电解质，即将一种沉淀转化为另一种沉淀的过程称为沉淀转化。两种沉淀间相互转化的难易程度可根据沉淀转化反应的标准平衡常数确定，一般溶解度大的难溶电解质较容易转化为溶解度小的难溶电解质。

三、仪器、药品及材料

仪器：点滴板、试管、试管架、酒精灯、电动离心机。

药品：2 mol/L HCl、2 mol/L H_2SO_4、6 mol/L HNO_3、3% H_2O_2、2 mol/L NaOH、6 mol/L NaOH、0.5 mol/L $NH_3\cdot H_2O$、2 mol/L $NH_3\cdot H_2O$、6 mol/L $NH_3\cdot H_2O$、0.1 mol/L KBr、0.02 mol/L KI、0.1 mol/L KI、2.0 mol/L KI、0.1 mol/L K_2CrO_4、0.1 mol/L KSCN、0.1 mol/L NaCl、0.1 mol/L Na_2S、0.1 mol/L Na_2H_2Y、0.1 mol/L $Na_2S_2O_3$、1 mol/L NH_4Cl、0.1 mol/L $MgCl_2$、

0.1 mol/L $CaCl_2$、0.1 mol/L $Pb(NO_3)_2$、0.01 mol/L $Pb(NO_3)_2$、0.1 mol/L $CoCl_2$、0.1 mol/L $FeCl_3$、0.1 mol/L $AgNO_3$、0.1 mol/L $NiSO_4$、0.1 mol/L $NH_4Fe(SO_4)_2$、0.1 mol/L $K_3[Fe(CN)_6]$、0.1 mol/L $BaCl_2$、0.1 mol/L $CuSO_4$、1%丁二酮肟、酚酞指示剂、(Ba^{2+}、Zn^{2+}、Fe^{3+}、Ag^+)阳离子混合液。

材料：pH 试纸。

四、实验步骤

1. 配离子与简单离子、复盐的区别

在白色点滴板的三个孔穴中各滴入 1 滴 0.1 mol/L $K_3[Fe(CN)_6]$溶液、0.1 mol/L $NH_4Fe(SO_4)_2$溶液和 0.1 mol/L $FeCl_3$溶液，再分别滴加 1 滴 0.1 mol/L KSCN 溶液，观察三个孔穴中溶液颜色的变化，并解释该现象。

2. 配离子的生成

(1) 简单配合物的生成。取 1 mL 0.1 mol/L $CuSO_4$溶液，逐滴加入 2 mol/L $NH_3{\cdot}H_2O$ 至生成的沉淀消失变为深蓝色的溶液。将此溶液分为两份，一份逐滴少量加入 6 mol/L NaOH 溶液，另一份逐滴少量加入 0.1 mol/L $BaCl_2$溶液，观察现象。指出硫酸四氨合铜的内界、外界、中心离子和配位体。

(2) 螯合物的生成。在白色点滴板上滴入 2 滴 0.1 mol/L $NiSO_4$溶液、1 滴 6 mol/L $NH_3{\cdot}H_2O$ 和 1 滴 1%的丁二酮肟酒精溶液，观察生成沉淀的颜色。此反应可用来鉴定 Ni^{2+}。

3. 配合物的稳定性

在一支离心试管中加入 5 滴 0.1 mol/L $AgNO_3$溶液和 5 滴 0.1 mol/L NaCl 溶液，离心分离，弃去清液，然后加入 6 mol/L $NH_3{\cdot}H_2O$ 至沉淀刚好溶解。

在上述溶液中加 1 滴 0.1 mol/L NaCl 溶液，观察是否有白色的 AgCl 沉淀生成，再加 1 滴 0.1 mol/L KBr 溶液，观察沉淀的颜色，继续加入 0.1 mol/L KBr 溶液，至不再产生沉淀为止。离心分离，弃去清液，在沉淀中加入 0.1 mol/L $Na_2S_2O_3$溶液，振荡试管至沉淀刚好溶解为止。

往上述溶液中加 1 滴 0.1 mol/L KBr 溶液，观察是否有淡黄色的 AgBr 沉淀生成，再加 1 滴 0.1 mol/L KI 溶液，观察 AgI 沉淀的颜色，继续加入 0.1 mol/L KI 溶液，至不再产生沉淀为止。离心分离，弃去清液，在沉淀中加入 2 mol/L KI 溶液，振荡试管至沉淀刚好溶解为止。

根据上述实验结果，比较 AgCl、AgBr、AgI 的 K_{sp} 大小以及$[Ag(NH_3)_2]^+$、$[Ag(S_2O_3)_2]^{3-}$和$[AgI_2]^-$配离子稳定性的大小。

4. 配合物形成时溶液 pH 的改变

取两支试管分别加入 0.1 mol/L $CaCl_2$溶液和 0.1 mol/L Na_2H_2Y 溶液各 1 mL，各加入 1 滴酚酞指示剂，两支试管均用 0.5 mol/L $NH_3{\cdot}H_2O$ 调到溶液刚刚变红。再把两溶液混合后，溶液的颜色有何变化？说明溶液 pH 减少的原因。

5. 配合物形成时中心离子氧化还原性的改变

(1) 在试管中加入 5 滴 0.1 mol/L $CoCl_2$溶液和 5 滴 3%H_2O_2，H_2O_2能否把 Co^{2+}氧化

成 Co^{3+}?

(2) 在试管中加入 5 滴 0.1 mol/L $CoCl_2$ 溶液，滴加 6 mol/L $NH_3·H_2O$ 至沉淀溶解，再滴加 3% H_2O_2，观察溶液颜色的变化。此时钴的氧化数是多少？形成氨配合物对 Co^{2+}的还原性有何影响？

由上述(1)和(2)两个实验可以得出何结论？

6. 沉淀的生成与溶解(自行设计实验)

先制取 $Mg(OH)_2$、PbI_2 和 PbS 沉淀，然后按下面要求将它们分别溶解，写出反应方程式。

(1) 利用生成弱电解质的方法溶解 $Mg(OH)_2$ 沉淀。

(2) 利用生成配离子的方法溶解 PbI_2 沉淀。

(3) 利用氧化还原反应的方法溶解 PbS 沉淀。

7. 分步沉淀(强调：慢慢滴加并不断振荡试管)

在离心试管中加入 2 滴 0.1 mol/L Na_2S 溶液和 2 滴 0.1 mol/L K_2CrO_4 溶液，用去离子水稀释至 5 mL，摇匀。滴入 1 滴 0.1 mol/L $Pb(NO_3)_2$ 溶液，观察生成沉淀的颜色，离心分离。然后再向清液中继续滴加 0.1 mol/L $Pb(NO_3)_2$ 溶液，将会出现什么颜色的沉淀？根据溶度积数据解释，并写出有关反应方程式。

8. 沉淀的转化

取 2 滴 0.1 mol/L $AgNO_3$ 溶液，加入 2 滴 0.1 mol/L K_2CrO_4 溶液，有何种颜色的沉淀生成？离心分离，弃去清液，向沉淀中逐滴加入 0.1 mol/L NaCl 溶液，有何现象？解释原因。

9. 沉淀-配位溶解法分离混合阳离子

某溶液中含有 Ba^{2+}、Ag^+、Fe^{3+}、Zn^{2+}四种阳离子，试设计方法分离之。写出有关反应方程式。

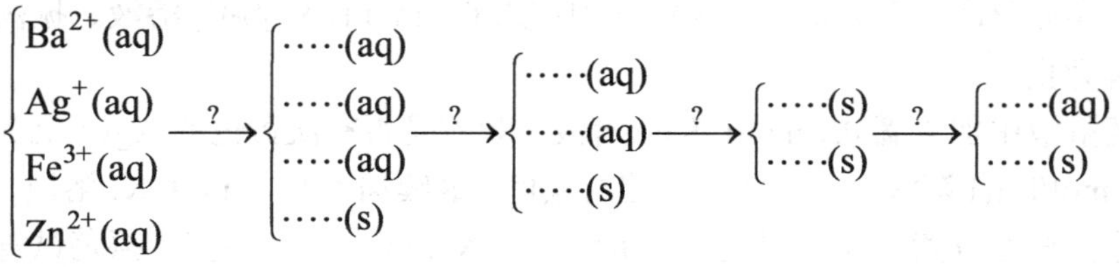

五、思考题

1. 比较$[FeCl_4]^-$、$[Fe(NCS)_6]^{3-}$和$[FeF_6]^{3-}$的稳定性。

2. 比较$[Ag(NH_3)_2]^+$、$[Ag(S_2O_3)_2]^{3-}$和$[AgI_2]^-$的稳定性。

3. 用 KSCN 溶液检查不出 $K_3[Fe(CN)_6]$溶液中的 Fe^{3+}，是否表明溶液中无游离的 Fe^{3+}存在？

4. 如何正确地使用电动离心机？

六、注意事项

1. 进行本实验时，凡是生成沉淀的步骤，沉淀量要少，以刚生成沉淀为宜。凡是使沉淀溶解的步骤，加入溶液的量以能使沉淀刚好溶解为宜。因此溶液必须逐滴加入，且边加边振荡试管。若试管中溶液量太多，可在生成沉淀后，先离心分离弃去清液，再继续进行实验。

2. 离心试管不能直接加热，可采用水浴加热。普通试管不能放入离心机使用。

实验十　电化学基础——氧化还原反应

一、实验目的

1. 掌握电极电势对氧化还原反应的影响。
2. 熟悉几种常见氧化剂与还原剂的反应。
3. 实验验证影响氧化还原反应的因素。
4. 了解原电池的装置，学会用酸度计测定电动势以及浓度对电极电势的影响。

二、实验原理

参加反应的物质间有电子转移或偏移的化学反应称为氧化还原反应。氧化还原反应是物质得失电子的过程，反映在元素氧化数发生变化。还原剂失去电子被氧化，元素的氧化数增大。氧化剂得到电子被还原，元素的氧化数减小。氧化还原反应是同时进行的，其中得失电子数相等。物质氧化还原能力的强弱，可以根据相应电对电极电势的高低来衡量。电对的电极电势越高，电对中氧化型物质的氧化能力越强；电对的电极电势越低，电对中还原型物质的还原能力越强。

标准电极电势是处于标准状态的电对相对于标准氢电极的电极电势，规定标准氢电极的电极电势 $E^{\ominus}(H^+/H_2)=0.0000V$ 。根据电对的标准电极电势 $E^{\ominus}$ 的相对大小，可以判断氧化还原反应进行的方向和程度。当氧化剂电对的电极电势大于还原剂电对的电极电势时，反应能正向自发进行。

电对的电极电势不仅取决于电对本身，还与电对平衡式中各物种的浓度和温度有关。当温度达到 25℃时，由电极反应的能斯特(Nernst)方程式可以看出浓度对电极电势的影响，

$$E = E^{\ominus} + \frac{0.0592}{z}\lg\frac{c(\text{氧化型})}{c(\text{还原型})}$$

氧化型离子浓度越大或还原型离子浓度越小，其电极电势越高。影响溶液中离子浓度的因素如形成配合物或沉淀，同样影响电对的电极电势，从而影响氧化还原反应。

溶液的 pH 会影响某些电对的电极电势或氧化还原反应的方向。介质的酸碱性也会

影响某些氧化还原反应的产物。例如，在酸性、中性和强碱性溶液中，MnO_4^-的还原产物分别为 Mn^{2+}、MnO_2 和 MnO_4^{2-}。溶液的浓度、温度和催化剂均影响氧化还原反应的速率。

原电池是利用氧化还原反应将化学能转变为电能的装置。以饱和甘汞电极为参比电极，与待测电极组成原电池，用电位差计(或酸度计)可测定原电池的电动势，然后计算出待测电极的电极电势。同样，也可以用酸度计测定铜-锌原电池的电动势。当生成配合物时，会引起电极电势和电动势发生改变。

三、仪器、药品及材料

仪器：雷磁 pHS-3C 型酸度计、酒精灯、水浴锅、饱和甘汞电极、锌片、铜片、试管、试管架、点滴板、50 mL 烧杯。

药品：2 mol/L H_2SO_4、2 mol/L HAc、2 mol/L HNO_3、浓 HNO_3、0.1 mol/L $H_2C_2O_4$、3% H_2O_2、2 mol/L NaOH、6 mol/L $NH_3 \cdot H_2O$、浓 $NH_3 \cdot H_2O$、0.1 mol/L $MnSO_4$、0.1 mol/L $AgNO_3$、0.1 mol/L KI、0.1 mol/L KIO_3、0.1 mol/L KBr、0.1 mol/L $K_2Cr_2O_7$、0.01 mol/L $KMnO_4$、0.1 mol/L Na_2SO_3、锌粒、淀粉溶液、$(NH_4)_2S_2O_8$(s)、0.1 mol/L $FeSO_4$、0.1 mol/L $FeCl_3$、0.005 mol/L $CuSO_4$、1.0 mol/L $ZnSO_4$。

材料：砂纸、导线、含有饱和 KCl 溶液的 U 形管盐桥。

四、实验步骤

1. 电极电势与氧化还原反应

(1) 取一支试管加入 1 mL 0.1 mol/L KI 溶液和 5 滴 0.1 mol/L $FeCl_3$ 溶液，有何现象？再加入 1 mL 淀粉溶液，振荡试管，溶液颜色有何变化？写出反应方程式。

(2) 用 0.1 mol/L KBr 溶液代替 0.1 mol/L KI 溶液重复上述实验，能否发生反应？

由上述实验，比较 $E^\ominus(Fe^{3+}/Fe^{2+})$、$E^\ominus(Br_2/Br^-)$ 和 $E^\ominus(I_2/I^-)$ 电对电极电势的相对大小，指出最强的氧化剂和最强的还原剂。

2. 常见的氧化剂与还原剂的反应

(1) 在试管中加入 1 mL 0.1 mol/L KI 溶液和数滴 2 mol/L H_2SO_4 溶液，混匀，再逐滴加入 3% H_2O_2 溶液，观察现象，指出反应的氧化剂与还原剂。

(2) 在试管中加入 1 mL 0.01 mol/L $KMnO_4$ 溶液和数滴 2 mol/L H_2SO_4 溶液，混匀，再逐滴加入 3% H_2O_2 溶液，观察现象，指出反应的氧化剂与还原剂。

(3) 在试管中加入 5 滴 0.1 mol/L $K_2Cr_2O_7$ 溶液和 2 滴 2 mol/L H_2SO_4 溶液，混匀，再逐滴加入 0.1 mol/L Na_2SO_3 溶液，观察现象，指出反应的氧化剂与还原剂。

(4) 在试管中加入 5 滴 0.1 mol/L $K_2Cr_2O_7$ 溶液和 2 滴 2 mol/L H_2SO_4 溶液，混匀，再逐滴加入 0.1 mol/L $FeSO_4$ 溶液，观察现象，指出反应的氧化剂与还原剂。

3. 影响氧化还原反应的因素

(1) 浓度对氧化还原反应速率及产物的影响。取两支试管各放入一粒锌粒，一支试管加 1 mL 浓 HNO_3，另一支试管加 1 mL 2 mol/L HNO_3 溶液，观察所发生的现象：①它们的反应速率有何不同？②它们的反应产物有何不同？

(2) 酸度对氧化还原反应速率的影响。取两支试管各加入 1 mL 0.1 mol/L KBr 溶液，一支试管加 10 滴 2 mol/L H_2SO_4，另一支试管加 10 滴 2 mol/L HAc 溶液，最后再分别滴入 1 滴 0.01 mol/L $KMnO_4$ 溶液，观察并比较两支试管中紫红色褪色的快慢。写出反应方程式。

(3) 酸碱性对氧化还原反应产物的影响。在白色点滴板的三个孔穴中各滴入 1 滴 0.01 mol/L $KMnO_4$ 溶液，第一个孔穴滴入 1 滴 2 mol/L H_2SO_4 溶液，第二个孔穴滴入 1 滴蒸馏水，第三个孔穴滴入 1 滴 2 mol/L NaOH 溶液，最后再分别滴入 1 滴 0.1 mol/L Na_2SO_3 溶液。观察产物有何不同。写出反应方程式。

(4) 酸碱性对氧化还原反应方向的影响。在一支试管中加入 10 滴 0.1 mol/L KIO_3 溶液与 10 滴 0.1 mol/L KI 溶液，混匀，观察溶液有无变化。再滴入几滴 2 mol/L H_2SO_4 溶液，溶液有何变化？再滴入 2 mol/L NaOH 溶液使溶液呈碱性，又有何现象产生？

(5) 温度对氧化还原反应速率的影响。在两支试管中各加入 2 滴 0.01 mol/L $KMnO_4$ 溶液、2 滴 2 mol/L H_2SO_4 溶液和 1 mL 0.1 mol/L $H_2C_2O_4$ 溶液。将其中一支试管放入 80℃水浴锅中加热，另一支试管不加热，观察两支试管中溶液褪色的快慢，解释现象并写出反应方程式。

(6) 催化剂对氧化还原反应速率的影响。在试管中加入 2 滴 0.1 mol/L $MnSO_4$ 溶液和 1 mL 2 mol/L H_2SO_4 溶液，再加入少量固体过二硫酸铵，充分振荡混匀后分成两份。一份溶液中加 1 滴 0.1 mol/L $AgNO_3$ 溶液，另一份溶液中未加 0.1 mol/L $AgNO_3$ 溶液，水浴锅中加热后静置片刻，观察两支试管中溶液颜色有何不同，写出反应方程式。

4. 原电池电动势的测定

(1) 在 50 mL 烧杯中加入 25 mL 1.0 mol/L $ZnSO_4$ 溶液，然后插入饱和甘汞电极和锌片，组成原电池。将甘汞电极用导线与 pH 计的“+”极相连，锌片用导线与 pH 计的“－”极相接。用 pH 计的“mV”挡，测量其电动势，计算 $E^{\ominus}(Zn^{2+}/Zn)$。(已知饱和甘汞电极的 E=0.2415 V)

(2) 在另一个 50 mL 烧杯中加入 25 mL 0.005 mol/L $CuSO_4$ 溶液，然后插入铜片，与 (1) 中的锌片组成原电池，两烧杯中的溶液用含有饱和 KCl 溶液的盐桥连接，将铜片用导线与 pH 计的“+”极相接，锌片用导线与 pH 计的“－”极相接，测量其电动势，计算 $E(Cu^{2+}/Cu)$ 和 $E^{\ominus}(Cu^{2+}/Cu)$。

(3) 向 0.005 mol/L $CuSO_4$ 溶液中滴入过量 6 mol/L $NH_3 \cdot H_2O$ 至生成的沉淀溶解，生成深蓝色透明溶液$[Cu(NH_3)_4]^{2+}$为止，再测量其电动势，计算 $E([Cu(NH_3)_4]^{2+}/Cu)$。

(4) 再向 1.0 mol/L $ZnSO_4$ 溶液中滴入过量的浓 $NH_3 \cdot H_2O$ 溶液至生成的沉淀溶解形成 $[Zn(NH_3)_4]^{2+}$，测量其电动势，计算 $E([Zn(NH_3)_4]^{2+}/Zn)$。

比较以上四次测定结果，总结浓度对电极电势的影响。

五、思考题

1. 为什么 $K_2Cr_2O_7$ 能氧化浓盐酸中的氯离子，而不能氧化 NaCl 溶液中的氯离子？

2. H_2O_2 为什么既可作氧化剂又可作还原剂？写出有关电极反应，并说明 H_2O_2 在什么情况下可作氧化剂，在什么情况下可作还原剂。

3. 浓度、温度和催化剂对氧化还原反应的速率有何影响？在标准电位表上电位差值大的两电位，其氧化还原反应的反应速率是否一定很快？

4. 饱和甘汞电极与标准甘汞电极的电极电势是否相等？

5. 计算原电池 $(-)Ag|AgCl(s)|KCl(0.01mol/L)\|AgNO_3\ (0.01mol/L)|Ag(+)$ (盐桥为含饱和 NH_4NO_3 溶液)的电动势。

六、注意事项

1. 盐桥的制法：称取 1 g 琼脂，放在 100 mL KCl 饱和溶液中浸泡一会儿，在不断搅拌下，加热煮成糊状，趁热倒入 U 形玻璃管中(管内不能留有气泡，否则会增加电阻)，冷却即成。更为简便的方法可用 KCl 饱和溶液装满 U 形玻璃管中，两管口以小棉花球塞住(管内不能留有气泡)，作为盐桥的使用。

2. 电极的处理：作为锌电极的锌片，铜电极的铜片要经过细砂纸打磨→水洗→碎滤纸擦干净等步骤，以免增大电阻。

3. 浓 HNO_3 与 Zn 粒反应有刺激性气体 NO_2 产生，必须在通风橱中进行。

实验十一　s 区元素(碱金属和碱土金属)

一、实验目的

1. 比较碱金属和碱土金属的活泼性。
2. 比较碱土金属氢氧化物的溶解性。
3. 比较镁、钙、钡碳酸盐、硫酸盐、铬酸盐和草酸盐的溶解性。
4. 观察焰色反应并掌握其实验方法。

二、实验原理

钠在空气中燃烧生成过氧化钠。镁在空气中燃烧生成 MgO 和 Mg_3N_2，Mg_3N_2 遇水能生成氢氧化物，并放出氨气。碱金属和碱土金属(除铍外)都能与水反应生成氢氧化物同时放出氢气。反应的激烈程度随着金属性的增强而加剧。由于碱金属和碱土金属易与空气或水反应，所以它们应保存在密度比碱金属和碱土金属更小的煤油或液状石蜡中以隔绝空气和水。

碱金属的绝大多数盐类均易溶于水。碱土金属的碳酸盐均难溶于水。

碱金属和碱土金属盐类的焰色反应特征颜色见表 4-1。

表 4-1　焰色反应特征颜色

盐类	锂	钠	钾	钙	锶	钡
颜色特征	红	黄	紫	橙	洋红	绿

三、仪器、药品及材料

仪器：镊子、瓷坩埚、50 mL 烧杯、试管、试管架、小刀、酒精灯、离心机。

药品：2 mol/L H_2SO_4、2 mol/L HCl、浓 HCl、2 mol/L HAc、2 mol/L NaOH、0.01 mol/L $KMnO_4$、1.0 mol/L NaCl、0.1 mol/L $MgCl_2$、0.5 mol/L Na_2CO_3、0.1 mol/L $CaCl_2$、0.5 mol/L $CaCl_2$、0.1 mol/L $BaCl_2$、0.5 mol/L $BaCl_2$、0.5 mol/L K_2CrO_4、0.5 mol/L Na_2SO_4、0.5 mol/L $(NH_4)_2C_2O_4$、1.0 mol/L KCl、1.0 mol/L LiCl、0.5 mol/L $SrCl_2$、钠(s)、1%酚酞指示剂。

材料：碎滤纸片、红色石蕊试纸、镍铬丝、砂纸、镁条、蓝色的钴玻璃片。

四、实验步骤

1. 碱金属和碱土金属活泼性的比较

(1) 金属钠在空气中的燃烧反应。用镊子取一小块(绿豆大小)金属钠，用滤纸吸干表面上的煤油，切去表面氧化膜，立即放入干燥的瓷坩埚中，加热到钠刚开始燃烧时停止加热，观察反应现象及其产物的颜色和状态。加 2 mL 去离子水溶解产物，再加 2 滴 1%酚酞指示剂，观察溶液颜色。加 1 滴 2 mol/L H_2SO_4 溶液酸化后，再加 1 滴 0.01 mol/L $KMnO_4$ 溶液，观察反应现象，写出有关反应方程式。

(2) 镁条在空气中的燃烧反应。取一根镁条，用砂纸除去表面的氧化膜，用镊子夹住直接放在酒精灯中燃烧，观察燃烧情况和所得产物。将产物转移到试管中，加 1 mL 去离子水，立即用湿润的红色石蕊试纸放在试管口检验逸出的气体，试液中再加 1 滴 1%酚酞指示剂，观察溶液颜色，写出有关反应方程式。

(3) 钠与水的反应。在烧杯中加约 20 mL 去离子水，取绿豆大小的金属钠，用滤纸吸干煤油，放入水中，观察反应情况，检验反应后水溶液的酸碱性。

(4) 镁条与水的反应。取一小段用砂纸除去表面氧化膜干净的镁条，放入盛有蒸馏水的试管中，观察反应情况。将试管加热至沸腾，是否有反应现象，检验反应后水溶液的酸碱性。

(1)~(4)实验验证了同周期的碱土金属与水反应不如碱金属激烈。

2. 碱土金属氢氧化物溶解性的比较

在三支试管中分别加入 1 mL 0.1 mol/L $MgCl_2$ 溶液、0.1 mol/L $CaCl_2$ 溶液和 0.1 mol/L $BaCl_2$ 溶液，再各加入 1 mL 2 mol/L NaOH 溶液，观察沉淀生成。根据沉淀的多少，比较这三种氢氧化物的溶解性。

3. 盐类的溶解性

(1) 镁、钙和钡碳酸盐的生成和性质。在三支离心试管中分别加入 0.1 mol/L $MgCl_2$ 溶液、0.1 mol/L $CaCl_2$ 溶液和 0.1 mol/L $BaCl_2$ 溶液各 1 mL，再各加入 1 mL 0.5 mol/L Na_2CO_3 溶液，观察现象。离心分离，弃去清液，检验各沉淀物能否溶于 2.0 mol/L HAc 溶液。

(2) 镁、钙和钡硫酸盐的生成和性质。在三支离心试管中分别加入 0.1 mol/L $MgCl_2$ 溶液、0.1 mol/L $CaCl_2$ 溶液和 0.1 mol/L $BaCl_2$ 溶液各 1mL，再各加入 1 mL 0.5 mol/L

Na_2SO_4溶液，观察有无沉淀生成。如有沉淀生成，再分别检验沉淀能否溶于 2.0 mol/L HAc 溶液；检验沉淀能否溶于 2.0 mol/L HCl 溶液。比较 $MgSO_4$、$CaSO_4$和 $BaSO_4$溶解度的大小。

(3) 镁、钙和钡铬酸盐的生成和性质。在三支离心试管中分别加入 0.1 mol/L $MgCl_2$溶液、0.1 mol/L $CaCl_2$溶液和 0.1 mol/L $BaCl_2$溶液各 1 mL，再各加入 1 mL 0.5 mol/L K_2CrO_4溶液，观察有无沉淀生成。如有沉淀生成，再分别检验沉淀能否溶于 2.0 mol/L HAc 溶液；检验沉淀能否溶于 2.0 mol/L HCl 溶液。

(4) 镁、钙和钡草酸盐的生成和性质。在三支离心试管中分别加入 0.1 mol/L $MgCl_2$溶液、0.1 mol/L $CaCl_2$溶液和 0.1 mol/L $BaCl_2$溶液各 1 mL，再各加入 1 mL 0.5 mol/L $(NH_4)_2C_2O_4$溶液，观察有无沉淀生成。如有沉淀生成，再分别检验沉淀能否溶于 2.0 mol/L HAc 溶液；检验沉淀能否溶于 2.0 mol/L HCl 溶液。

4. 焰色反应

取一根镍铬丝顶端弯成小圆环，蘸上浓 HCl 溶液，在煤气灯的氧化焰上灼烧，直至火焰不再呈现任何颜色。然后用洁净的镍铬丝蘸取 1.0 mol/L LiCl 溶液，在煤气灯的氧化焰中灼烧，观察火焰颜色。用上述同样的操作，分别观察 1.0 mol/L NaCl 溶液、1.0 mol/L KCl 溶液、0.5 mol/L $CaCl_2$溶液、0.5 mol/L $SrCl_2$溶液和 0.5 mol/L $BaCl_2$溶液的焰色反应。

五、思考题

1. 钠和镁的标准电极电势相差不大(分别为−2.71 V 和−2.37 V)，为什么两者与水反应的激烈程度却大不相同？

2. 为什么 $BaCO_3$、$BaCrO_4$和 $BaSO_4$在 HAc 或 HCl 溶液中有不同的溶解情况？

3. 如何解释镁、钙、钡氢氧化物和碳酸盐溶解度大小的递变规律？

六、注意事项

1. 未用完的金属钠碎屑不能乱丢，放回原瓶或放在少量酒精溶液中，使其缓慢反应消耗掉。

2. 镍铬丝最好不要混用，每进行一种溶液的焰色反应前，一定要蘸浓 HCl 溶液 2～3 次，在煤气灯的氧化焰上灼烧至火焰近无色。

3. 观察钾盐的焰色反应时，微量的 Na^+所产生的黄色火焰会遮蔽 K^+所显示的浅紫色火焰，为了防止黄色钠焰的掩盖，可通过蓝色的钴玻璃片观察 K^+的火焰。

实验十二 p 区元素 I（卤素和氧族元素）

一、实验目的

1. 掌握实验室制备卤素的方法、卤素单质氧化性和卤化氢还原性的递变规律。

2. 掌握卤酸盐和过二硫酸盐的氧化性。

3. 掌握过氧化氢、亚硫酸盐和硫代硫酸盐的性质。

4. 掌握 H_2O_2、S^{2-}、SO_3^{2-}、$S_2O_3^{2-}$、Cl^-、Br^-、I^-的鉴定。

二、实验原理

卤素的价电子构型为 ns^2np^5，容易得到一个电子生成卤化物。所以，卤素都是很活泼的非金属，而且其非金属性从上到下逐渐增强，其氧化数通常是－1。卤素还能生成含氧酸，其含氧酸中氧化数分别为＋1、＋3、＋5、＋7。卤素单质都是氧化剂，氧化性的强弱次序为：$Cl_2 > Br_2 > I_2$。卤素离子都是还原剂，还原性的强弱次序为：$I^- > Br^- > Cl^-$。

卤素分子都是非极性分子，所以易溶于非极性溶剂中。

HBr 和 HI 能分别将浓 H_2SO_4 还原为 SO_2 和 H_2S。Br^-能被 Cl_2 氧化为 Br_2，Br_2 在 CCl_4 中呈棕黄色。I^-能被 Cl_2 氧化为 I_2，I_2 在 CCl_4 中呈紫色，当 Cl_2 过量时，I_2 被进一步氧化为无色的 IO_3^-。

氧族元素价电子构型为 ns^2np^4，其中氧和硫为较活泼的非金属元素。在氧的化合物中 H_2O_2 是一种淡蓝色的液体，不稳定，易分解放出氧气，H_2O_2 中氧的氧化态居中，所以 H_2O_2 既有氧化性又有还原性。在酸性溶液中，H_2O_2 能使 $Cr_2O_7^{2-}$ 生成深蓝色的 CrO_5。CrO_5 能与乙醚或戊醇形成稳定的蓝色配合物，此方法可用于鉴定 H_2O_2。

$$4H_2O_2+2H^++Cr_2O_7^{2-} \rightarrow 2CrO_5 + 5H_2O$$

硫化合物中，H_2S、S^{2-}具有强还原性，而浓 H_2SO_4、$H_2S_2O_8$ 及其盐具有强氧化性。氧化数为＋6～－2 的硫的化合物既具有氧化性又具有还原性，但以还原性为主。大多数金属硫化物溶解度小，而且具有特征的颜色。

S^{2-}鉴定的两种方法：在含有 S^{2-}的溶液中加入稀盐酸，生成的 H_2S 气体能使湿润的醋酸铅试纸变黑；或在碱性溶液中，S^{2-}与$[Fe(CN)_5NO]^{2-}$反应生成紫色配合物：

$$S^{2-}+[Fe(CN)_5NO]^{2-} \rightarrow [Fe(CN)_5NOS]^{4-}$$

SO_3^{2-} 与$[Fe(CN)_5NO]^{2-}$反应生成红色配合物，加入饱和 $ZnSO_4$ 溶液和 $K_4[Fe(CN)_6]$溶液，会使红色明显加深。该方法用于鉴定 SO_3^{2-}。

硫代硫酸不稳定，因此硫代硫酸盐遇酸容易分解。$Na_2S_2O_3$ 常用作还原剂，它还能与某些金属离子形成配合物。$S_2O_3^{2-}$ 与 Ag^+反应能生成白色的 $Ag_2S_2O_3$ 沉淀，该沉淀能迅速分解为黑色的 Ag_2S 和 H_2SO_4，这一过程伴随溶液颜色由白色→黄色→棕色→黑色，该反应可鉴定 $S_2O_3^{2-}$。

$$2Ag^++S_2O_3^{2-} \rightarrow Ag_2S_2O_3 \downarrow_{\text{白色}}$$
$$Ag_2S_2O_3 \downarrow_{\text{白色}} +H_2O \rightarrow Ag_2S\downarrow_{\text{黑色}} +H_2SO_4$$

过二硫酸盐是强氧化剂，在酸性条件下能将 Mn^{2+}氧化为 MnO_4^-，有 Ag^+作催化剂时，反应速率增大。

三、仪器、药品及材料

仪器：酒精灯、水浴锅、离心机、玻璃棒，试管、试管架、点滴板。

药品：2 mol/L H_2SO_4、6 mol/L H_2SO_4、浓 H_2SO_4、2 mol/L HCl、浓 HCl、2 mol/L HNO_3、6 mol/L HAc、2 mol/L $NH_3·H_2O$、2 mol/L NaOH、0.1 mol/L NaCl、0.1 mol/L KBr、0.1 mol/L KI、0.1 mol/L $K_2Cr_2O_7$、3% H_2O_2、0.1 mol/L KIO_3、0.1 mol/L $K_4[Fe(CN)_6]$、0.1 mol/L $Na_2S_2O_3$、饱和 $ZnSO_4$ 溶液、1% $Na_2[Fe(CN)_5NO]$、1% 淀粉溶液、0.1 mol/L Na_2SO_3、0.1 mol/L Na_2S、12% $(NH_4)_2CO_3$、0.1 mol/L $AgNO_3$、0.1 mol/L $MnSO_4$、CCl_4 溶液、0.1 mol/L $Pb(NO_3)_2$、0.01 mol/L 碘水、0.1 mol/L $NaHSO_3$、$KClO_3$(s)、$K_2S_2O_8$(s)、KCl(s)、KBr(s)、KI(s)、MnO_2(s)、戊醇(或乙醚)、锌粉、氯水。

材料：pH 试纸、淀粉-碘化钾试纸、醋酸铅试纸、蓝色石蕊试纸、火柴。

四、实验步骤

1. 卤素的制备

在三支干燥的试管中分别加入绿豆粒大小的 KCl、KBr 和 KI 固体，再分别加入 2 mL 2 mol/L H_2SO_4 溶液和少量 MnO_2 固体，立即用湿润的淀粉-碘化钾试纸检验第一支试管中逸出的气体是 Cl_2。第二、三支试管中分别加入 1 mL CCl_4，观察 CCl_4 层的颜色变化，写出有关反应方程式。

2. 比较卤化氢的还原性

在三支干燥的试管中分别加入绿豆粒大小的 KCl、KBr 和 KI 固体，再分别加入 2 滴浓 H_2SO_4，观察试管中的变化。立即用湿润的蓝色石蕊试纸检验第一支试管口逸出的气体；立即用湿润的淀粉-碘化钾试纸检验第二支试管口逸出的气体；立即用湿润的醋酸铅试纸检验第三支试管口逸出的气体。比较三支试管的反应产物，列出 Cl^-、Br^-、I^-还原性强弱的变化规律，写出有关反应方程式。

3. 卤酸盐的氧化性

(1) 氯酸盐的氧化性。①取米粒大小的 $KClO_3$ 晶体于试管中，加入 3 滴浓盐酸，注意逸出气体的气味，检验气体产物，写出反应方程式并加以解释。

②取米粒大小的 $KClO_3$ 晶体于试管中，加入 2 mL 去离子水溶解，然后加入 3 滴 0.1 mol/L KI 溶液和 0.5 mL 的 CCl_4，振荡试管，观察试管内水相和有机相的变化。再逐滴加入 6 mol/L H_2SO_4 溶液酸化，又有何变化？写出反应方程式。

(2) 碘酸盐的氧化性。①取 5 滴 0.1 mol/L KIO_3 溶液于试管中，加 2 滴 2 mol/L H_2SO_4 溶液酸化后，再加 5 滴 CCl_4 和 0.1 mol/L $NaHSO_3$ 溶液 5 滴，摇荡试管，观察现象，写出反应方程式。

②取 1 mL 0.1 mol/L KIO_3 溶液于试管中，加 2 滴 2 mol/L H_2SO_4 溶液酸化后，加 2 滴 1%的淀粉溶液，再滴入 0.1 mol/L Na_2SO_3 溶液，有何现象？若体系不酸化，又有何现象？若改变试剂的加入顺序，如先加 0.1 mol/L Na_2SO_3 溶液，最后滴入 0.1 mol/L KIO_3 溶液，又会有何现象？

4. Cl^-、Br^-、I^-混合溶液的分离与鉴定

于离心试管中加入 5 滴 0.1 mol/L NaCl 溶液、5 滴 0.1 mol/L KBr 溶液和 5 滴 0.1 mol/L KI 溶液，混匀后，加 2 滴 2 mol/L HNO_3溶液酸化，再滴加 0.1 mol/L $AgNO_3$溶液至卤化银沉淀完全，离心分离，弃去清液，用去离子水洗涤沉淀 2 次。向卤化银沉淀中加 2 mL 12%的$(NH_4)_2CO_3$ 溶液充分搅拌后，离心分离，将清液倒入另一支干净的试管中，用 2 mol/L HNO_3溶液酸化，如有白色沉淀产生，表示清液中有 Cl^-的存在。向沉淀中加 1 mL 6 mol/L HAc 溶液和少量锌粉(或锌粒)，加热，充分搅拌后，离心分离。吸取清液于另一支干净的试管中，加入 0.5 mL CCl_4 溶液，再逐滴滴入氯水，边加边摇荡试管，并观察 CCl_4层颜色的变化，如 CCl_4层显紫红色则表示有 I^-存在。继续加入氯水至紫红色褪去，CCl_4层由紫红色变为棕黄色或黄色，表示有 Br^-存在。写出主要反应方程式。

5. 过氧化氢的性质

(1) 过氧化氢的氧化性。在离心试管中加入 1 mL 0.1 mol/L Na_2S 和 1 mL 0.1 mol/L $Pb(NO_3)_2$溶液，离心分离，弃取清液，水洗沉淀后加入 3% H_2O_2溶液，观察现象，写出反应方程式。

(2) 过氧化氢的还原性。在试管中加入 1 mL 0.1 mol/L $AgNO_3$ 溶液，滴加 2 mol/L NaOH 溶液至有沉淀产生，再向试管中滴加 3% H_2O_2溶液，有何现象？观察产物颜色有无变化，再用带火星的火柴检验有何种气体产生？

(3) 过氧化氢的催化分解。在两支试管中各加入 2 mL 3% H_2O_2溶液，一支试管放在水浴锅中加热，有何现象？迅速用带火星的火柴放在试管口，有何变化？另一支试管中加少量 MnO_2 固体，有何现象？迅速用带火星的火柴放在试管口，又有何变化？比较以上两种情况，说明 MnO_2对 H_2O_2 的分解起什么作用，写出反应方程式。

(4) 过氧化氢的鉴定。取 3% H_2O_2溶液和戊醇溶液(或乙醚)各 0.5 mL 于试管中，然后加入 2 滴 2 mol/L H_2SO_4溶液酸化，再加入 3 滴 0.1 mol/L $K_2Cr_2O_7$溶液，摇荡试管，观察水层和戊醇层的颜色变化，写出反应方程式。该反应可用于鉴定 H_2O_2。

6. S^{2-}、SO_3^{2-}的鉴定

(1) 在点滴板上加 1 滴 0.1 mol/L Na_2S 溶液和 1 滴 2 mol/L NaOH 溶液，再加 1 滴 1% $Na_2[Fe(CN)_5NO]$溶液，观察现象，写出反应方程式。该反应可用于鉴定 S^{2-}。

(2) 在试管中加 5 滴 0.1 mol/L Na_2S 溶液和 5 滴 2 mol/L HCl 溶液，立即用湿润的醋酸铅试纸检验试管口逸出的气体，写出反应方程式。该反应可用于鉴定 S^{2-}。

(3) 在点滴板上各滴入 1 滴饱和 $ZnSO_4$ 溶液、0.1 mol/L $K_4[Fe(CN)_6]$溶液和 1% $Na_2[Fe(CN)_5NO]$溶液，再滴入 1 滴 2 mol/L $NH_3·H_2O$ 将溶液调至中性，最后加 1 滴 0.1 mol/L Na_2SO_3 溶液，用玻璃棒搅拌混匀，观察现象，该反应可用于鉴定 SO_3^{2-}。

7. 硫代硫酸盐的性质

(1) 硫代硫酸的性质。在试管中加入 5 滴 0.1 mol/L $Na_2S_2O_3$ 溶液和 5 滴 2 mol/L HCl 溶液，摇荡试管后静止片刻，观察现象，并立即用湿润的蓝色石蕊试纸检验试管口逸出的气体，写出反应方程式。

(2) 硫代硫酸钠与 I_2 反应。取 5 滴 0.01 mol/L 碘水，加 1 滴 1% 淀粉溶液，观察现象。

再逐滴加入 0.1 mol/L $Na_2S_2O_3$ 溶液，又有何变化？解释现象，写出反应方程式。

(3) 硫代硫酸钠的配位反应。在试管中加入 0.5 mL 0.1 mol/L $AgNO_3$ 溶液，然后连续滴加 0.1 mol/L $Na_2S_2O_3$ 溶液，边滴加边摇荡试管，直至生成的沉淀完全溶解，观察现象并解释。

(4) $S_2O_3^{2-}$ 的鉴定。在点滴板上加 1 滴 0.1 mol/L $Na_2S_2O_3$ 溶液和 1 滴 0.1 mol/L $AgNO_3$ 溶液，如有白色沉淀生成，并很快变为黄色、棕色，最后变为黑色，即表示有 $S_2O_3^{2-}$ 存在，该反应可鉴定 $S_2O_3^{2-}$。

8. 过二硫酸盐的氧化性

取 5 滴 0.1 mol/L $MnSO_4$ 溶液于试管中，加 4 mL 2 mol/L H_2SO_4 溶液，混匀后将溶液分装在两支试管中，在两支试管中均加入等量的少量 $K_2S_2O_8$ 固体，一支试管中加入 2 滴 0.1 mol/L $AgNO_3$ 溶液，另一支试管中不加入 0.1 mol/L $AgNO_3$ 溶液，两支试管均放在水浴锅中加热片刻，观察溶液颜色有何变化。

五、思考题

1. 从电极电位说明为什么作为氧化剂卤素单质的强弱次序为：$Cl_2 > Br_2 > I_2$；而作为还原剂卤化氢的强弱次序为：$HI > HBr > HCl$？

2. 实验室长期放置的 Na_2S 溶液和 Na_2SO_3 溶液会发生什么变化？

3. 向 $KClO_3$ 晶体中滴加浓盐酸和滴加稀盐酸，产物有何不同？

4. 鉴定 $S_2O_3^{2-}$ 时，$AgNO_3$ 溶液应过量，若 $Na_2S_2O_3$ 过量会出现什么现象？

5. 过二硫酸盐的氧化性实验中，加 $AgNO_3$ 起什么作用？

六、注意事项

1. H_2S、SO_2 均为有毒气体，实验时应在通风橱中进行，实验室内也要注意通风换气。

2. 浓硫酸有很强的腐蚀性，使用时应特别小心。

3. 氯气剧毒且有强烈的刺激性气味，吸入人体会刺激喉管引起咳嗽，所以应在通风橱中进行操作。

4. 检验反应逸出的气体，必须把所用的试纸用水润湿后再立即放在试管口，绝不能直接投入试管内。

实验十三　p 区元素 II (硼族、碳族和氮族元素)

一、实验目的

1. 掌握硼酸盐、碳酸盐、硅酸盐和磷酸盐的主要性质。

2. 掌握硝酸、亚硝酸及其盐的主要性质。

3. 掌握 CO_3^{2-}、NH_4^+、NO_2^-、NO_3^-、PO_4^{3-} 的鉴定方法。

二、实验原理

硼砂的水溶液因水解而呈碱性。硼砂溶液与酸反应可析出硼酸。硼酸是一元弱酸，它在水溶液中的解离不同于一般的一元弱酸。硼酸是 Lewis 酸，它能与多羟基醇发生加合反应，使溶液的酸性增强。

金属的硅酸盐多数难溶或微溶。当一些金属盐的晶体投入到 Na_2SiO_3 溶液中时，立即在晶体表面形成一层难溶的硅酸盐膜，此膜有半透膜性质。溶液中的水靠渗透压穿过膜进入晶体内部，金属盐溶解则撑破硅酸盐膜，当盐一遇到 Na_2SiO_3 溶液又立即生成一层难溶膜。如此反复进行，就长出颜色各异的“石笋”，宛如一座“水中花园”。

鉴定 NH_4^+ 的常用方法有两种：一是 NH_4^+ 与 OH^- 反应，生成的 NH_3 气使红色的石蕊试纸变蓝；二是 NH_4^+ 与奈斯勒(Nessler)试剂($K_2[HgI_4]$的碱性溶液)反应，生成红棕色沉淀。

亚硝酸极不稳定。亚硝酸盐溶液与强酸反应生成的亚硝酸分解为 N_2O_3 和 H_2O。N_2O_3 又能分解为 NO 和 NO_2。

亚硝酸盐中氮的氧化值为+3，在酸性溶液中作氧化剂，一般被还原为 NO；与强氧化剂作用时被氧化生成硝酸盐，NO_2^- 又表现出还原性。

浓硝酸与金属反应主要生成 NO_2，稀硝酸与金属反应通常生成 NO，活泼金属能将稀硝酸还原为 NH_4^+。

NO_2^- 与 $FeSO_4$ 溶液在 HAc 介质中反应生成棕色的$[Fe(NO)]^{2+}$，该方法用于鉴定 NO_2^-。

$$Fe^{2+} + NO_2^- + 2HAc \rightarrow Fe^{3+} + NO + H_2O + 2Ac^-$$
$$Fe^{2+} + NO \rightarrow [Fe(NO)]^{2+}$$

NO_3^- 与 $FeSO_4$ 溶液在浓 H_2SO_4 介质中反应生成棕色的$[Fe(NO)]^{2+}$，该方法用于鉴定 NO_3^-，称为“棕色环”法。

$$3Fe^{2+} + NO_3^- + 4H^+ \rightarrow 3Fe^{3+} + NO + H_2O$$
$$Fe^{2+} + NO \rightarrow [Fe(NO)]^{2+}$$

NO_2^- 的存在会干扰 NO_3^- 的鉴定，加入尿素并加热，可除去 NO_2^- 的干扰。

$$2NO_2^- + CO(NH_2)_2 + 2H^+ \rightarrow 2N_2 + CO_2 + 3H_2O$$

PO_4^{3-} 与$(NH_4)_2MoO_4$ 溶液在硝酸介质中反应，生成黄色的磷钼酸铵沉淀。该反应可用于鉴定 PO_4^{3-}。

三、仪器、药品及材料

仪器：点滴板、水浴锅、试管及试管架、酒精灯、玻璃棒、滤纸条、50 mL 烧杯、洗瓶。

药品：6 mol/L HCl、2 mol/L HCl、浓 H_2SO_4、6 mol/L H_2SO_4、2 mol/L H_2SO_4、浓 HNO_3、2 mol/L HNO_3、6 mol/L HNO_3、2 mol/L HAc、2 mol/L NaOH、6 mol/L $NH_3·H_2O$、0.1 mol/L Na_2CO_3、1.0 mol/L Na_2CO_3、0.1 mol/L $NaHCO_3$、20% Na_2SiO_3、0.1 mol/L NH_4Cl、0.1 mol/L $NaNO_2$、1.0 mol/L $NaNO_2$、0.1 mol/L KI、0.01 mol/L $KMnO_4$、0.1 mol/L KNO_3、0.1 mol/L Na_3PO_4、0.1 mol/L Na_2HPO_4、0.1 mol/L NaH_2PO_4、0.1 mol/L $CaCl_2$、$Na_2B_4O_7·10H_2O$(s)、H_3BO_3(s)、$Co(NO_3)_2·6H_2O$(s)、$CaCl_2$(s)、$CuSO_4·5H_2O$(s)、$ZnSO_4·7H_2O$(s)、$Fe_2(SO_4)_3$(s)、$NiSO_4·7H_2O$(s)、锌片、铜片、$FeSO_4·7H_2O$(s)、$NaHCO_3$(s)、Na_2CO_3(s)、$MnSO_4$(s)、$FeCl_3$(s)、饱和石灰水、甘油、奈斯勒试剂、1%淀粉溶液、0.1 mol/L $(NH_4)_2MoO_4$。

材料：pH 试纸、红色石蕊试纸、带导管的塞子、冰块。

四、实验步骤

1. 硼酸盐的性质

(1) 在试管中加入黄豆粒大小的硼砂固体和 2 mL 去离子水，微热使其溶解，冷却至室温用 pH 试纸测定溶液的 pH。然后加入用冰水冷冻过的 6 mol/L H_2SO_4 溶液 1 mL，片刻后观察现象。

(2) 取黄豆粒大小的硼酸晶体于试管中，加 2 mL 去离子水，观察溶解情况。加热再观察溶解情况。冷却至室温，用 pH 试纸测定其 pH。再向硼酸溶液中加入 2 滴甘油，混合均匀。再次测定溶液的 pH，写出反应方程式并加以解释。

2. 碳酸盐的性质

(1) 碳酸盐的水解作用。用 pH 试纸分别测定 0.1 mol/L Na_2CO_3 溶液和 0.1 mol/L $NaHCO_3$ 溶液的 pH。

(2) 碳酸盐的热稳定性。分别取少量 $NaHCO_3$ 和 Na_2CO_3 固体于试管中，分别加热，将生成的气体通入盛有饱和石灰水的试管中，观察饱和石灰水是否都变浑浊。为什么？

(3) CO_3^{2-} 的鉴定。在试管中加入 1 mL 1.0 mol/L Na_2CO_3 溶液，再加入 1 mL 2 mol/L HCl 溶液，立即将产生的气体通入饱和石灰水中。观察现象，写出反应方程式。

3. 硅酸盐的性质

(1) Na_2SiO_3 与酸反应。在试管中加入 1 mL 20%的 Na_2SiO_3 溶液，用 pH 试纸测定其 pH。加热后逐滴加入 6 mol/L HCl 溶液，使溶液的 pH 在 6～9 之间，观察硅酸凝胶的生成。

(2) “水中花园”实验。在 50 mL 烧杯中加入约 25 mL 20%的 Na_2SiO_3 溶液，然后分散投入 $CaCl_2$、$CuSO_4·5H_2O$、$ZnSO_4·7H_2O$、$Fe_2(SO_4)_3$、$Co(NO_3)_2·6H_2O$、$NiSO_4·7H_2O$、$MnSO_4$ 和 $FeCl_3$ 晶体各一小粒，静置 1 小时后观察现象。

4. NH_4^+ 的鉴定

(1) 在试管中加入 1 mL 0.1 mol/L NH_4Cl 溶液和 1 mL 2 mol/L NaOH 溶液，微热，立即用湿润的红色石蕊试纸在试管口检验逸出的氨气。

(2) 在滤纸条上加 1 滴奈斯勒试剂，代替红色石蕊试纸重复上述实验，观察现象。

5. 亚硝酸及其盐的性质

(1) 亚硝酸的生成与分解。把盛有 1mL 1mol/L $NaNO_2$ 溶液的试管放在冰水中冷却，然后滴加 6mol/L H_2SO_4 溶液混合均匀，观察有无淡蓝色的亚硝酸生成。将试管从冰水中取出，室温下放置一段时间，观察亚硝酸在室温下迅速分解，写出反应方程式。

(2) 亚硝酸盐的氧化性。取 2 滴 0.1mol/L KI 溶液于试管中加水稀释至 1mL，加数滴 2mol/L H_2SO_4 溶液酸化后，滴入 2 滴 0.1mol/L $NaNO_2$ 溶液，观察现象。再加 2 滴 1%淀粉溶液，又有何现象？写出反应方程式。

(3) 亚硝酸盐的还原性。取 1mL 0.01mol/L $KMnO_4$ 溶液于试管中，加数滴 2mol/L H_2SO_4 溶液酸化，然后逐滴加入 0.1mol/L $NaNO_2$ 溶液，观察现象，写出反应方程式。

6. 硝酸的氧化性

(1) 在试管中放入 1 小块铜片，加入几滴浓硝酸，观察现象。迅速加水稀释，倒掉溶液，回收铜片，写出反应方程式。

(2) 在试管中放入 1 小块铜片，加入 1mL 2mol/L HNO_3 溶液，观察现象，写出反应方程式。

(3) 在试管中放入 1 小块锌片，加入 1mL 2mol/L HNO_3 溶液，观察现象。检验溶液中是否有 NH_4^+ 生成，写出反应方程式。

7. NO_2^- 和 NO_3^- 的鉴定

(1) NO_2^- 的鉴定。取 2 滴 0.1mol/L $NaNO_2$ 溶液于试管中，加水稀释至 1mL，加少量 $FeSO_4 \cdot 7H_2O$ 晶体，摇荡试管使其溶解，再加数滴 2mol/L HAc 溶液，观察现象，写出反应方程式。

(2) NO_3^- 的鉴定。取 1mL 0.1mol/L KNO_3 溶液，加入少量 $FeSO_4 \cdot 7H_2O$ 晶体、摇荡试管使其溶解。然后斜持试管，沿着管壁慢慢地滴入浓 H_2SO_4，由于浓硫酸密度比上述液体大，流入试管底部形成两层，这时可观察到两层液体界面处有一个“棕色环”。

8. 磷酸盐的性质

(1) 磷酸盐的酸碱性。取三支试管分别加入 0.1mol/L Na_3PO_4 溶液、0.1mol/L Na_2HPO_4 溶液和 0.1mol/L NaH_2PO_4 溶液各 1mL，用 pH 试纸分别测定其 pH。解释这三种溶液的酸碱性为何不同？

(2) 磷酸钙盐的生成和性质。在三支试管中各加入 5 滴 0.1mol/L $CaCl_2$ 溶液，再分别滴加 0.1mol/L Na_3PO_4 溶液、0.1mol/L Na_2HPO_4 溶液和 0.1mol/L NaH_2PO_4 溶液，观察有无沉淀生成。在没有沉淀生成的试管中再加几滴 6mol/L $NH_3 \cdot H_2O$，又有何现象产生？最后在三支试管中各加入几滴 2mol/L HCl 溶液，又有何变化？比较 $Ca_3(PO_4)_2$、$CaHPO_4$、$Ca(H_2PO_4)_2$ 的溶解性，说明它们之间相互转化的条件。

(3) PO_4^{3-} 的鉴定。取 5 滴 0.1mol/L Na_3PO_4 溶液，加 5 滴 6mol/L HNO_3 和 5 滴 0.1mol/L $(NH_4)_2MoO_4$ 溶液，加热后观察现象，写出反应方程式。

五、思考题

1. 硼酸溶液中加入甘油后，为什么溶液酸性会增强？

2. 为什么不能用带磨口玻璃塞的器皿储存碱液？

3. 如何用简单的方法区别硼砂、碳酸钠和硅酸钠？

4. 鉴定NH_4^+时，为什么将奈斯勒试剂滴在滤纸上检验逸出的氨气，而不是将奈斯勒试剂直接加到含NH_4^+的溶液中？

5. NO_2^-也能起棕色环反应而干扰NO_3^-的鉴定，怎样消除NO_2^-对NO_3^-的干扰？

6. 用钼酸铵试剂鉴定PO_4^{3-}时为什么要在硝酸介质中进行？

六、注意事项

1. 为防止硝酸分解，最好盛在棕色试剂瓶内，并放在阴暗、温度低的地方。瓶塞勿用橡皮塞，以防与硝酸蒸气作用变硬。

2. "水中花园"实验中，晶体要分开放置。在景观生成过程中，不要挪动烧杯，以免破坏景观。实验完毕，立即洗净烧杯，以免溶液腐蚀烧杯。

3. 亚硝酸及其盐均有毒，注意勿饮入口内！

4. 除一氧化二氮外，所有的氮氧化物气体均有毒，其中NO_2对人体危害最大。每升空气中不得超过0.005 g的NO_2。由于硝酸的分解产物或还原产物多为氮的氧化物，所以涉及硝酸的反应均应在通风橱内进行。

5. 在试管中加热固体时，试管口应略向下倾斜，以免试管炸裂。

实验十四　主族金属元素(锡、铅、锑、铋)

一、实验目的

1. 掌握锡、铅、锑、铋低价态氢氧化物的酸碱性及其盐的水解性。

2. 掌握锡、铅、锑、铋化合物的氧化还原性。

3. 掌握锡、铅、锑、铋硫化物的溶解性和硫代酸盐的生成及性质。

4. 掌握Pb^{2+}难溶盐的生成与溶解。

5. 掌握Sn^{2+}、Pb^{2+}、Sb^{3+}、Bi^{3+}离子的鉴定方法。

二、实验原理

Sn、Pb、Sb、Bi分别是周期表中第ⅣA、ⅤA族中的金属元素，它们是p区元素中有代表性的金属元素。Sn和Pb原子的价层电子构型为ns^2np^2，能形成氧化值为+2和+4的化合物。Sb和Bi原子的价层电子构型为ns^2np^3，能形成氧化值为+3和+5的化合物。

这些金属能形成两种价态的氢氧化物。低氧化态的氢氧化物中$Sn(OH)_2$、$Pb(OH)_2$和$Sb(OH)_3$都是两性氢氧化物，只有$Bi(OH)_3$为碱性氢氧化物。相应低价态的盐除Pb^{2+}水解不显著外，Sn^{2+}、Sb^{3+}和Bi^{3+}的盐在水溶液中都发生显著的水解反应，其水解产物为碱式盐沉淀，反应式如下：

$$SnCl_2 + H_2O \rightarrow Sn(OH)Cl\downarrow + HCl$$
$$SbCl_3 + H_2O \rightarrow SbOCl\downarrow + 2HCl$$
$$BiCl_3 + H_2O \rightarrow BiOCl\downarrow + 2HCl$$

所以在配制它们的盐溶液时，应加入足够量相应的酸抑制碱式盐沉淀的生成。

从氧化值的稳定性来看，Sn^{4+}的稳定性大于 Sn^{2+}，Pb^{2+}的稳定性大于 Pb^{4+}，故 Sn^{2+}的化合物具有较强的还原性。$SnCl_2$ 是实验室常用的还原剂，PbO_2 是常用的强氧化剂。例如，$SnCl_2$ 可将 $HgCl_2$ 还原为 Hg_2Cl_2，随着 $SnCl_2$ 溶液的加入，并进一步将 Hg_2Cl_2 还原为单质 Hg，出现灰黑色沉淀，这一反应可用来鉴定 Hg^{2+}或 Sn^{2+}。在碱性介质中 $[Sn(OH)_4]^{2-}$(或 SnO_2^{2-})的还原性更强，它可将 Bi^{3+}还原成黑色的金属铋，该反应可用于鉴定 Bi^{3+}。PbO_2 和 $NaBiO_3$ 都是强氧化剂，在硝酸介质中它们都能将 Mn^{2+}氧化为 MnO_4^-，这两个反应都可用来鉴定 Mn^{2+}。Sb^{3+}可以被 Sn 还原为单质 Sb，这一反应可用于鉴定 Sb^{3+}。

锡、铅、锑、铋各价态的硫化物(PbS_2 不存在)都具有如下特征的颜色：

SnS	SnS_2	PbS	Sb_2S_3	Bi_2S_3
棕色	黄色	黑色	橙红色	黑色

它们都难溶于水和稀盐酸，但能溶于较浓的盐酸。其中 SnS_2 和 Sb_2S_3 还能溶于 NaOH 溶液或 Na_2S 溶液，生成相应的硫代酸盐而溶解。硫代酸盐很不稳定，遇酸即分解为 H_2S 气体并生成相应的硫化物沉淀。

Pb^{2+}有多种难溶盐，且有特征的颜色，如：$PbCrO_4$(黄)、PbI_2(黄)、$PbSO_4$(白)、PbS(黑)，其中 $PbCrO_4$ 的 K_{sp} 最小，又有特征的颜色，故常用于鉴定 Pb^{2+}。

三、仪器、药品及材料

仪器：酒精灯、水浴锅、离心机、玻璃棒、试管、试管架、点滴板。

药品：2 mol/L H_2SO_4、2 mol/L HCl、6 mol/L HCl、2 mol/L HNO_3、6 mol/L HNO_3、浓 HNO_3、2 mol/L HAc、2 mol/L NaOH、6 mol/L NaOH、0.1 mol/L $SnCl_2$、0.1 mol/L $SnCl_4$、0.1 mol/L $Pb(NO_3)_2$、0.1 mol/L $SbCl_3$、0.1 mol/L $BiCl_3$、0.1 mol/L $HgCl_2$、0.1 mol/L $FeCl_3$、0.1 mol/L $MnSO_4$、0.1 mol/L Na_2S、0.5 mol/L Na_2S、0.1 mol/L KI、2 mol/L KI、0.1 mol/L K_2CrO_4、饱和 NH_4AC 溶液、0.1 mol/L $AgNO_3$、2 mol/L $NH_3 \cdot H_2O$、锡片、$SnCl_2(s)$、$SbCl_3(s)$、$BiCl_3(s)$、$PbO_2(s)$、$NaBiO_3(s)$。

材料：药匙、精密 pH 试纸。

四、实验步骤

1. 锡、锑、铋低价态盐的水解性

于三支试管中分别放入半个米粒大小的 $SnCl_2$、$SbCl_3$ 和 $BiCl_3$ 晶体，再加入 1～2 mL 去离子水，观察其水解情况，用精密 pH 试纸分别测定其 pH。在水解产物中分别缓慢滴加 6 mol/L HCl 溶液，沉淀是否溶解？再分别加水稀释，又有何变化？写出反应方程式。

2. 锡、铅、锑、铋低价态氢氧化物的生成及酸碱性

往四支试管中分别加入 0.1 mol/L $SnCl_2$、0.1 mol/L $Pb(NO_3)_2$、0.1 mol/L $SbCl_3$ 和 0.1 mol/L $BiCl_3$ 溶液各 10 滴，再向各试管中逐滴加入 2 mol/L NaOH 溶液至刚好有白色沉淀生成。将每种沉淀都分成两份，用实验结果说明它们是否都具有两性。写出反应方程式。

3. 锡、铅、锑、铋化合物的氧化还原性

(1) $SnCl_2$ 的还原性。

①取 2 滴 0.1 mol/L $HgCl_2$ 溶液，逐滴加入 0.1 mol/L $SnCl_2$ 溶液，观察有何变化？随着 $SnCl_2$ 溶液的逐渐加入，又有什么变化？写出反应方程式。该反应可用于鉴定 Sn^2 或 Hg^{2+}。

②往亚锡酸钠溶液(自己配制)中，加入 0.1 mol/L $BiCl_3$ 溶液，观察现象，写出反应方程式。该反应可用来鉴定 Bi^{3+}。

③取 1 mL 0.1 mol/L $FeCl_3$ 溶液于试管中，逐滴加入 0.1 mol/L $SnCl_2$ 溶液，观察现象，写出反应方程式。

(2) PbO_2 的氧化性。取 2 滴 0.1 mol/L $MnSO_4$ 溶液，加入 1 mL 6 mol/L HNO_3 溶液，然后加入少量 PbO_2 固体，微热后静置片刻，观察现象，写出反应方程式。

(3) $NaBiO_3$ 的氧化性。取 2 滴 0.1 mol/L $MnSO_4$ 溶液，加入 1 mL 6 mol/L HNO_3 溶液，再加入少量 $NaBiO_3$ 固体，微热，观察现象，写出反应方程式。

(4) $SbCl_3$ 的氧化性。在点滴板上放一小片光亮的锡片，再滴加 2 滴 0.1 mol/L $SbCl_3$ 的溶液，观察锡片的颜色变化，写出反应方程式。该反应可用来鉴定 Sb^{3+}。

(5) $SbCl_3$ 的还原性。取 2 滴 0.1 mol/L $SbCl_3$ 的溶液，加入 2 mol/L NaOH 溶液至过量(得$[Sb(OH)_4]^-$)，然后加入 0.1 mol/L $AgNO_3$ 和 2 mol/L $NH_3 \cdot H_2O$ 的混合溶液(混合液为$[Ag(NH_3)_2]^+$)，加热，观察现象，写出反应方程式。该反应可用来鉴定 Sb^{3+}。

比较以上 5 个实验，你对锡、铅、锑、铋各价态的氧化还原性有何认识？

4. 锡、铅、锑、铋硫化物的生成与溶解

往五支离心试管中分别加入 0.1 mol/L $SnCl_2$、0.1 mol/L $SnCl_4$、0.1 mol/L $Pb(NO_3)_2$、0.1 mol/L $SbCl_3$ 和 0.1 mol/L $BiCl_3$ 溶液各 1 mL，然后再分别滴入 0.1 mol/L Na_2S 溶液、观察沉淀的颜色。离心分离，弃去清液，用少量蒸馏水洗涤沉淀 1～2 次，分别检验这五种沉淀能否溶于 2 mol/L HCl 溶液。检验各沉淀能否溶于 6 mol/L HCl 溶液。检验 SnS_2 和 Sb_2S_3 沉淀能否溶于 2 mol/L NaOH 溶液。检验 SnS_2 和 Sb_2S_3 沉淀能否溶于 0.5 mol/L Na_2S 溶液。如沉淀溶解，再用稀 HCl 酸化，观察又有何变化，写出反应方程式。根据实验结果比较锡、铅、锑、铋硫化物的溶解性。并说明它们与相应的氢氧化物的酸碱性有何联系。

5. Pb^{2+}难溶盐的生成与溶解

在四支试管中各加入 2 滴 0.1 mol/L $Pb(NO_3)_2$ 溶液，然后分别滴入 2 mol/L HCl 溶液、2 mol/L H_2SO_4 溶液、0.1 mol/L KI 溶液和 0.1 mol/L K_2CrO_4 溶液，观察沉淀的颜色。

(1) 将第一支试管中的 $PbCl_2$ 沉淀连同溶液一起加热，沉淀是否溶解？再把溶液冷却，又有什么变化？说明之。

(2) 检验第二支试管中的 $PbSO_4$ 沉淀能否溶于饱和沉的 NH_4AC 溶液。

(3) 检验第三支试管中的 PbI_2 沉淀能否溶于 2 mol/L KI 溶液。

(4) 检验第四支试管中的 $PbCrO_4$ 沉淀能否溶于浓 HNO_3 或 6 mol/L NaOH 溶液。

6. 混合离子的分离与鉴定

(1) 取 0.1 mol/L $SnCl_2$ 溶液和 0.1 mol/L $SnCl_4$ 溶液各 5 滴，混合后自己设计分离鉴定方案，并试验之，写出现象和反应方程式。

(2) 取 0.1 mol/L $SbCl_3$ 溶液和 0.1 mol/L $BiCl_3$ 溶液各 5 滴，混合后自己设计分离鉴定方案，并试验之，写出现象和反应方程式。

五、思考题

1. 如何鉴别 $Pb(NO_3)_2$ 和 $SnCl_2$？

2. 怎样配制 $SnCl_2$、$SbCl_3$ 和 $BiCl_3$ 溶液？怎样制取亚锡酸钠溶液？

3. SnS 能否溶于 Na_2S 溶液？哪些金属硫化物能溶于硫化钠溶液中？

4. 用固体 PbO_2 或固体 $NaBiO_3$ 与 $MnSO_4$ 溶液反应时为什么用硝酸酸化而不用盐酸酸化？

5. 比较锡、铅氢氧化物的酸碱性；比较锑、铋氢氧化物的酸碱性。

6. 比较锡、铅化合物的氧化还原性；比较锑、铋化合物的氧化还原性。

六、注意事项

在 Na_2S 固体试剂中往往含有多硫化物。硫化钠溶液随着放置时间的延长，多硫化钠的含量会逐渐增加，所以 Na_2S 溶液最好是现配制现用。

实验十五　d 区元素 Ⅰ(铬、锰、铁、钴、镍)

一、实验目的

1. 掌握铬、锰、铁、钴、镍氢氧化物的酸碱性和氧化还原性。

2. 掌握铬、锰、铁重要氧化态化合物的生成及各种氧化态之间的转化反应和条件。

3. 掌握铁、钴、镍配合物的生成和性质。

4. 掌握 Cr^{3+}、Mn^{2+}、Fe^{2+}、Fe^{3+}、Co^{2+}、Ni^{2+}离子的鉴定方法。

二、实验原理

铬、锰、铁、钴、镍是周期系第四周期第ⅥB ~ Ⅷ族元素，它们都有可变的氧化态。铬以 +3 和 +6 为稳定；锰以 +2、+4、+6 和 +7 为常见；铁、钴、镍常见的氧化态为 +2 和 +3。

$Cr(OH)_3$ 是典型的两性氢氧化物。$Mn(OH)_2$ 和 $Fe(OH)_2$ 都很容易被空气中的 O_2 氧化，$Co(OH)_2$ 也能被空气中的 O_2 慢慢氧化。$Co(OH)_3$ 和 $Ni(OH)_3$ 通常由 Co^{2+}和 Ni^{2+}盐在碱性条件下用强氧化剂(如溴水)氧化得到。Co^{3+}和 Ni^{3+}都具有强氧化性，$Co(OH)_3$、$Ni(OH)_3$

与浓盐酸反应分别生成 Co^{2+}和 Ni^{2+}，并放出氯气。

酸性介质中，Cr^{3+}和 Mn^{2+}还原性都较弱，只有用强氧化剂才能将它们氧化为 $Cr_2O_7^{2-}$ 和 MnO_4^-。

Cr^{3+}在碱性介质中具有较强的还原性，易被强氧化剂如 H_2O_2 氧化为黄色 CrO_4^{2-}。

Cr^{6+}在酸性介质中具有较强的氧化性，铬酸盐和重铬酸盐在水溶液中有如下平衡：

$$2CrO_4^{2-}+2H^+ \rightleftharpoons Cr_2O_7^{2-}+H_2O$$

在酸性介质中平衡向右移动；碱性介质中平衡向左移动。因 CrO_4^{2-} 与 $Cr_2O_7^{2-}$ 在溶液中存在平衡关系，又因 Ag^+、Pb^{2+}和 Ba^{2+}重铬酸盐的溶解度比铬酸盐的溶解度大，因此，向 $K_2Cr_2O_7$ 溶液中加入 Ag^+、Pb^{2+}和 Ba^{2+}时，根据平衡移动规则，通常生成相应的铬酸盐沉淀。

在酸性介质中，铬酸盐和重铬酸盐都是强氧化剂，易被还原成 Cr^{3+}。$Cr_2O_7^{2-}$ 与 H_2O_2 反应能生成深蓝色的 CrO_5，CrO_5 在戊醇(或乙醚)中稳定，该反应可用来鉴定 $Cr_2O_7^{2-}$ 或 Cr^{3+}。

Mn^{6+}的重要化合物是 K_2MnO_4，在强碱条件下，强氧化剂 $KMnO_4$ 能把 MnO_2 氧化成绿色的 MnO_4^{2-}，MnO_4^{2-} 只有在强碱溶液中才能稳定存在，在酸性或中性溶液中，MnO_4^{2-} 即发生歧化反应，生成紫色的 MnO_4^- 和棕黑色的 MnO_2。

Mn^{7+}的重要化合物是 $KMnO_4$，它是一种强氧化剂，其还原产物随介质不同而不同。MnO_4^- 在酸性、中性和强碱性介质中的还原产物分别为 Mn^{2+}、MnO_2 沉淀和 MnO_4^{2-}。

在硝酸溶液中，Mn^{2+}被 $NaBiO_3$ 氧化成紫色的 MnO_4^-，该反应可以鉴定 Mn^{2+}。

铁、钴、镍都具有较强的配位能力，能形成多种配合物，其中以钴最典型。常见的配体有 NH_3、CN^-、SCN^-和 F^-等。氨配合物的稳定性按 Fe^{3+}、Co^{2+}、Ni^{2+}顺序增强。Fe^{2+} 和 Fe^{3+}难以形成稳定的氨配合物，它们与氨水反应生成相应的氢氧化物沉淀。Co^{2+}与氨形成土黄色的$[Co(NH_3)_6]^{2+}$，$[Co(NH_3)_6]^{2+}$易被空气中的氧氧化成红褐色的$[Co(NH_3)_6]^{3+}$。Ni^{2+}与氨的配合物$[Ni(NH_3)_6]^{2+}$是稳定的，不存在 Ni^{3+}的氨配合物。Fe^{3+}与 SCN^-形成血红色配合物$[Fe(SCN)_n]^{3-n}$，该反应灵敏，常用来鉴定 Fe^{3+}。Co^{2+}与 SCN^-反应，生成不稳定的蓝色的$[Co(NCS)_4]^{2-}$配合物，该配合物在丙酮等有机溶剂中较稳定，此反应可用于鉴定 Co^{2+}，但在鉴定前需将 Fe^{3+}分离出去或掩蔽起来。Fe^{3+}和 Fe^{2+}都有很稳定的铁氰配合物，Fe^{3+}与亚铁氰化钾 $K_4[Fe(CN)_6]$(黄血盐)溶液反应生成深蓝色沉淀或溶胶(普鲁氏蓝 Prussian)。Fe^{2+}与铁氰化钾 $K_3[Fe(CN)_6]$(赤血盐)溶液反应也生成深蓝色沉淀或溶胶(藤氏蓝 Turnbull)。常用此反应鉴定 Fe^{3+}和 Fe^{2+}。Ni^{2+}在 pH=5 ~ 10 的介质中与丁二酮肟反应，生成鲜红色的螯合物沉淀，pH=7.5 ~ 8.1 定量沉淀。此沉淀溶于强酸、强碱和浓氨水，所以鉴定 Ni^{2+}应在 NH_4^+ 存在的氨性介质中进行。Fe^{2+}也有类似的反应，干扰 Ni^{2+}的鉴定，应当预先除去。

三、仪器、药品及材料

仪器：酒精灯、水浴锅、离心机、试管、试管架、点滴板。

药品：2 mol/L HCl、浓 HCl、2 mol/L H_2SO_4、6 mol/L HNO_3、2 mol/L NaOH、6 mol/L NaOH、40% NaOH、2 mol/L $NH_3 \cdot H_2O$、0.1 mol/L $MnSO_4$、0.1 mol/L $CrCl_3$、0.1 mol/L $K_2Cr_2O_7$、0.01 mol/L $KMnO_4$、0.1 mol/L $BaCl_2$、0.1 mol/L $FeCl_3$、0.1 mol/L $CoCl_2$、0.1 mol/L $FeSO_4$、0.1 mol/L Na_2SO_3、0.1 mol/L KI、0.1 mol/L $NiSO_4$、0.1 mol/L $K_4[Fe(CN)_6]$、0.1 mol/L $K_3[Fe(CN)_6]$、MnO_2(s)、$NaBiO_3$(s)、$FeSO_4 \cdot 7H_2O$(s)、KSCN(s)、戊醇(或乙醚)、3% H_2O_2、溴水、丙酮、1%丁二酮肟酒精溶液、乙醇、1%淀粉溶液、Cr^{3+}和 Mn^{2+}的混合液、Ni^{2+}和 Fe^{3+}的混合液。

材料：淀粉-碘化钾试纸、醋酸铅试纸、长滴管。

四、实验步骤

1. 铬、锰、铁、钴、镍氢氧化物的酸碱性及低价氢氧化物还原性和高价氢氧化物氧化性

(1) $Cr(OH)_3$的性质。在两支试管中各加入 5 滴 0.1 mol/L $CrCl_3$溶液，然后逐滴加入 2 mol/L NaOH 溶液至刚生成沉淀，观察沉淀的颜色。向一支试管中加入 2 mol/L HCl 溶液检验 $Cr(OH)_3$的碱性；向另一支试管中加入 2 mol/L NaOH 溶液检验 $Cr(OH)_3$的酸性，观察现象，写出反应方程式。

(2) $Mn(OH)_2$的性质。在三支试管中各加入 5 滴 0.1 mol/L $MnSO_4$溶液，然后逐滴加入 2 mol/L NaOH 溶液至沉淀完全，观察沉淀的颜色。一份迅速检验 $Mn(OH)_2$是否呈碱性；一份迅速检验 $Mn(OH)_2$是否呈酸性；还有一份沉淀在空气中放置几分钟后，再观察沉淀颜色的变化并解释现象，写出反应方程式。

(3) $Fe(OH)_2$的性质。在一支试管中加入 2 mL 去离子水和 2 滴 2 mol/L H_2SO_4溶液，煮沸片刻(为什么？)，然后加入一小粒 $FeSO_4 \cdot 7H_2O$ 晶体使其溶解。同时在另一支试管中煮沸 1 mL 2 mol/L NaOH 溶液，冷却后用长滴管吸取上述煮沸过的 NaOH 溶液，迅速插入 Fe^{2+}溶液底部，慢慢地挤出 NaOH 溶液(整个操作都要避免将空气带入溶液)，观察沉淀的颜色。将该沉淀分成三份，两份迅速检验 $Fe(OH)_2$ 酸碱性，第三份沉淀在空气中放置几分钟后，再观察沉淀颜色的变化，写出反应方程式。

(4) $Co(OH)_2$的性质。在三支试管中各加入 5 滴 0.1 mol/L $CoCl_2$溶液，然后逐滴加入 6 mol/L NaOH 溶液，注意观察所生成沉淀的颜色和状态。迅速检验第一、第二支试管中 $Co(OH)_2$ 的酸碱性，第三支试管中的沉淀在空气中放置一段时间后，再观察沉淀颜色有何变化，写出反应方程式。

(5) $Ni(OH)_2$的性质。在三支试管中各加入 5 滴 0.1 mol/L $NiSO_4$溶液，然后逐滴加入 2 mol/L NaOH 溶液，观察沉淀颜色。迅速检验第一、第二支试管中 $Ni(OH)_2$酸碱性。第三支试管中的沉淀在空气中放置一段时间，观察沉淀颜色是否变化，写出反应方程式。

根据以上实验结果，对+2 价铁、钴、镍氢氧化物酸碱性和还原性的变化规律作一

总结。

(6) $Fe(OH)_3$的性质。在两支试管中各加入 5 滴 0.1 mol/L $FeCl_3$溶液，然后逐滴加入 2 mol/L NaOH 溶液，观察沉淀的颜色和状态。向一支试管中加入 2 mol/L HCl 溶液检验 $Fe(OH)_3$是否呈碱性，向另一支试管中加入 2 mol/L NaOH 溶液检验 $Fe(OH)_3$是否呈酸性，观察现象，写出反应方程式。

(7) $Co(OH)_3$的性质。取 1 mL 0.1 mol/L $CoCl_2$溶液于试管中，加几滴溴水，再加入 2 mol/L NaOH 溶液，观察所生成沉淀的颜色。离心分离，弃取清液，在沉淀中加入 0.5 mL 浓 HCl，微热，立即用湿润的淀粉-碘化钾试纸检验试管口逸出的气体。解释该现象，写出反应方程式。

(8) $Ni(OH)_3$的性质。取 1 mL 0.1 mol/L $NiSO_4$溶液于试管中，加几滴溴水，再加入 2 mol/L NaOH 溶液，观察沉淀的颜色。离心分离，弃取清液，在沉淀中加入 0.5 mL 浓 HCl，立即用湿润的淀粉-碘化钾试纸检验试管口逸出的气体，写出反应方程式。

由实验(6) ~ (8)，总结+3 价铁、钴、镍氢氧化物氧化性的变化规律。

2. 铬化合物的重要性质

(1) Cr^{3+}的还原性、过氧化铬的生成和 Cr^{3+}的鉴定。在试管中加入 3 滴 0.1 mol/L $CrCl_3$溶液，逐滴加入 6 mol/L NaOH 溶液至生成的沉淀溶解，再滴加 3 滴 3%的 H_2O_2溶液，加热，观察溶液颜色的变化，解释现象并写出反应方程式。待试管冷却后，加 0.5 mL 戊醇(或乙醚)，然后慢慢地加入 6 mol/L HNO_3溶液酸化，再补加 2 滴 3%的 H_2O_2溶液，摇荡试管，观察戊醇(或乙醚)层颜色，解释现象并写出反应方程式。此反应可鉴定 Cr^{3+}或 $Cr_2O_7^{2-}$。

(2) $Cr_2O_7^{2-}$和 CrO_4^{2-}的相互转化。①取 5 滴 0.1 mol/L $K_2Cr_2O_7$溶液，滴加少许 2 mol/L NaOH 溶液，观察溶液颜色的变化。再滴入 2 mol/L H_2SO_4溶液酸化，又有何变化？解释现象，写出 $Cr_2O_7^{2-}$和 CrO_4^{2-}之间的平衡反应方程式。

②在试管中加入 5 滴 0.1 mol/L $K_2Cr_2O_7$溶液，再加入 5 滴 0.1 mol/L $BaCl_2$溶液，有何现象产生？为什么得到的沉淀不是 $BaCr_2O_7$？

(3) Cr^{6+}的氧化性。①取 5 滴 0.1 mol/L $K_2Cr_2O_7$溶液于试管中，加 5 滴 2 mol/L H_2SO_4溶液酸化，再加入数滴 0.1 mol/L Na_2SO_3溶液，观察溶液颜色变化，写出反应方程式。

②取 5 滴 0.1 mol/L $K_2Cr_2O_7$溶液于试管中，加 5 滴 2 mol/L H_2SO_4溶液酸化，再滴加少量乙醇，微热，观察溶液由橙色变为什么颜色，写出反应方程式。该反应可根据颜色的变化，定性检查人呼出的气体和血液中是否含有酒精，以判断是否酒后驾车或酒精中毒。

3. 锰化合物的重要性质

(1) Mn^{4+}化合物的生成。取 10 滴 0.01 mol/L $KMnO_4$溶液于试管中，滴加 0.1 mol/L $MnSO_4$溶液，观察是否有沉淀生成。

(2) Mn^{6+}化合物的生成。取 1 mL 0.01 mol/L $KMnO_4$溶液于试管中，加入 1 mL 40%的 NaOH 溶液，再加入少量固体 MnO_2，加热后静置片刻，待 MnO_2沉淀后，观察上层清液的颜色。取上层清液于另一支试管中，加 2 mol/L H_2SO_4溶液酸化，观察溶液颜色的变化和沉淀的生成。写出反应方程式。通过该实验说明 MnO_4^{2-} 的存在条件是什么？

(3) $KMnO_4$ 还原产物和介质的关系。取三支试管各加入 2 滴 0.01 mol/L $KMnO_4$ 溶液，在第一支试管中加 1 滴 2 mol/L H_2SO_4 溶液，在第二支试管中加 1 滴去离子水，在第三支试管中加 1 滴 2 mol/L NaOH 溶液，然后再各加 2 滴 0.1 mol/L Na_2SO_3 溶液，观察三支试管中发生的变化，写出反应方程式。说明 $KMnO_4$ 还原产物和介质的关系。

(4) Mn^{2+} 的鉴定。取 1 mL 0.1 mol/L $MnSO_4$ 于试管中，加 5 滴 6 mol/L HNO_3 酸化(或 H_2SO_4，为什么不能用 HCl？)，然后加少量 $NaBiO_3$ 固体，加热，如上层清液呈紫色，表明有 Mn^{2+} 存在。

4. 铁化合物的重要性质

(1) Fe^{2+} 的还原性。取 1 mL 0.1 mol/L $FeSO_4$ 溶液于试管中，加 2 滴 2 mol/L H_2SO_4 溶液酸化，然后滴加 0.01 mol/L $KMnO_4$ 溶液，观察溶液颜色的变化，写出反应方程式。

(2) Fe^{3+} 的氧化性。取 1 mL 0.1 mol/L $FeCl_3$ 溶液于试管中，加入 1 mL 0.1 mol/L KI 溶液，观察溶液颜色的变化。再加 1 滴 1%的淀粉溶液，溶液颜色又有何变化？写出反应方程式。

(3) Fe^{2+} 配合物及鉴定。取 1 滴 0.1 mol/L $FeSO_4$ 溶液于白色点滴板上，加 1 滴 2 mol/L HCl 溶液酸化，然后加 1 滴 0.1 mol/L $K_3[Fe(CN)_6]$(赤血盐)溶液，观察沉淀颜色，此反应可用来鉴定 Fe^{2+}。

(4) Fe^{3+} 配合物及鉴定。取 1 滴 0.1 mol/L $FeCl_3$ 溶液于白色点滴板上，加 1 滴 2 mol/L HCl 溶液酸化，然后加 1 滴 0.1 mol/L $K_4[Fe(CN)_6]$(黄血盐)溶液，观察沉淀颜色，此反应可用来鉴定 Fe^{3+}。

5. 钴和镍的配合物及鉴定

(1) Co^{2+} 配合物及鉴定。取 1 mL 0.1 mol/L $CoCl_2$ 溶液于试管中，加入少量 KSCN 晶体，观察晶体周围的颜色。再加入 0.5 mL 丙酮，观察水相和有机相的颜色，此反应可用来鉴定 Co^{2+}。

(2) Ni^{2+} 配合物及鉴定。取 1 mL 0.1 mol/L $NiSO_4$ 溶液于试管中，逐滴加入 2 mol/L $NH_3 \cdot H_2O$ 溶液至生成的沉淀溶解，观察溶液颜色。再加 2 滴 1%的丁二酮肟酒精溶液，溶液的颜色又有何变化？此反应可用来鉴定 Ni^{2+}。

6. 混合离子的分离与鉴定

(1) 有一瓶含有 Fe^{3+} 和 Ni^{2+} 的混合溶液，先用分离示意图分离，再进行鉴定。

(2) 有一瓶含有 Cr^{3+} 和 Mn^{2+} 的混合溶液，先用分离示意图分离，再进行鉴定。

五、思考题

1. 怎样分离混合溶液中的 Pb^{2+}、Fe^{3+} 和 Co^{2+}？
2. 哪个实验说明锰发生自身氧化还原反应？其介质条件如何？
3. Cr^{6+} 作氧化剂时的介质条件是什么？在选用介质时应考虑什么问题？
4. 在制备 $Fe(OH)_2$ 实验中，为什么蒸馏水和 NaOH 溶液都要预先煮沸以赶尽空气？
5. 用赤血盐 $K_3[Fe(CN)_6]$ 检验 Fe^{2+} 或用黄血盐 $K_4[Fe(CN)_6]$ 检验 Fe^{3+} 时，为什么要加

1 滴 2 mol/L HCl？

6. 为什么 Fe^{3+}比 Fe^{2+}化合物稳定？

六、注意事项

1. Cr^{3+}的还原性实验要在强碱条件下进行。

2. K_2MnO_4存在于强碱溶液中，所以实验中要保证溶液足够的碱度。

3. 实验鉴定 Cr^{3+}或 $Cr_2O_7^{2-}$，最后加硝酸时要加足，使溶液呈酸性。

4. $KMnO_4$在酸性介质中被还原成无色的 Mn^{2+}，如溶液呈棕色，说明溶液酸度不够。

5. 液态溴有很强的腐蚀性，会灼伤皮肤。溴水的腐蚀性比液态溴稍弱，应避免与皮肤接触。如不慎溅到皮肤，应先用水冲洗后，再用酒精冲洗。溴蒸气也有很强的刺激作用，所以使用时应在通风橱中进行。

实验十六 d 区元素Ⅱ(铜、银、锌、镉、汞)

一、实验目的

1. 掌握铜、银、锌、镉、汞氢氧化物和氧化物的酸碱性。

2. 掌握铜、银、锌、铜、汞氨合物的生成。

3. 掌握铜、银、锌、镉、汞硫化物的生成与溶解性。

4. 掌握 Cu^{2+}、Ag^+、Zn^{2+}、Cd^{2+}、Hg^{2+}的鉴定方法。

二、实验原理

铜和银是周期系第ⅠB 族元素，价层电子构型分别为 $3d^{10}4s^1$ 和 $4d^{10}5s^1$。铜的重要氧化值为+1 和+2，银主要形成氧化值为+1 的化合物。

锌、镉、汞是周期系第ⅡB 族元素，价层电子构型为$(n\text{-}1)d^{10}ns^2$，它们都形成氧化值为+2 的化合物，汞还能形成氧化值为+1 的化合物。

$Zn(OH)_2$是两性氢氧化物。$Cu(OH)_2$两性偏碱，能溶于较浓的 NaOH 溶液。$Cu(OH)_2$的热稳定性差，受热分解为 CuO 和 H_2O。$Cd(OH)_2$是碱性氢氧化物。AgOH 和 $Hg(OH)_2$极易脱水变成相应的氧化物。

Cu^{2+}、Ag^+、Zn^{2+}、Cd^{2+}、Hg^{2+}都能形成氨合物。$[Cu(NH_3)_2]^+$是无色的，易被空气中的 O_2 氧化为深蓝色的$[Cu(NH_3)_4]^{2+}$。Cu^{2+}、Ag^+、Zn^{2+}、Cd^{2+}、Hg^{2+}与适量氨水反应生成氢氧化物、氧化物或碱式盐沉淀，而后溶于过量的氨水。

Cu^{2+}大都以 dsp^2 杂化轨道成键，形成平面正方形的内轨型配合物。Zn^{2+}的配离子几乎以 sp^3 杂化轨道成键，形成四面体形的外轨型配合物。Ag^+和 Hg^{2+}都能形成配位数为 2(sp 杂化轨道成键)的直线型和配位数为 4(sp^3 杂化轨道成键)的四面体型配合物。

Cu^{2+}、Ag^+、Zn^{2+}、Cd^{2+}、Hg^{2+}与 Na_2S 溶液反应都能生成相应的硫化物。ZnS 能溶于稀 HCl。CdS 溶于浓 HCl。CuS 和 Ag_2S 溶于浓 HNO_3。HgS 溶于王水。

水溶液中的 Cu^{+}不稳定，易歧化为 Cu^{2+}和 Cu。CuCl 和 CuI 等 Cu(Ⅰ)的卤化物难溶于水，通过加合反应可分别生成相应的配离子$[CuCl_2]^-$和$[CuI_2]^-$，它们在水溶液中较稳定。$CuCl_2$溶液与铜屑及浓 HCl 混合后加热可制得$[CuCl_2]^-$，加水稀释时会析出 CuCl 沉淀。

三、仪器、药品及材料

仪器：酒精灯、水浴锅、离心机、试管、试管架、点滴板、50 mL 烧杯。

药品：2 mol/L HNO_3、浓 HNO_3、2 mol/L HCl、6 mol/L HCl、浓 HCl、2 mol/L H_2SO_4、2 mol/L HAc、2 mol/L NaOH、6 mol/L NaOH、2 mol/L $NH_3·H_2O$、6 mol/L $NH_3·H_2O$、0.1 mol/L KI、2 mol/L KI、0.1 mol/L $AgNO_3$、0.1 mol/L $CuCl_2$、0.1 mol/L KBr、0.1 mol/L NaCl、0.1 mol/L $Na_2S_2O_3$、0.1 mol/L $K_4[Fe(CN)_6]$、0.1 mol/L $Hg(NO_3)_2$、0.1 mol/L Na_2S、0.1 mol/L $SnCl_2$、1 mol/L NH_4Cl、0.1 mol/L $CuSO_4$、0.1 mol/L $ZnSO_4$、0.1 mol/L $CdSO_4$、王水、铜屑(或铜粉)、1%淀粉溶液、10%葡萄糖溶液、二苯硫腙的 CCl_4 溶液。

四、实验步骤

1. 铜、银、锌、镉、汞氢氧化物或氧化物的生成和性质

(1) 铜、锌、镉氢氧化物的生成和性质。向 3 支分别盛有 5 滴 0.1 mol/L $CuSO_4$溶液、5 滴 0.1 mol/L $ZnSO_4$溶液、5 滴 0.1 mol/L $CdSO_4$溶液的 3 支试管中，逐滴加入 2 mol/L NaOH 溶液，观察现象。再将每个试管中的沉淀分成两份，一份滴加 2 mol/L NaOH 溶液检验它们是否呈酸性，另一份滴加 2 mol/L H_2SO_4(或 2 mol/L HCl)溶液检验它们是否呈碱性。写出反应方程式。

(2) 银和汞氧化物的生成和性质。分别取 5 滴 0.1 mol/L $AgNO_3$溶液、5 滴 0.1 mol/L $Hg(NO_3)_2$溶液于两支试管中，然后滴加 2 mol/L NaOH 溶液，观察 Ag_2O 和 HgO 的颜色及状态(为什么不是 AgOH 和 $Hg(OH)_2$？)。再将每个试管中的沉淀分成两份，一份滴加 2 mol/L $NH_3·H_2O$ 溶液，另一份滴加 2 mol/L HNO_3溶液，观察现象，写出反应方程式。

2. 铜、银、锌、镉、汞氨合物的生成

向五支分别盛有 5 滴 0.1 mol/L $CuSO_4$溶液、5 滴 0.1 mol/L $AgNO_3$溶液、5 滴 0.1 mol/L $ZnSO_4$溶液、5 滴 0.1 mol/L $CdSO_4$溶液、5 滴 0.1 mol/L $Hg(NO_3)_2$溶液的试管中逐滴加入 6 mol/L $NH_3·H_2O$ 溶液，观察沉淀生成，继续加入过量的 6 mol/L $NH_3·H_2O$ 溶液，又有何现象？(如沉淀不溶解，再加 1 mol/L NH_4Cl 溶液)写出反应方程式。比较 Cu^{2+}、Ag^{+}、Zn^{2+}、Cd^{2+}、Hg^{2+}与氨水反应有何不同。

3. 铜、银、锌、镉、汞硫化物的生成和性质

在五支离心试管中分别加入 0.1 mol/L $CuSO_4$溶液、0.1 mol/L $AgNO_3$溶液、0.1 mol/L $ZnSO_4$溶液、0.1 mol/L $CdSO_4$溶液和 0.1 mol/L $Hg(NO_3)_2$溶液各 1 mL，再各滴加 0.1 mol/L Na_2S 溶液，观察沉淀的颜色。将每种沉淀分成四份：一份加 2 mol/L HCl、一份加浓 HCl、一份加浓 HNO_3、还有一份加王水，观察溶解情况。根据实验结果，总结铜、银、锌、镉、汞硫化物的溶解性。

4. Cu(Ⅰ)化合物的生成和性质

(1) 氧化亚铜的生成和性质。取 5 滴 0.1 mol/L $CuSO_4$溶液，滴加过量的 6 mol/L NaOH 溶液，使最初生成的蓝色沉淀溶解呈深蓝色溶液，再加入 1 mL 10%葡萄糖溶液，摇匀，加热煮沸几分钟，有黄色沉淀产生进而变成暗红色的沉淀。离心分离，弃去清液，将沉淀洗涤后分成两份，一份加入 2 mol/L H_2SO_4溶液，注意沉淀的变化，另一份加入 6 mol/L $NH_3·H_2O$ 溶液，观察溶液颜色的变化，静置一段时间后，溶液为什么会变成深蓝色？写出有关反应方程式。

(2) 氯化亚铜的生成和性质。取 1 mL 0.1 mol/L $CuCl_2$ 溶液，加 1 mL 浓盐酸和少量铜屑(或半匙铜粉)，加热振荡直至溶液呈无色，取几滴上述溶液加入 3 ~ 5 mL 蒸馏水中，如有白色沉淀产生，迅速把上述溶液倾入 30 ~ 50 mL 蒸馏水中，将生成的白色 CuCl 沉淀洗涤至无蓝色为止。离心分离，弃去清液，将沉淀洗涤后分成两份，一份加入浓盐酸，观察有何变化；另一份加入 6 mol/L $NH_3·H_2O$ 溶液，观察又有何变化，写出有关反应方程式。

(3) 碘化亚铜的生成和性质。取 5 滴 0.1 mol/L $CuSO_4$溶液，滴加 0.1 mol/L KI 溶液，观察现象。离心分离，向清液中加 1 滴 1%的淀粉溶液，观察现象。向沉淀中滴加 2 mol/L KI 溶液，观察现象。再将溶液加水稀释，观察又有何变化。写出有关反应方程式。

5. Ag(Ⅰ)系列实验

取 5 滴 0.1 mol/L $AgNO_3$溶液于试管中，从 $AgNO_3$开始选用适当的试剂，依次实现下面的转化：$AgNO_3 \rightarrow AgCl(s) \rightarrow [Ag(NH_3)_2]^+ \rightarrow AgBr(s) \rightarrow [Ag(S_2O_3)_2]^{3-} \rightarrow AgI(s) \rightarrow [AgI_2]^- \rightarrow Ag_2S$，注意观察现象。写出有关反应方程式。

6. 银镜反应

在一支干净的试管中加入 1 mL 0.1 mol/L $AgNO_3$，滴加 2 mol/L $NH_3·H_2O$ 溶液至生成的沉淀刚好溶解，再加入 2 mL 10%葡萄糖溶液，放在水浴锅中加热 3 ~ 5 分钟，观察现象。写出有关反应方程式。

7. Cu^{2+}、Ag^+、Zn^{2+}、Cd^{2+}、Hg^{2+}的鉴定

(1) Cu^{2+}的鉴定。取 1 滴 0.1 mol/L $CuSO_4$溶液于白色点滴板上，加 1 滴 2 mol/L HAc 溶液酸化，再加 1 滴 0.1 mol/L $K_4[Fe(CN)_6]$溶液，若生成棕红色沉淀，表示有 Cu^{2+}存在。

(2) Ag^+的鉴定。取 2 滴 0.1 mol/L $AgNO_3$溶液于离心试管中，加 2 滴 2 mol/L HCl 溶液，水浴锅加热，使沉淀聚集，离心分离。向沉淀中加入 6 mol/L $NH_3·H_2O$ 使其完全溶解，再加 2 mol/L HNO_3溶液酸化，如有白色沉淀，表示有 Ag^+存在。

(3) Zn^{2+}的鉴定。取 2 滴 0.1 mol/L $ZnSO_4$溶液，加 5 滴 6 mol/L NaOH 溶液，再加 0.5 mL 二苯硫腙的 CCl_4 溶液，摇荡试管，水溶液层显粉红色，CCl_4 层由绿色变棕色，表示有 Zn^{2+}存在。

(4) Cd^{2+}的鉴定。取 2 滴 0.1 mol/L $CdSO_4$溶液，加 2 滴 0.1 mol/L Na_2S 溶液，有黄色的 CdS 沉淀生成，向沉淀中加入 6 mol/L HCl 溶液，黄色的 CdS 沉淀溶解，再滴加 6 mol/L NaOH 溶液以降低溶液酸度，又有黄色的 CdS 沉淀析出，表示有 Cd^{2+}存在。

(5) Hg^{2+}的鉴定。取 2 滴 0.1 mol/L $Hg(NO_3)_2$溶液，加 2 滴 0.1 mol/L $SnCl_2$溶液，有白色的 $HgCl_2$ 沉淀生成，并逐渐转变为灰色或黑色，表示有 Hg^{2+}存在。

五、思考题

1. 用流程图分离和鉴定 Zn^{2+}、Cd^{2+}、Ba^{2+}混合离子。

2. 用流程图分离和鉴定 Cu^{2+}、Ag^{+}、Fe^{3+}混合离子。

3. 用流程图分离 AgCl、$PbCl_2$ 和 Hg_2Cl_2 混合沉淀。

4. 总结铜、银、锌、镉、汞氢氧化物的酸碱性和稳定性。

5. 总结铜、银、锌、镉、汞硫化物的溶解性。

6. “实验 4(2) 氯化亚铜的生成和性质”为什么不能用稀盐酸代替浓盐酸进行实验？能否用浓的氯化钠溶液代替浓盐酸进行实验？

六、注意事项

1. 银镜反应实验，若试管不干净，往往生成黑色沉淀，得不到光亮的银镜。实验结束立即倒掉溶液，用 2 mol/L HNO_3 溶液洗下试管壁上的 Ag。

2. $CuCl_2$ 溶液与铜屑在浓盐酸存在下加热，时间宜较长一些，否则现象不明显。加浓盐酸是使 CuCl 溶解生成配离子$[CuCl_2]^-$，防止难溶的 CuCl 附着在铜的表面，阻止反应继续进行。加热至溶液呈无色，若溶液显棕色，可能是 Cu^+和 Cu^{2+}的二聚或多聚配离子，则需再加入铜粉。若溶液显蓝绿色，应先加少量浓盐酸后再加铜粉。

3. 汞盐为有毒物质，使用时要注意安全。

4. 制备 Cu_2O 实验，由于制备条件不同，Cu_2O 晶粒的大小各异，可呈现黄、橙、红等不同颜色。氢氧化亚铜(CuOH)也为黄色，但加热时即转变为红色 Cu_2O。

第五章　物质分离分析与提纯制备

实验十七　常见混合阴离子的分离和鉴定

一、实验目的

1. 掌握常见阴离子 Cl^-、Br^-、I^-、NO_3^-、NO_2^-、SO_4^{2-}、SO_3^{2-}、$S_2O_3^{2-}$、S^{2-}、PO_4^{3-} 和 CO_3^{2-} 的有关性质。

2. 了解混合阴离子的分离鉴定方案并检出未知溶液中的阴离子。

3. 培养综合应用基础知识的能力。

二、实验原理

阴离子主要是非金属元素组成的简单离子和复杂离子，常见的阴离子有 Cl^-、Br^-、I^-、NO_3^-、NO_2^-、SO_4^{2-}、SO_3^{2-}、$S_2O_3^{2-}$、S^{2-}、PO_4^{3-} 和 CO_3^{2-} 共 11 种，这些阴离子的初步鉴定包括以下 6 个方面，见表 5-1。根据初步鉴定结果，推断可能存在的阴离子范围，然后进行阴离子的个别鉴定。其方法是分别取一定量的试液，排除鉴定方法的干扰离子，加入适当的试剂，直接进行鉴定的方法。

表 5-1　阴离子的初步鉴定

阴离子	H_2SO_4 (2 mol/L)	$BaCl_2$ (1 mol/L)	$AgNO_3$ (0.1 mol/L)	碘-淀粉（强还原性阴离子）	0.01 mol/L $KMnO_4$（弱还原性阴离子）	KI-淀粉（氧化性阴离子）
Cl^-			白色沉淀			
Br^-			淡黄色沉淀		褪色	
I^-			黄色沉淀		褪色	
NO_3^-						
NO_2^-	气泡				褪色	变蓝
SO_4^{2-}		白色沉淀				
SO_3^{2-}	气泡	白色沉淀		褪色	褪色	
$S_2O_3^{2-}$	气泡	白色沉淀或溶液	沉淀或溶液	褪色	褪色	
S^{2-}	气泡		黑色沉淀	褪色	褪色	
PO_4^{3-}		白色沉淀				
CO_3^{2-}	气泡	白色沉淀				

(1) pH 试纸测定试样的 pH。如果 $pH < 2$，不稳定的 $S_2O_3^{2-}$ 不可能存在。如此时试样

无臭味，易挥发的 S^{2-}、NO_2^- 和 SO_3^{2-} 也不可能存在。

(2) 与 2 mol/L H_2SO_4 的反应。试样中加入 2 mol/L H_2SO_4 溶液并加热，如有气泡产生，则可能有 NO_2^-、SO_3^{2-}、$S_2O_3^{2-}$、S^{2-} 和 CO_3^{2-} 存在。

(3) 与 $BaCl_2$ 溶液的反应。在中性或弱碱性试样中加入 1 mol/L $BaCl_2$ 溶液，如有白色沉淀生成，则可能有 SO_4^{2-}、SO_3^{2-}、PO_4^{3-} 和 CO_3^{2-} 存在。$S_2O_3^{2-}$ 浓度大时才会产生 BaS_2O_3 沉淀。如没有白色沉淀生成，则不可能有 SO_4^{2-}、SO_3^{2-}、PO_4^{3-} 和 CO_3^{2-}，但 $S_2O_3^{2-}$ 不能确定。

(4) 与 $AgNO_3$ 溶液的反应。试样中加入 0.1 mol/L $AgNO_3$ 溶液，如有沉淀生成，加 2 mol/L HNO_3 酸化，沉淀仍不消失，则可能有 Cl^-、Br^-、I^-、$S_2O_3^{2-}$ 和 S^{2-} 存在。如没有沉淀生成，则不可能有 Cl^-、Br^-、I^-、$S_2O_3^{2-}$ 和 S^{2-}。还可以由沉淀颜色初步判断含有哪些阴离子，如白色沉淀，则可能有 Cl^-；如淡黄色沉淀，则可能有 Br^-；如黄色沉淀，则可能有 I^-；如沉淀由白色→黄色→棕色→黑色，则可能有 $S_2O_3^{2-}$；如黑色沉淀，则可能有 S^{2-}。应注意 Ag^+ 与 Cl^-、Br^-、I^- 形成的浅色沉淀很容易被同时存在的黑色沉淀覆盖，所以要认真观察沉淀是否溶于或部分溶于 2 mol/L HNO_3 溶液，以推断有没有 Cl^-、Br^- 和 I^- 存在的可能。

(5) 还原性阴离子的鉴定。向酸化的试样中滴入 2 滴 0.01 mol/L $KMnO_4$ 溶液，若紫红色褪去，则可能有 SO_3^{2-}、$S_2O_3^{2-}$、S^{2-}、Br^-、I^- 和 NO_2^- 存在。若紫红色不褪，则不可能有 SO_3^{2-}、$S_2O_3^{2-}$、S^{2-}、Br^-、I^- 和 NO_2^-。如果有还原性阴离子存在，则向试样中再加入碘-淀粉溶液，再进一步鉴定是否存在强还原性阴离子。强还原性阴离子 SO_3^{2-}、$S_2O_3^{2-}$ 和 S^{2-} 能被碘氧化，因此能使碘-淀粉溶液的蓝色褪去，如溶液蓝色褪去则可能有强还原性阴离子 SO_3^{2-}、$S_2O_3^{2-}$ 和 S^{2-} 的存在。

(6) 氧化性阴离子的鉴定。向酸化的试样中加入 KI-淀粉溶液，摇荡试管，若溶液呈蓝色，则可能有 NO_2^- 存在。

三、仪器、药品及材料

仪器：酒精灯、水浴锅、离心机、玻璃棒、试管、试管架、点滴板。

药品：2 mol/L H_2SO_4、浓 H_2SO_4、2 mol/L HCl、6 mol/L HCl、2 mol/L HNO_3、6 mol/L HNO_3、浓 HNO_3、2 mol/L $NH_3 \cdot H_2O$、2 mol/L NaOH、2 mol/L HAc、饱和 $ZnSO_4$ 溶液、饱和 $Ba(OH)_2$ 溶液、1% $Na_2[Fe(CN)_5NO]$、0.1 mol/L $K_4[Fe(CN)_6]$、12% $(NH_4)_2CO_3$、0.1 mol/L $AgNO_3$、0.02 mol/L Ag_2SO_4、1 mol/L $BaCl_2$、尿素(s)、$PbCO_3$(s)、$FeSO_4 \cdot 7H_2O$ (s)、CCl_4、3% H_2O_2、0.1 mol/L $(NH_4)_2MoO_4$、0.01 mol/L $KMnO_4$、I_2-淀粉溶液、KI-淀粉溶液、饱和氯水、混合阴离子未知溶液。

材料：pH 试纸、醋酸铅试纸、带塞的导管。

四、实验步骤

1. 领取混合阴离子未知溶液，先进行初步鉴定，确定可能存在哪些阴离子，可能不存在哪些阴离子，然后再做阴离子的个别鉴定。

(1) Cl^-的鉴定。取 10 滴试样于试管中，加入 5 滴 2 mol/L HNO_3溶液(或 6 mol/L HNO_3溶液)和 1 mL 0.1 mol/L $AgNO_3$溶液，有白色沉淀产生，水浴加热，离心分离。向沉淀中滴入 2 mol/L $NH_3 \cdot H_2O$ 溶液[或 12% $(NH_4)_2CO_3$溶液]，水浴加热，摇荡使沉淀溶解，再加 2 滴 2 mol/L HNO_3溶液，又有白色沉淀产生，表示有 Cl^-存在。

$$Cl^- + Ag^+ \rightarrow AgCl\downarrow_{白色}$$
$$AgCl\downarrow_{白色} + 2NH_3 \rightarrow [Ag(NH_3)_2]^+ + Cl^-$$
$$[Ag(NH_3)_2]^+ + Cl^- + 2H^+ \rightarrow AgCl\downarrow_{白色} + 2NH_4^+$$

(2) Br^-的鉴定。取 10 滴试样于试管中，加 1 滴 2 mol/L H_2SO_4和 0.5 mL CCl_4，再逐滴加入饱和氯水，边加边摇荡试管，若 CCl_4层颜色呈红棕色，表示有 Br^-存在。

$$2Br^- + Cl_2 \rightarrow Br_2 + 2Cl^-\text{(}Br_2\text{ 在 }CCl_4\text{ 层中呈红棕色)}$$

若饱和氯水过量，则生成 BrCl 而变为淡黄色。

$$Br_2 + Cl_2 \rightarrow 2BrCl$$

(3) I^-的鉴定。取 10 滴试样于试管中，加 1 滴 2 mol/L H_2SO_4和 0.5 mL CCl_4，再逐滴加入饱和氯水，边加边摇荡试管，若 CCl_4层颜色呈紫红色，表示有 I^-存在。

$$2I^- + Cl_2 \rightarrow I_2 + 2Cl^-\text{(}I_2\text{ 在 }CCl_4\text{ 层中呈紫红色)}$$

若饱和氯水过量，紫红色将褪至无色。因 I_2能与过量饱和氯水反应生成无色溶液。

$$I_2 + 5Cl_2 + 6H_2O \rightarrow 2HIO_3 + 10HCl$$

(4) NO_3^-的鉴定。Br^-、I^-和 NO_2^-干扰 NO_3^-的鉴定。取 10 滴试样于试管中，加入 5 滴 2 mol/L H_2SO_4溶液和 5 滴 0.02 mol/L Ag_2SO_4溶液，此步的目的是去除 Br^-和 I^-的干扰，使 Br^-和 I^-生成沉淀后分离出去。在清液中加入尿素固体并加热，此步的目的是去除 NO_2^-对鉴定 NO_3^-的干扰。在溶液中加入少量 $FeSO_4 \cdot 7H_2O$ 晶体，摇荡试管使其溶解。然后斜持试管，沿管壁小心地滴加 1 mL 浓 H_2SO_4，静置片刻，若 H_2SO_4层与水溶液层的界面处有“棕色环”出现，表示有 NO_3^-存在。

$$2NO_2^- + CO(NH_2)_2 + 2H^+ \rightarrow 2N_2\uparrow + CO_2\uparrow + 3H_2O$$

(NO_3^-与 $FeSO_4$溶液在浓 H_2SO_4介质中反应生成棕色的$[Fe(NO)]^{2+}$)

$$3Fe^{2+} + NO_3^- + 4H^+ \rightarrow 3Fe^{3+} + NO\uparrow + 2H_2O$$
$$Fe^{2+} + NO \rightarrow [Fe(NO)]^{2+}$$

(5) NO_2^-的鉴定。I^-干扰NO_2^-的鉴定。取10滴试样于试管中，加入10滴0.02 mol/L Ag_2SO_4溶液，此步的目的是去除I^-的干扰，使I^-生成AgI沉淀后分离出去。在清液中加入少量$FeSO_4 \cdot 7H_2O$晶体，摇荡试管使其溶解，再加入10滴2 mol/L HAc溶液，若溶液呈淡棕色，表示有NO_2^-存在。另一种鉴定方法是向除I^-后的酸化试样中加入KI-淀粉溶液，摇荡试管，若溶液呈蓝色，则表示有NO_2^-存在。

NO_2^-与$FeSO_4$溶液在HAc介质中反应生成棕色的$[Fe(NO)(H_2O)_5]^{2+}$(简写为$[Fe(NO)]^{2+}$)

$$Fe^{2+} + NO_2^- + 2HAc \rightarrow Fe^{3+} + NO\uparrow + H_2O + 2Ac^-$$
$$Fe^{2+} + NO \rightarrow [Fe(NO)]^{2+}$$

(6) SO_4^{2-}的鉴定。CO_3^{2-}、SO_3^{2-}和$S_2O_3^{2-}$干扰SO_4^{2-}的鉴定。取10滴试样于试管中，加6 mol/L HCl溶液至无气泡产生，再多加2滴，此步的目的是去除CO_3^{2-}、SO_3^{2-}和$S_2O_3^{2-}$的干扰。加2滴1 mol/L $BaCl_2$溶液，若有白色沉淀生成，加入稀HCl溶液，沉淀不溶解，表示有SO_4^{2-}存在。

(7) SO_3^{2-}的鉴定。S^{2-}干扰SO_3^{2-}的鉴定。取10滴试样于试管中，加入固体$PbCO_3$，若沉淀由白色变为黑色，则要再加$PbCO_3$固体，直到沉淀呈灰色为止，此步骤的目的是去除S^{2-}的干扰。取1滴清液于点滴板上，加饱和$ZnSO_4$溶液、0.1 mol/L $K_4[Fe(CN)_6]$溶液和1% $Na_2[Fe(CN)_5NO]$溶液各1滴，最后再加1滴2 mol/L $NH_3 \cdot H_2O$将溶液调到中性(注意：酸性红色沉淀消失)，用玻璃棒搅拌，若生成红色配合物或沉淀，表示有SO_3^{2-}存在。

(8) $S_2O_3^{2-}$的鉴定。S^{2-}干扰$S_2O_3^{2-}$的鉴定。取1滴除S^{2-}试样(方法同上)于点滴板上，加1滴0.1 mol/L $AgNO_3$溶液至生成白色沉淀，若沉淀颜色逐渐由白色→黄色→棕色→黑色，表示有$S_2O_3^{2-}$存在。

$$S_2O_3^{2-} + 2Ag^+ \rightarrow Ag_2S_2O_3\downarrow_{\text{白色}}$$

$Ag_2S_2O_3$能迅速分解为Ag_2S和H_2SO_4。这一过程伴随沉淀颜色由白色→黄色→棕色→黑色。

$$Ag_2S_2O_3\downarrow_{\text{白色}} + H_2O \rightarrow Ag_2S\downarrow_{\text{黑色}} + H_2SO_4$$

(9) S^{2-}的鉴定。S^{2-}含量少时，取1滴试样于点滴板上，加1滴2 mol/L NaOH溶液使溶液呈碱性，再加1滴1% $Na_2[Fe(CN)_5NO]$溶液，若溶液呈特殊的红紫色(即生成红紫色的配合物$[Fe(CN)_5NOS]^{4-}$)，表示有S^{2-}存在。S^{2-}含量多时，取10滴试样于试管中，加2 mol/L HCl溶液酸化，试管口逸出的气体使湿润的醋酸铅试纸变黑，表示有S^{2-}存在。

$$S^{2-} + [Fe(CN)_5NO]^{2-} \rightarrow [Fe(CN)_5NOS]^{4-}$$
$$S^{2-} + 2HCl \rightarrow 2Cl^- + H_2S\uparrow$$

(10) PO_4^{3-}的鉴定。S^{2-}、SO_3^{2-}和$S_2O_3^{2-}$等还原性离子存在时，能使Mo(Ⅵ)还原成低

价“钼蓝”而破坏试剂，另大量的 Cl^- 能降低反应的灵敏度。因此，要预先加浓 HNO_3，并水浴加热，以除去这些离子的干扰。取 10 滴试样于试管中，加 0.5 mL 浓 HNO_3 后立即放在水浴锅中加热煮沸，然后再加 1 mL 0.1 mol/L $(NH_4)_2MoO_4$ 试剂，并保持温度在 40～45℃，若有黄色沉淀(磷钼酸铵)生成，表示有 PO_4^{3-} 存在。

$$PO_4^{3-} + 12MoO_4^{2-} + 24H^+ + 3NH_4^+ \rightarrow (NH_4)_3PO_4 \cdot 12MoO_3 \cdot 6H_2O\downarrow_{\text{黄色}} + 6H_2O$$

(11) CO_3^{2-} 的鉴定。SO_3^{2-}、S^{2-} 和 $S_2O_3^{2-}$ 干扰 CO_3^{2-} 的鉴定。取 10 滴试样于试管中，加 10 滴 3% H_2O_2 溶液，水浴加热，以去除 SO_3^{2-}、S^{2-} 和 $S_2O_3^{2-}$ 对鉴定 CO_3^{2-} 的干扰，使之氧化为 SO_4^{2-}。再向溶液中加入 6 mol/L HCl 溶液，立即用带导管的塞子塞紧试管口，将产生的气体通入饱和 $Ba(OH)_2$ 溶液，如有白色沉淀产生，表示有 CO_3^{2-} 存在。

$$SO_3^{2-} + H_2O_2 \rightarrow SO_4^{2-} + H_2O$$
$$S^{2-} + 4H_2O_2 \rightarrow SO_4^{2-} + 4H_2O$$
$$S_2O_3^{2-} + 4H_2O_2 \rightarrow 2SO_4^{2-} + 2H^+ + 3H_2O$$
$$CO_3^{2-} + 2HCl \rightarrow 2Cl^- + H_2O + CO_2\uparrow$$
$$CO_2\uparrow + Ba(OH)_2 \rightarrow BaCO_3\downarrow + H_2O$$

2. 给出鉴定结果，写出主要鉴定步骤和反应方程式。

五、思考题

1. 如试样显酸性，以上 11 种阴离子哪些不可能存在？
2. 鉴定 SO_4^{2-} 时，怎样除去 CO_3^{2-}、SO_3^{2-} 和 $S_2O_3^{2-}$ 的干扰？
3. 鉴定 NO_3^- 时，怎样除去 NO_2^-、Br^- 和 I^- 的干扰？

六、注意事项

1. 由于酸碱性和氧化还原性的限制，很多阴离子不能共存于同一溶液中。如 PbS 与 HCl 生成配合物 $H_2[PbCl_4]$，PbS 与 HNO_3 生成 $Pb(NO_3)_2$。共存于溶液中的各离子彼此干扰较少，而且许多阴离子有特征反应。

2. 大多数阴离子在分析鉴定中彼此干扰较少，实际上可能共存的阴离子较少，而且大多数阴离子有特征反应，所以大多数阴离子常采用分别分析法。只有少数相互有干扰的离子才进行掩蔽或分离而采用系统分析法，如 SO_3^{2-}、$S_2O_3^{2-}$、S^{2-}、Cl^-、Br^- 和 I^- 等。为了解溶液中离子的存在情况，对阴离子进行系统分组还是必要的，但分组的主要目的不是用于离子分离，而是用于预先确定哪些离子可能存在。

3. 为了提高分析鉴定结果的准确性，应进行“空白试验”和“对照试验”。“空白试验”是以去离子水代替试样，而“对照试验”是用已知含有被检验离子的溶液代替试样。

4. 许多阴离子只在碱性溶液中存在或共存，一旦溶液被酸化，它们就会分解或相互间发生反应。酸性条件下易分解的有 NO_2^-、SO_3^{2-}、$S_2O_3^{2-}$、S^{2-}和 CO_3^{2-}。酸性条件下氧化性阴离子 NO_2^-、NO_3^-、SO_3^{2-}可与还原性阴离子 I^-、SO_3^{2-}、$S_2O_3^{2-}$、S^{2-}发生氧化还原反应。还有些阴离子易被空气氧化，如 NO_2^-、S^{2-}和 SO_3^{2-}易被空气氧化成 NO_3^-、S 和 SO_4^{2-}，所以分析不当容易造成误差。

实验十八　常见混合阳离子的分离和鉴定

一、实验目的

1. 巩固无机化学理论知识和金属元素及其化合物的性质。
2. 掌握“两酸两碱”系统分析法分离分组 20 余种混合阳离子。
3. 掌握常见混合阳离子的分离和鉴定方法。

二、实验原理

无机定性分析就是分离和鉴定无机阴、阳离子，方法有系统分析法和分别分析法。最常见的阳离子大约有 28 种，在阳离子的鉴定反应中，相互干扰的情况较多，很少采用分别分析法，通常采用系统分析法。即将可能共存的阳离子，按一定顺序用“组试剂”将性质相似的离子逐组分离分成几组，然后再根据它们的特性，将各组离子进行分离和个别鉴定。

离子鉴定是利用加入某种化学试剂，使其与溶液中某种离子发生特征反应来鉴定溶液中某种离子是否存在的方法。发生的化学反应称为该离子鉴定反应。鉴定反应总是伴随有明显的外部特征、灵敏而迅速的化学现象，如颜色改变、沉淀生成或溶解、特殊气体或气味逸出等。离子特性是离子及其化合物的外观特征、溶解性、酸碱性、氧化还原性、配位性等与离子分离和鉴定有关的性质。

只有在一定条件下，分离和鉴定反应才能按预期的方向进行。其条件包括溶液浓度、酸碱度、反应温度、催化剂、溶剂和干扰物质是否存在等。消除干扰物方法有分离法(沉淀分离法、溶剂萃取分离法)和掩蔽法(配位掩蔽法、氧化还原掩蔽法)，如用酒石酸或 F^- 配位掩蔽 Fe^{3+}，用 Zn 或 $SnCl_2$ 还原掩蔽 Fe^{3+}，消除其对 Co^{2+}和 SCN^-鉴定反应的干扰。

有些鉴定反应的产物在水中溶解度较大或不稳定，可加入特殊有机溶剂使其溶解度降低或稳定性增加。如在$[Co(SCN)_4]^{2-}$溶液中加入丙酮或乙醇，在 $CrO(O_2)_2$ 溶液中加入乙醚或戊醇。大部分无机微溶化合物在有机溶剂中的溶解度总是比在水中小。

增加温度可以加快反应速率。对溶解度随温度升高而显著增加的物质，如 $PbCl_2$ 沉淀，可加热使其溶解而与其他沉淀物分离。相反，如用稀 HCl 沉淀 Pb^{2+}，就不宜在热溶液中进行。

对反应速率较慢的反应，除加热外还需要加入适当的催化剂，如过二硫酸盐的氧化性实验，加催化剂硝酸银是不可缺少的条件。

溶液酸碱性不仅影响反应物或产物的溶解性、稳定性和灵敏度等，更重要的是关系到鉴定反应的进行程度。如用丁二酮肟鉴定 Ni^{2+}，应控制溶液 pH=5～10 范围内。若溶液酸性太强，红色沉淀分解，因沉淀剂丁二酮肟是一种有机弱酸。若溶液碱性太强，Ni^{2+} 就形成 $Ni(OH)_2$ 沉淀，鉴定反应不能进行。若加入氨水过浓或过多，因生成$[Ni(NH_3)_6]^{2+}$使灵敏度降低，甚至没有沉淀生成。总之，每个鉴定反应所要求的条件，是由待测离子、试剂和鉴定反应产物的物理、化学性质决定的，应结合实验现象，分析理解并掌握。

常见的阳离子约有 28 种，进行个别鉴定时发生相互干扰。本实验选 Ag^+、Pb^{2+}、Ba^{2+}、Ca^{2+}、Fe^{3+}、Bi^{3+}、Mn^{2+}、Hg^{2+}、Al^{3+}、Cr^{3+}、Sn^{2+}、Sb^{3+}、Zn^{2+}、Co^{2+}、Ni^{2+}、Cu^{2+}、Cd^{2+}、Na^+、K^+、Mg^{2+}、NH_4^+ 等 21 种阳离子，以“两酸两碱”系统分析法为基础，将 21 种阳离子分为 6 组，如图 5-1 所示，逐组进行分离和鉴定。“两酸两碱”系统法的步骤是：

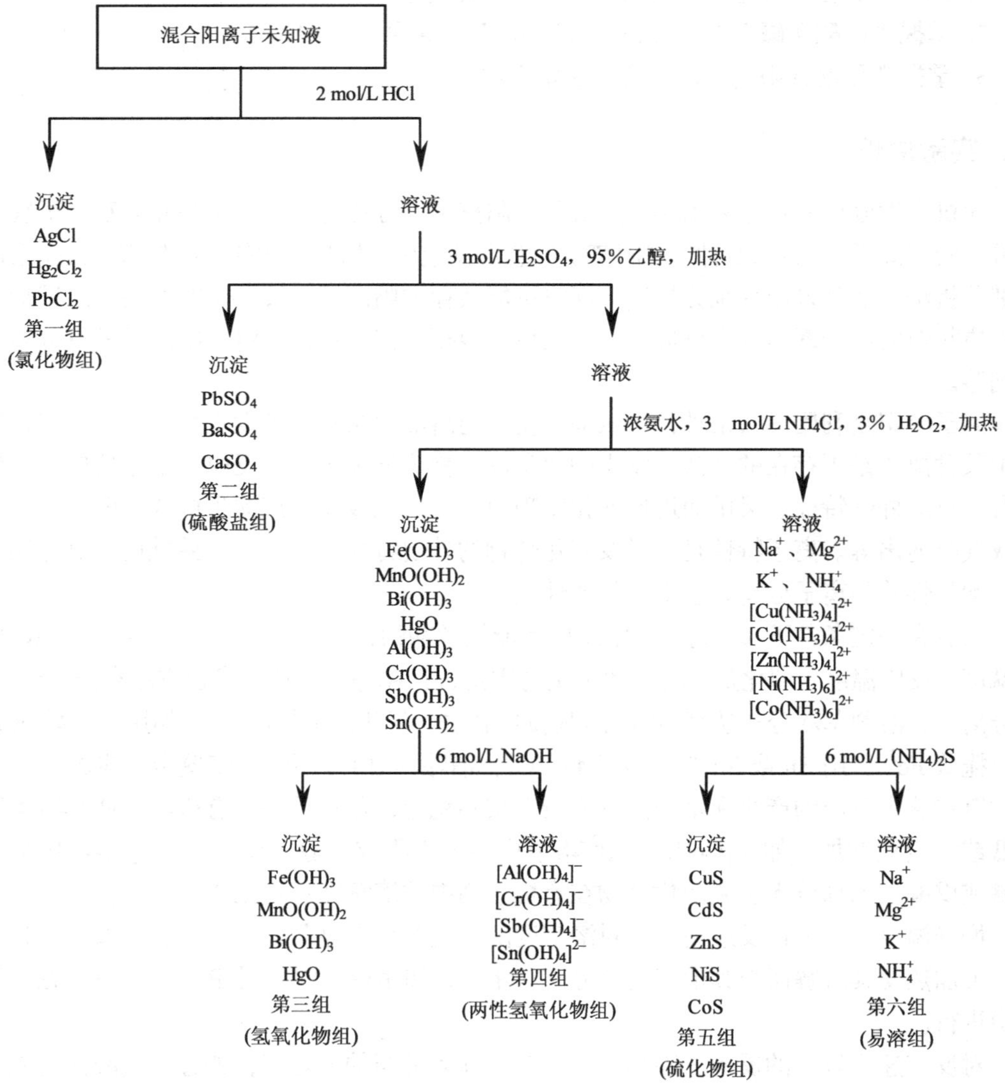

图 5-1　两酸两碱系统法分离混合阳离子未知溶液示意图

(1) 氯化物组，用 HCl 溶液将能形成氯化物沉淀的 Ag^+、Pb^{2+}和 Hg_2^{2+} 分离出来。

(2) 硫酸盐组，用 H_2SO_4 溶液将能形成难溶硫酸盐沉淀的 Ba^{2+}、Ca^{2+}和剩余的 Pb^{2+}分离出来。

(3) 氢氧化物组，用过量氨水将溶液分成氢氧化物沉淀和氨配离子两部分，向氢氧化物沉淀中加过量的氢氧化钠溶液，难溶于过量氢氧化钠溶液的离子有 Fe^{2+}、Fe^{3+}、Bi^{3+}、Mn^{2+}和 Hg^{2+}。

(4) 两性氢氧化物组，溶于过量氢氧化钠溶液，形成两性氢氧化物的离子有 Al^{3+}、Cr^{3+}、Sn^{2+}和 Sb^{3+}。

(5) 硫化物组，向氨配离子溶液中加硫化氨将能生成硫化物沉淀的 Cu^{2+}、Cd^{2+}、Zn^{2+}、Co^{2+}和 Ni^{2+}分离出来。

(6) 易溶组，最后未被沉淀的离子有 Na^+、K^+、Mg^{2+}和 NH_4^+。

三、仪器、药品及材料

仪器：酒精灯、水浴锅、离心机、试管、试管架、点滴板。

药品：2 mol/L HNO_3、6 mol/L HNO_3、浓 HNO_3、2 mol/L HCl、6 mol/L HCl、浓 HCl、3 mol/L H_2SO_4、6 mol/L H_2SO_4、6 mol/L HAc、0.1 mol/L Na_2S、1 mol/L $(NH_4)_2S$、6 mol/L $(NH_4)_2S$、2 mol/L NaOH、6 mol/L NaOH、2 mol/L $NH_3 \cdot H_2O$、6 mol/L $NH_3 \cdot H_2O$、浓 $NH_3 \cdot H_2O$、0.1 mol/L KI、0.1 mol/L $K_4[Fe(CN)_6]$、0.1 mol/L NaF、0.1 mol/L KSCN、3 mol/L NH_4Cl、3 mol/L NH_4Ac、0.1 mol/L K_2CrO_4、饱和$(NH_4)_2C_2O_4$溶液、0.1 mol/L $SnCl_2$、0.1 mol/L $HgCl_2$、0.1 mol/L $Zn(Ac)_2 \cdot UO_2(Ac)_2$、95% 乙醇、0.1 mol/L $Na_3[Co(NO_2)_6]$、3% H_2O_2、Na_2CO_3(s)、KSCN(s)、丙酮、戊醇（或乙醚）、滴加奈斯勒试剂的滤纸条、锌粉、1% 丁二酮肟、二苯硫腙的 CCl_4 溶液、铝试剂、$NaBiO_3$(s)、锡片、镁试剂Ⅰ、饱和 EDTA 溶液、混合阳离子未知溶液。

材料：pH 试纸、红色石蕊试纸。

四、实验步骤

1. 第一组氯化物组阳离子的分离与鉴定

本组阳离子包括 Ag^+、Pb^{2+}和 Hg_2^{2+}。它们的氯化物都不溶于水，但 $PbCl_2$ 溶于 NH_4Ac 和热水，AgCl 溶于氨水，这样即可分离本组离子并鉴定 Ag^+、Pb^{2+}和 Hg_2^{2+}。在第一组沉淀中加入 5 滴 3 mol/L NH_4Ac，水浴加热，趁热过滤，滤液用于 Pb^{2+}鉴定。沉淀中加入 5 滴 6 mol/L $NH_3 \cdot H_2O$ 溶液，离心分离，清液用于 Ag^+鉴定。沉淀变为黑灰色，表示有 Hg_2^{2+}存在。

$$\left\{\begin{array}{l}AgCl(s)\\PbCl_2(s)\\Hg_2Cl_2(s)\end{array}\right. \xrightarrow[\text{加热}]{3\,mol/L\ NH_4Ac} \left\{\begin{array}{l}[PbAc]^+(aq)\\AgCl(s)\\Hg_2Cl_2(s)\end{array}\right. \xrightarrow{6\,mol/L\ NH_3 \cdot H_2O} \left\{\begin{array}{l}[Ag(NH_3)_2]^+(aq)\\{[HgNH_2Cl+Hg](s)}\end{array}\right.$$

(1) Pb^{2+}鉴定。Ba^{2+}、Bi^{3+}、Hg^{2+}和 Ag^{+}干扰 Pb^{2+}鉴定。于滤液中加 2 滴 6 mol/L H_2SO_4 溶液，加热使 Pb^{2+}沉淀完全，离心分离。在沉淀中加入过量的 6 mol/L NaOH 溶液，加热使 $PbSO_4$ 沉淀转化为$[Pb(OH)_3]^-$，离心分离，此步的目的是去除 Ba^{2+}、Bi^{3+}、Hg^{2+}和 Ag^{+}对鉴定 Pb^{2+}的干扰。在清液中加 2 滴 6 mol/L HAc 溶液，再加 2 滴 0.1 mol/L K_2CrO_4，如有黄色沉淀产生，且该沉淀溶于浓 HNO_3 或 NaOH 溶液，即表示溶液中含有 Pb^{2+}。

$$Pb^{2+} + CrO_4^{2-} \rightarrow PbCrO_4\downarrow_{黄色}$$
$$2PbCrO_4\downarrow_{黄色} + 2H^{+}{}_{(浓)} \rightarrow 2Pb^{2+} + Cr_2O_7^{2-} + H_2O$$
$$2PbCrO_4\downarrow_{黄色} + 3OH^- \rightarrow [Pb(OH)_3]^- + CrO_4^{2-}$$

(2) Ag^{+}鉴定。于清液中加 5 滴 2 mol/L HCl 溶液，水浴加热使 Ag^{+}沉淀完全，离心分离，将沉淀洗涤后加入 6 mol/L $NH_3{\cdot}H_2O$ 溶液，沉淀溶解，再加 2 滴 2 mol/L HNO_3 溶液酸化时，又有白色沉淀生成，表示有 Ag^{+}存在。或在清液中加入 2 滴 0.1 mol/L KI 溶液，如有黄色沉淀生成，表示有 Ag^{+}存在。

$$AgCl\downarrow + 2NH_3 \rightarrow [Ag(NH_3)_2]^+ + Cl^-$$
$$[Ag(NH_3)_2]^+ + Cl^- + 2H^+ \rightarrow AgCl\downarrow + 2NH_4^+$$
$$Ag^+ + KI \rightarrow AgI\downarrow + K^+$$

(3) Hg_2^{2+}鉴定。若沉淀变为黑灰色，表示有 Hg_2^{2+}存在。

$$Hg_2Cl_2 + 2NH_3 \rightleftharpoons HgNH_2Cl(s,白) + Hg(l,黑) + NH_4Cl$$

无其他阳离子干扰。

2. 第二组硫酸盐组阳离子的分离与鉴定

$$\left\{\begin{matrix} PbSO_4(s) \\ BaSO_4(s) \\ CaSO_4(s) \end{matrix}\right. \xrightarrow[加热]{3mol/L\ NH_4Ac} \left\{\begin{matrix} [PbAc]^+(aq) \\ BaSO_4(s) \\ CaSO_4(s) \end{matrix}\right. \xrightarrow{NaCO_3(s)} \left\{\begin{matrix} BaCO_3(s) \\ CaCO_3(s) \end{matrix}\right. \xrightarrow{6mol/L\ HAc} \left\{\begin{matrix} Ba^{2+}(aq) \\ Ca^{2+}(aq) \end{matrix}\right.$$

(1) Pb^{2+}鉴定。同上。

(2) Ba^{2+}鉴定。Pb^{2+}、Hg^{2+}和 Ag^{+}干扰 Ba^{2+}鉴定。取上述分离处理过的溶液 5 滴于试管中，加浓 $NH_3{\cdot}H_2O$ 使溶液呈碱性，再加少量锌粉，水浴加热，离心分离，目的是使干扰离子还原成金属单质而除去。在清液中滴加 6 mol/L HAc 酸化并调节溶液的 pH=4～5，加 2 滴 0.1 mol/L K_2CrO_4 溶液，水浴加热，若有黄色沉淀生成，表示有 Ba^{2+}存在。离心分离，清液用于 Ca^{2+}鉴定。

(3) Ca^{2+}鉴定。上面的沉淀分离后，在清液中滴加饱和$(NH_4)_2C_2O_4$ 溶液，水浴加热，如有白色沉淀生成，表示有 Ca^{2+}存在。

3. 第三组氢氧化物组阳离子的分离与鉴定

$$\begin{cases}Fe(OH)_3(s)\\ MnO(OH)_2(s)\\ Bi(OH)_3(s)\\ HgO(s)\end{cases}\xrightarrow{6mol/L\ HCl}\begin{cases}Fe^{3+}(aq)\\ Mn^{2+}(aq)\\ Bi^{3+}(aq)\\ Hg^{2+}(aq)\end{cases}$$

(1) Fe^{3+}鉴定。取上述用6 mol/L HCl处理过的溶液1滴于点滴板上，加1滴2 mol/L HCl酸化，再加1滴0.1 mol/L KSCN溶液，若溶液呈红色，表示有Fe^{3+}存在。或取上述用6 mol/L HCl 处理过的溶液 1 滴于点滴板上，加 1 滴 2 mol/L HCl 酸化，再加 1 滴 0.1 mol/L $K_4[Fe(CN)_6]$溶液，如立即生成蓝色沉淀(Turnbull's blue)，表示有Fe^{3+}存在。

$$Fe^{3+}+nSCN^{-}\rightarrow[Fe(NCS)_n]^{3-n}\ (n=1\sim6)$$
$$xFe^{3+}+xK^{+}+x[Fe(CN)_6]^{4-}\rightarrow[KFe(CN)_6Fe]_x\downarrow_{蓝色}$$

(2) Mn^{2+}鉴定。取上述用 6 mol/L HCl 处理过的溶液 5 滴于试管中，加 2 滴 6 mol/L HNO_3 酸化，再加少量 $NaBiO_3$ 固体，水浴加热，如上层清液呈紫红色，表示有 Mn^{2+}存在。

(3) Bi^{3+}鉴定。Cu^{2+}和 Cd^{2+}离子干扰 Bi^{3+}鉴定。取上述用 6 mol/L HCl 处理过的溶液 5 滴于试管中，加入浓 $NH_3·H_2O$，使 Bi^{3+}生成 $Bi(OH)_3$ 沉淀，离心分离，弃去清液，此步的目的是去除 Cu^{2+}和 Cd^{2+}对鉴定 Bi^{3+}的干扰。洗涤沉淀，在沉淀中，再加少量新配制的 $Na_2[Sn(OH)_4]$溶液，如沉淀变黑，表示有 Bi^{3+}存在。

$$SnCl_2+2\,NaOH\rightarrow Sn(OH)_2\downarrow_{白色}+2\,NaCl$$
$$Sn(OH)_2\downarrow_{白色}+2\,NaOH\rightarrow Na_2[Sn(OH)_4]$$
$$3[Sn(OH)_4]^{2-}+2\,Bi(OH)_3\rightarrow 2\,Bi\downarrow_{黑色}+3[Sn(OH)_6]^{2-}$$

在碱性溶液中$[Sn(OH)_4]^{2-}$能把 Bi^{3+}还原为黑色的金属铋。

(4) Hg^{2+}鉴定。取上述用 6 mol/L HCl 处理过的溶液 5 滴于试管中，滴加 0.1 mol/L $SnCl_2$，如有白色沉淀生成，并逐渐转变为灰色或黑色，表示有 Hg^{2+}存在。

4. 第四组两性氢氧化物组阳离子的分离与鉴定

本组阳离子包括 Al^{3+}、Cr^{3+}、Sb^{3+}和 Sn^{2+}，本组离子虽然不用分离，但鉴定时相互有干扰，应注意。

(1) Al^{3+}鉴定。Cu^{2+}、Cr^{3+}、Ca^{2+}、Fe^{3+}和 Bi^{3+}干扰 Al^{3+}鉴定。取第四组溶液 5 滴于试管中，加 6 mol/L NaOH 溶液并过量，再加数滴 3% H_2O_2 溶液，水浴加热，离心分离，此步的目的是使 Fe^{3+}和 Bi^{3+}生成 $Fe(OH)_3$ 和 $Bi(OH)_3$ 而除去。加 6 mol/L HAc 酸化，调 pH=6～7，加 2 滴铝试剂，摇荡试管后，放置片刻，再加 6 mol/L $NH_3·H_2O$ 碱化，水浴加热，离心分离，此步的目的是去除 Cu^{2+}、Cr^{3+}和 Ca^{2+}对鉴定 Al^{3+}的干扰。用去离子水洗涤沉淀，如沉淀为红色絮状，表示有 Al^{3+}存在。

(2) Cr^{3+}鉴定。取第四组溶液 5 滴于试管中，逐滴加入过量 6 mol/L NaOH(或 2 mol/L

NaOH)溶液，有亮绿色的$[Cr(OH)_4]^-$生成。然后滴加 3% H_2O_2溶液，水浴加热，有黄色的CrO_4^{2-}生成。待试管冷却后，用 6 mol/L HNO_3酸化溶液 pH=2 ~ 3。再补加 10 滴 3% H_2O_2溶液，加入 1 mL 戊醇(或乙醚)，摇荡试管，如戊醇层呈蓝色，表示有Cr^{3+}存在。

$$Cr^{3+} + 3OH^- \rightarrow Cr(OH)_3 \downarrow_{\text{灰绿色}}$$
$$Cr(OH)_3 \downarrow + OH^- \rightarrow [Cr(OH)_4]^-_{\text{亮绿色}}$$
$$2[Cr(OH)_4]^- + 3H_2O_2 + 2OH^- \rightarrow 2CrO_4^{2-} + 8H_2O$$
$$2CrO_4^{2-} + 2H^+ \rightarrow Cr_2O_7^{2-} + H_2O$$
$$Cr_2O_7^{2-} + 4H_2O_2 + 2H^+ \rightarrow 2CrO(O_2)_{2\text{深蓝色}} + 5H_2O$$

注意：溶液酸度应控制在 pH = 2 ~ 3，当酸度过大时，如 pH < 1

$$CrO(O_2)_2 + 12H^+ \rightarrow 4Cr^{3+} + 7O_2 + 6H_2O$$

(3) Sb^{3+}鉴定。Bi^{3+}和Hg_2^{2+}干扰Sb^{3+}鉴定。取第四组溶液 5 滴于试管中，加入 6 mol/L $NH_3 \cdot H_2O$溶液碱化，加入 2 滴 1 mol/L $(NH_4)_2S$溶液，水浴加热，离心分离。在清液中加入 6 mol/L HCl 溶液酸化，水浴加热，离心分离，弃去清液，此步骤的目的是去除Bi^{3+}和Hg_2^{2+}对鉴定Sb^{3+}的干扰。在沉淀中加数滴浓 HCl，水浴加热，使Sb_2S_3溶解，然后放入一小片光亮的锡片，锡片上出现黑色，表示有Sb^{3+}存在。

(4) Sn^{2+}鉴定。取第四组溶液 5 滴于试管中，加 2 滴 0.1 mol/L $HgCl_2$溶液，若有白色沉淀生成，再滴入 2 滴 0.1 mol/L $SnCl_2$溶液，有黑色的单质汞析出，表示有Sn^{2+}存在。

5. 第五组硫化物组阳离子的分离与鉴定

$$\left\{\begin{matrix} CuS(s) \\ CdS(s) \\ ZnS(s) \\ NiS(s) \\ CoS(s) \end{matrix}\right. \xrightarrow{2mol/L\ HCl} \left\{\begin{matrix} CuS(s) \\ CdS(s) \\ Zn^{2+}(aq) \\ Ni^{2+}(aq) \\ Co^{2+}(aq) \end{matrix}\right. \xrightarrow{6mol/L\ HCl} \left\{\begin{matrix} Cd^{2+}(aq) \\ CuS(s) \end{matrix}\right. \xrightarrow{\text{浓}\ HNO_3} \left\{ Cu^{2+}(aq) \right.$$

(1) Zn^{2+}鉴定。取已加入 2 mol/L HCl 分离过的第五组溶液 5 滴于试管中，加 5 滴 6 mol/L NaOH 溶液使溶液呈强碱性，再加 0.5 mL 二苯硫腙的CCl_4溶液，摇荡试管，如水溶液层显粉红色(或玫瑰红色)，CCl_4层由绿色变为棕色，表示有Zn^{2+}存在。

(2) Ni^{2+}鉴定。Fe^{2+}、Fe^{3+}、Cu^{2+}和Co^{2+}干扰Ni^{2+}鉴定，加 EDTA 掩蔽。取已加入 2 mol/L HCl 分离过的第五组溶液 1 滴于白色点滴板上，加入 1 滴 2 mol/L $NH_3 \cdot H_2O$使溶液处于弱碱性，再加入 1 滴 1% 丁二酮肟溶液，若生成鲜红色螯合物沉淀，表示有Ni^{2+}存在。

$$Ni^{2+} + 2DMG \rightarrow 2Ni(DMG)\downarrow_{\text{鲜红色}} + 2H^+$$

(3) Co^{2+}鉴定。Fe^{3+}和Ni^{2+}干扰Co^{2+}鉴定，加 NaF 掩蔽。取已加入 2 mol/L HCl 分离过的第五组溶液 5 滴于试管中，加入 2 滴 2 mol/L HCl 使溶液呈酸性，滴入 10 滴丙酮，

再加入少量 KSCN 晶体，若溶液呈鲜艳的蓝色，表示有 Co^{2+}存在。

$$Co^{2+}+4SCN^{-}\rightarrow[Co(SCN)_4]^{2-}（蓝色）$$

(4) Cd^{2+}鉴定。取已加入 6 mol/L HCl 分离过的第五组溶液 5 滴于试管中，滴入 0.1 mol/L Na_2S 溶液，有黄色的 CdS 沉淀生成，向沉淀中加入 6 mol/L HCl 溶液，黄色的 CdS 沉淀溶解，再加 1 滴 6 mol/L NaOH 溶液以降低溶液酸度，又有黄色的 CdS 沉淀析出，表示有 Cd^{2+}存在。

$$CdS\downarrow_{黄色}+4HCl\rightarrow H_2[CdCl_4]+H_2S$$

(5) Cu^{2+}鉴定。Fe^{3+}干扰 Cu^{2+}鉴定，加 NaF 掩蔽。取第五组最后分离过的溶液 1 滴于点滴板上，加 1 滴 0.1 mol/L $K_4[Fe(CN)_6]$溶液，若生成红棕色的沉淀，表示有 Cu^{2+}存在。

$$2Cu^{2+}+[Fe(CN)_6]^{4-}\rightarrow Cu_2[Fe(CN)_6]\downarrow_{棕红色}$$

6. 第六组易溶组阳离子的分离与鉴定

本组阳离子包括 Na^{+}、K^{+}、Mg^{2+}和 NH_4^{+}，它们是阳离子分组后最后一步获得的，为了避免阳离子分离中引入其他离子而对本组离子的鉴定结果产生干扰，所以鉴定本组阳离子时，最好取原阳离子未知溶液进行。

(1) Na^{+}鉴定。取原未知溶液 5 滴于试管中，加入 6 mol/L $NH_3{\cdot}H_2O$ 中和至碱性，再加入 6 mol/L HAc 溶液酸化，然后加 EDTA 掩蔽其他干扰离子。最后加 5 滴 0.1 mol/L $Zn(Ac)_2{\cdot}UO_2(Ac)_2$，摇荡试管，放置片刻，如有淡黄色晶体状沉淀生成，表示有 Na^{+}存在。

(2) K^{+}鉴定。Fe^{3+}、Cu^{2+}、Co^{2+}、Ni^{2+}和 NH_4^{+} 干扰 K^{+}鉴定。取原未知溶液 5 滴于试管中，加 5 滴 6 mol/L NaOH 溶液，水浴加热，使 Fe^{3+}、Cu^{2+}、Co^{2+}和 Ni^{2+}变为氢氧化物沉淀，离心分离，除去这些干扰离子。在清液中滴入 6 mol/L HAc 将溶液调成中性或弱酸性，再加 2 滴 0.1 mol/L $Na_3[Co(NO_2)_6]$溶液，水浴加热数分钟，此步是除去 NH_4^{+} 干扰。如有黄色沉淀生成，表示有 K^{+}存在。

(3) Mg^{2+}鉴定。取原未知溶液 1 滴于点滴板上，加 2 滴 EDTA 饱和溶液以掩蔽干扰离子，加 1 滴镁试剂 I 和 1 滴 6 mol/L NaOH 溶液，如有蓝色沉淀生成，表示有 Mg^{2+}存在。

(4) NH_4^{+} 鉴定。取原未知溶液 5 滴于试管中，加入 2 mol/L NaOH 使溶液呈碱性，微热，如生成的气体使红色石蕊试纸变蓝，表示有 NH_4^{+} 存在。或取原未知溶液 5 滴于试管中，加入 2 mol/L NaOH 使溶液呈碱性，微热，用滴加奈斯勒试剂($K_2[HgI_4]$的碱性溶液)的滤纸条检验逸出的气体，如滤纸条上有红棕色斑点出现，表示有 NH_4^{+} 存在。

7. 领取混合阳离子未知溶液，利用“两酸两碱”系统法设计分离和鉴定步骤

8. 给出未知溶液中所含阳离子的鉴定结果，写出主要反应方程式

五、思考题

1. 写出你所鉴定的混合阳离子未知溶液的分离和鉴定方案。

2. 如果混合阳离子未知溶液呈碱性，哪些离子可能不存在？

六、注意事项

1. 每次取未知溶液做实验，试液量以 10 滴为宜，过多或过少对分离鉴定都有一定影响。

2. 通常为保证沉淀完全，加入的沉淀剂的量只需比理论计量过量 20% ~ 50%。沉淀剂过量太多，会引起较强的盐效应、配合物生成等副作用，反而增大了沉淀的溶解度。

3. 分离后面几组时，若体积过大，可在蒸发皿中蒸发浓缩后再做。

4. 在混合离子分离过程中，为使沉淀老化需要加热，加热方法通常采用水浴锅加热。

5. 每步获得沉淀后，都要将沉淀用少量带有沉淀剂的稀溶液或去离子水洗涤 1 ~ 2 次，以保证分离效果。

6. 为了提高分析结果的准确性，应进行“空白实验”和“对照实验”。

7. $PbCl_2$溶解度较大，并易溶于热水，在 Pb^{2+}浓度大时才析出沉淀。

8. $CaSO_4$溶解度较大，只有当 Ca^{2+}浓度很大时才析出沉淀。

9. $BaSO_4$转化为 $BaCO_3$较难，可用固体 Na_2CO_3加 10 滴蒸馏水进行 2 ~ 3 次转化，并不断搅拌同时放沸水浴中加热 5 min，离心分离，弃去滤液。再重复处理后，用水洗涤沉淀 2 次。最后向沉淀中滴加 10 滴 6 mol/L HAc 溶液，加热搅拌使其溶解，如有不溶解的残渣要离心分离后弃去，滤液用于 Ba^{2+}和 Ca^{2+}的鉴定。

10. 注意 $Fe(OH)_2$ 和 $Mn(OH)_2$ 还原性很强，在空气中极易被氧化成 $Fe(OH)_3$ 和 $MnO(OH)_2$。

11. 注意配离子$[Co(NH_3)_6]^{2+}$不稳定，在空气中易被氧化成$[Co(NH_3)_6]^{3+}$。

12. 未知溶液中存在 Al^{3+}时，一定要控制好沉淀条件，使沉淀完全。否则遗留到 Ni^{2+}组，在 pH = 10 时，会有 $Al(OH)_3$沉淀，误认为是 NiS。

实验十九　纸色谱法分离鉴定 Cu^{2+}、Fe^{3+}、Co^{2+}和 Ni^{2+}

一、实验目的

1. 掌握纸色谱法分离 Cu^{2+}、Fe^{3+}、Co^{2+}、Ni^{2+}的基本原理和实验操作方法。

2. 掌握比移值 R_f的计算和应用。

二、实验原理

色谱分离法包括气相色谱法和液相色谱法，这种分离方法的特点是分离效率高，能将各种性质极为相似的组分分离，然后分别进行测定。这种方法是由一种流动相带着试样经过固定相，物质在两相之间进行反复的分配，由于物质的分配系数不同，移动速度也不相同，因而可达到相互分离的目的。

纸色谱又称为纸层析，简称 PC。它是在滤纸上进行的色谱分析法。滤纸被看做是一种惰性载体，滤纸纤维素中吸附着水分或其他溶剂，在层析过程中不流动，是固定相。

在层析过程中沿着滤纸流动的溶剂或混合溶剂是流动相，又称为展开剂。本实验用纸色谱法分离和鉴定溶液中的 Cu^{2+}、Fe^{3+}、Co^{2+}和 Ni^{2+}。在滤纸下端滴上 Cu^{2+}、Fe^{3+}、Co^{2+}、Ni^{2+}和未知混合溶液，将滤纸放入盛有盐酸和丙酮的混合溶剂中，滤纸纤维素所吸附的水分是固定相，盐酸和丙酮混合溶剂是流动相，又称为展开剂。由于毛细管作用，展开剂沿滤纸上升，当它经过混合离子试液时，试液中的每一组分均向上移动。由于混合离子各组分在固定相和流动相中具有不同的分配系数，也即在两相中具有不同的溶解度，在水相中溶解度较大的组分，向上移动的速度缓慢，在盐酸和丙酮混合溶剂中溶解度较大的组分随溶剂向上移动的速度较快。经过一段时间的反复分配，分配系数各不相同的组分得以分离。经分离展开后的组分可用不同的方法检出，并根据 R_f值与纯物质对照进行鉴定。

比移值 R_f与溶质在固定相和流动相内的分配系数有关，当层析纸、固定相、流动相和温度一定时，每种物质的 R_f值为一定值。

$$R_f = \frac{h}{H}$$

式中，h——物质斑点中心距原点的垂直距离，cm；

H——展开剂前沿距原点的垂直距离，cm。

三、仪器、药品及材料

仪器：500 mL 广口瓶、20 mL 量筒、500 mL 烧杯、镊子、30 cm×50 cm 搪瓷盘、喉头喷雾器。

药品：浓 HCl、浓 $NH_3 \cdot H_2O$、1.0 mol/L $FeCl_3$、1.0 mol/L $CoCl_2$、1.0 mol/L $NiCl_2$、1.0 mol/L $CuCl_2$、0.1 mol/L $K_4[Fe(CN)_6]$、0.1 mol/L $K_3[Fe(CN)_6]$、0.1 mol/L Na_2S、丙酮。

材料：7.5 cm×11 cm 色层滤纸、普通滤纸、毛细管。

四、实验步骤

1. 准备层析纸

如图 5-2 所示，取一张 7.5 cm×11 cm 色层滤纸。以宽 7.5 cm 的边为底边，用铅笔画 4 条间隔为 1.5 cm 的竖线平行于 11 cm 的长边，在滤纸上端 1 cm 处和下端 2 cm 处各画出一条与其底边平行的横线，再沿着 4 条竖线折叠成五棱柱体，最后在滤纸上端画好的各小方格内标出 Fe^{3+}、Co^{2}、Ni^{2+}、Cu^{2+}和未知混合溶液。

2. 点样

取 5 根毛细管分别插入 1.0 mol/L $FeCl_3$ 溶液、1.0 mol/L $CoCl_2$ 溶液、1.0 mol/L $NiCl_2$ 溶液、1.0 mol/L $CuCl_2$ 溶液和未知混合溶液的试剂瓶内，用毛细管吸取相应溶液后，按所标明的样品名称，垂直触到层析纸下端横线的相应位置上，当层析纸上形成直径为 0.3 ~ 0.5 cm 的圆形斑点时，立即提起毛细管。将点样后的层析纸置于通风处晾干。

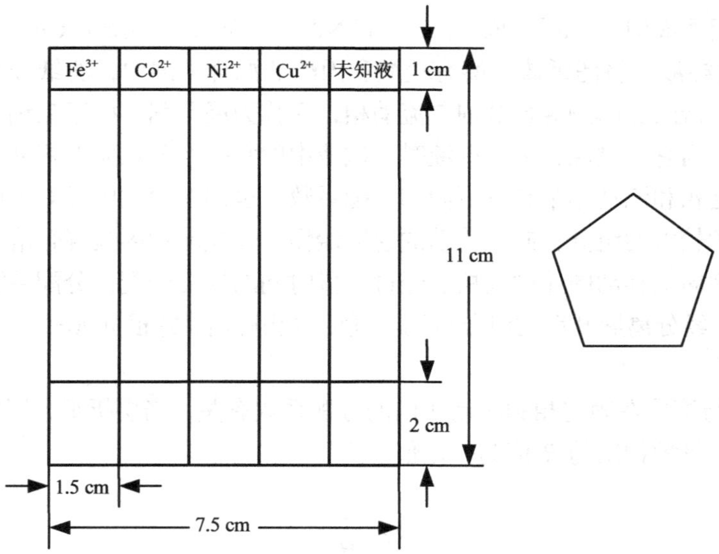

图 5-2　层析纸折叠示意图

3. 展开

在 500 mL 广口瓶中加入 17 mL 丙酮、2 mL 浓 HCl 和 1 mL 去离子水，配成展开液，盖好瓶盖充分混合展开剂。把点好样并晾干的层析纸放入展开瓶内，展开剂液面应略低于层析纸上铅笔线。仔细观察并记录各种离子在层析时显示的颜色和展开的速度。当展开剂前沿接近层析纸上端横线时停止，用镊子取出层析纸，放在搪瓷盘中，用铅笔及时画下展开剂前沿的位置，于通风处自然晾干层析纸。

4. 斑点显色

若离子斑点颜色不清楚，可通过它们与不同物质反应而显示出不同颜色的方法来确定位置。然后计算 R_f 值。本实验采用以下两种显色方法。

(1) 将层析纸放在搪瓷盘中，先用浓氨水向层析纸上喷雾，使之润湿，再喷 0.1 mol/L Na_2S 溶液，使之生成黑色硫化物，自然晾干层析纸，观察并记录斑点的颜色和位置。

(2) 将层析纸放在搪瓷盘中，用喉头喷雾器向层析纸上喷洒 0.1 mol/L $K_4[Fe(CN)_6]$ 溶液与 0.1 mol/L $K_3[Fe(CN)_6]$ 溶液的等体积混合溶液，自然晾干层析纸，观察并记录斑点的颜色和位置。

5. 数据记录与处理

(1) 记录各离子在层析时显示的颜色并填入表 5-2 中。

(2) 用铅笔画下各斑点的轮廓，测量斑点中心位置距离基线原点的垂直距离 h；测量展开剂前沿距离基线原点的垂直距离 H，并将数据填入表 5-2 中。

(3) 将 R_f 值的计算结果填入表 5-2 中。

(4) 根据已知离子斑点颜色和 R_f 值等对照试验，判断未知混合溶液中含有哪些离子。

表 5-2　离子斑点的颜色和 R_f 值

层析物质名称		Fe^{3+}	Co^{2+}	Ni^{2+}	Cu^{2+}	未知液
斑点颜色	层析时颜色					
	喷浓氨水显色					
	喷 Na_2S 显色					
	喷 $K_3[Fe(CN)_6]+K_4[Fe(CN)_6]$ 显色					
离子移动的距离 h/cm						
展开剂移动的距离 H/cm						
$R_f=\dfrac{h}{H}$						

五、思考题

1. 纸层析的原理是什么？主要步骤是什么？
2. $CoCl_2$ 在丙酮溶液中应显示什么颜色？

六、注意事项

1. 点样毛细管切口要平。
2. 点样不能太多，以免展开后斑点扩散。
3. 先取一张普通滤纸做点样练习，反复练习几次，直到斑点直径在 0.3 ~ 0.5 cm 范围内为止。
4. 只要实验条件相同，R_f 值的重复性就好，因此 R_f 值是纸色谱法的重要数值。

实验二十　植物色素的提取和薄层色谱分析

一、实验目的

1. 学会植物天然色素的提取过程。
2. 掌握薄层色谱的分离原理及操作方法。

二、实验原理

绿色植物的叶茎中主要含有：胡萝卜素(橙黄)、叶黄素(棕黄)、叶绿素 a(蓝绿)及叶绿素 b(黄绿)，实验用石油醚和乙醇的混合溶剂为提取剂提取绿色植物中的上述天然色素，将提取液进行处理后用薄层色谱加以分离。

薄层色谱法是将吸附剂(1% 的羧甲基纤维素钠和硅胶 G 的混合物)涂布在玻璃板上，将要分析的试样滴在薄层板的一端，待干后将薄层板放到盛有展开剂的展开室中。由于薄层板上固定相的毛细管作用，展开剂由下向上移动，又由于固定相对不同物质的吸附能力不同，当展开剂流过时，不同物质在吸附剂与展开剂之间发生不断地吸附、解吸、再吸附、再解吸等过程。易被吸附的物质移动得慢些也即上升的速度慢，难被吸附的物质移动得快些也即上升的速度快。经过一段时间的展开，从而达到不同物质彼此分离。展开结束，将薄层板取出，蒸发除去残余的展开剂，在固定相上可观察到不同组分的斑点。斑点位置比移值 R_f 表示如下：

$$R_f=\frac{\text{原点至溶质斑点中心的距离}}{\text{原点至溶剂前沿的距离}}$$

在相同条件下进行薄层分离时，某一组分的 R_f 值是一定的，因此可以根据 R_f 值进行定性鉴定。影响 R_f 值的因素很多，如固定相的厚度、吸附剂的种类、粒度、活化程度、流动相和固定相的含水量、展开剂的组成和配比、展开室内流动相蒸气的饱和程度、试样斑点的大小、层析缸的形状和大小、层析温度等。所以薄层色谱的 R_f 值重复性较差，因此在鉴定物质时，通常应将标准物与试样在同一薄层板上同时展开进行对照。

三、仪器、药品及材料

仪器：万分之一分析天平、烘箱、研钵、台秤、50 mL 烧杯、25 mL 量筒、100 mL 容量瓶、125 mL 分液漏斗、250 mL 具磨口塞广口瓶、玻璃棒、干燥器。

药品：1% 羧甲基纤维素钠、硅胶 G、无水硫酸钠、提取液(石油醚：乙醇的体积比为 2：1)、展开剂(苯：丙酮：石油醚的体积比为 4：3：6)、100 mg/L 的色素标准溶液。

材料：玻璃点样毛细管(0.3 mm×100 mm)、载玻片(7.5 cm×2.5 cm)、新鲜绿色植物叶片。

四、实验步骤

1. 制板

在 120 mL 1% 羧甲基纤维素钠(黏合剂)水溶液中加入 40 g 硅胶 G(吸附剂)，用玻璃棒搅拌调成均匀的糊状，再将此糊状物分别倒在 50 块干净并晾干的载玻片上，并用玻璃棒平铺均匀。涂好硅胶 G 的载玻片在室温放置过夜后，再放入烘箱中烘以驱除水分，进行“活化”。取出冷却后，放在干燥器中备用。

2. 天然色素的提取

称取 10 g 绿色植物叶片放在研钵中研磨、捣碎，加 20 mL 提取液，继续研磨数分钟，将提取液转移至 125 mL 分液漏斗中。加入等体积水旋摇、静置、分层，弃去水层，有机层再用水洗涤 1～2 次(水洗的目的是洗涤乙醇及提取液中少量水溶物)。将上层有机层转入干燥的小烧杯中，加 2 g 无水硫酸钠干燥脱水。

3. 点样

点样是薄层色谱分析中要求最严格的一步操作，点样后试液斑点直径宜小，定性分析 2～3 mm，定量分析应更小。用玻璃毛细管吸取提取过的天然色素溶液，垂直地轻轻接触薄层板表面(注意勿损坏硅胶层)，让试液扩展。如果色素浓度太稀，一次点样不够，可以在点样点处待溶剂挥发后再点第二次或第三次。点样量过大，易拖尾或扩散。点样量少，不易检出。点样点的起始线应距玻璃板底边 1cm 左右(用铅笔画一记号)，两相邻斑点中心之间距离应大于 1.5 cm。点样后，放置干燥。

4. 展开

在 250 mL 具磨口塞广口瓶内加入展开剂 5 mL，盖好磨口塞，摇动，使其为溶剂蒸气所饱和而加速层析。将点好样的薄层板放入瓶中，使点有试样的一端浸入展开剂，但原点不能浸入展开剂中，另一端斜搁在广口瓶壁上，盖好展开瓶磨口塞。当溶剂前沿离薄层板上端约 1 cm 时，取出薄层板，并在前沿线处用铅笔画一记号以确定前沿线位置。

薄层板溶剂挥发后量取原点至各斑点中心距离与原点至溶剂前沿线的距离，计算 R_f 值并与标准色素纯样品的 R_f 值进行比较。

五、思考题

1. 薄层色谱法属于液相色谱法，从分离机理讲它属于吸附色谱还是分配色谱？
2. 比移值 R_f 如何测定？其影响因素有哪些？
3. 为什么展开前应使展开室中空间为展开剂蒸气所饱和？

六、注意事项

1. 植物叶片在研钵中只需适当研磨，不可研磨得太烂而成糊状，否则会造成分离困难。
2. 本实验所用的石油醚，其沸程为 60～90℃。
3. 在分液漏斗中提取色素时应注意：①排气；②应旋摇几下，不可振荡以防乳化。
4. 最理想的 R_f 值为 0.4～0.5；良好的分离在 0.15～0.75；如 R_f 值 < 0.15 或 > 0.75，则分离效果不好。
5. 为便于比较，提取的天然色素试样应和色素标准溶液同时点在同一薄层板的同一起始线上。

实验二十一　粗盐提纯和纯度检验

一、实验目的

1. 掌握提纯粗盐的原理和方法。
2. 掌握加热、溶解、沉淀、常压过滤、减压过滤、蒸发浓缩、结晶和干燥等基本操作。
3. 掌握食盐中 Ca^{2+}、Mg^{2+} 和 SO_4^{2-} 离子的定性鉴定。

二、实验原理

粗盐中含有 Ca^{2+}、Mg^{2+}、K^+、SO_4^{2-} 等可溶性杂质和泥沙等不溶性杂质。要得到较纯净的食盐可用重结晶的方法，方法要点是将粗盐溶于水后，过滤除去不溶性杂质，可溶性杂质则用化学方法，加沉淀剂使之转化为难溶沉淀物，再用过滤的方法除去。通常

先在粗盐溶液中加入过量的 $BaCl_2$ 溶液生成 $BaSO_4$ 沉淀而除去 SO_4^{2-}，即

$$Ba^{2+} + SO_4^{2-} = BaSO_4(s)$$

然后在溶液中加入饱和 Na_2CO_3 溶液，除去 Ca^{2+}、Mg^{2+}和加入的过量 Ba^{2+}，即

$$Mg^{2+} + CO_3^{2-} = MgCO_3(s)$$
$$Ca^{2+} + CO_3^{2-} = CaCO_3(s)$$
$$Ba^{2+} + CO_3^{2-} = BaCO_3(s)$$

过量的 Na_2CO_3 溶液用 6 mol/L HCl 溶液中和。粗盐中的 K^+与这些沉淀剂都不反应，仍留在溶液中。因为 KCl 的溶解度大于 NaCl，而且其含量又较少，所以将 NaCl 溶液加热蒸发浓缩成过饱和溶液时，冷却后即析出食盐。K^+未达饱和仍留在母液中，经减压抽滤即可得到较纯净的食盐。

三、仪器、药品及材料

仪器：台秤、100 mL 烧杯、普通漏斗、布氏漏斗、吸滤瓶、真空泵、蒸发皿、50 mL 量筒、石棉网、坩埚钳、电炉、恒温水浴锅、试管、试管架、玻璃棒、洗瓶。

药品：6 mol/L HCl、6 mol/L HAc、1 mol/L $BaCl_2$、饱和 Na_2CO_3 溶液、饱和$(NH_4)_2C_2O_4$溶液、2 mol/L $NH_3 \cdot H_2O$、1 mol/L NH_4Cl、0.1 mol/L Na_2HPO_4、粗食盐。

材料：pH 试纸、滤纸、称量纸。

四、实验步骤

1. 粗食盐的提纯

(1) 粗食盐的称量和溶解。在台秤上称取 5 g 粗食盐，放入 100 mL 烧杯中，加 25 mL 去离子水，加热、搅拌使食盐溶解(不溶性杂质沉于底部)。

(2) 除去 SO_4^{2-}。加热食盐水溶液至煮沸，边搅拌边逐滴加入约 2 mL 1 mol/L $BaCl_2$ 溶液。继续加热 5 min，使沉淀小颗粒长成大颗粒而易于沉降和过滤。将烧杯从石棉网上取下，待沉淀沉降后，在上层清液中再滴入 1 滴 $BaCl_2$ 溶液，如清液变浑浊，则要继续加 $BaCl_2$ 溶液以除去剩余的 SO_4^{2-}。如清液不变浑浊，证明 SO_4^{2-} 已除尽。再用小火加热 3～5 min，以使沉淀颗粒进一步长大而便于过滤。用普通漏斗过滤，保留滤液，弃去沉淀。

(3) 除去 Mg^{2+}、Ca^{2+}和加入的过量 Ba^{2+}。将所得滤液加热至近沸，边搅拌边逐滴加入约 3 mL 饱和的 Na_2CO_3 溶液，按上述方法检验 Mg^{2+}、Ca^{2+}和 Ba^{2+}是否除尽，继续用小火加热煮沸 5 min，用普通漏斗过滤，保留滤液，弃去沉淀。

(4) 除去过量的 CO_3^{2-}。将滤液加热搅拌，再逐滴加入 6 mol/L HCl 溶液中和至溶液呈微酸性(pH = 4～5)。

(5) 浓缩、结晶、减压过滤和干燥。将溶液放在电炉上用小火加热，蒸发浓缩至稀粥状的稠液为止，切不可将溶液蒸干，将浓缩液从电炉上取下，冷却至室温。用布氏漏

斗减压抽滤，尽量将结晶抽干。再将晶体转移到蒸发皿中，放在石棉网上，用电炉小火烘干。冷却后称其质量，计算产率。

2. 产品纯度的检验

称取粗食盐和提纯后的精盐各 1g，分别溶于 5mL 去离子水中，分别置于 3 支试管中，组成 3 组，对照检验它们的纯度。

(1) SO_4^{2-}的检验。在第一组溶液中，分别加入 2 滴 6mol/L HCl 溶液和 2 滴 1mol/L $BaCl_2$ 溶液。比较两支试管中溶液产生沉淀的情况。

(2) Ca^{2+}的检验。在第二组溶液中，分别加入 2 滴 6mol/L HAc 溶液和 2 滴饱和的 $(NH_4)_2C_2O_4$ 溶液。比较两支试管中溶液产生沉淀的情况。

(3) Mg^{2+}的检验。在第三组溶液中，分别加入 2 滴 2mol/L $NH_3·H_2O$ 溶液、2 滴 1mol/L NH_4Cl 溶液和 2 滴 0.1mol/L Na_2HPO_4 溶液。比较两支试管中溶液产生沉淀的情况。

五、思考题

1. 检验产品纯度时，能否用自来水溶解食盐，为什么？

2. 本实验为什么要先加入 $BaCl_2$ 溶液，再加入饱和的 Na_2CO_3 溶液，最后加入盐酸溶液？能否改变加入次序？

3. 蒸发前为什么要用盐酸将溶液调至 pH=4～5？调至中性或弱碱性行吗？

4. 蒸发浓缩时能否把溶液蒸干，为什么？

六、注意事项

1. 溶解粗盐不能用过多的去离子水，以防蒸发浓缩时间过长。

2. 用普通漏斗过滤时尽量趁热过滤。

3. 用布氏漏斗减压抽滤时，可用双层滤纸以防止滤纸抽破。

4. 最后用电炉小火烘干产品，应烘至无白烟冒出。

实验二十二　硫酸铜和硫酸锌制备及质量鉴定

一、实验目的

1. 掌握用黄铜屑制备硫酸铜和硫酸锌的方法。

2. 掌握间接碘量法测定产品硫酸铜质量分数的原理和方法。

3. 掌握 EDTA 配位滴定法测定产品硫酸锌质量分数的原理和方法。

4. 掌握 $CuSO_4·5H_2O$ 结晶水的测定方法，认识物质热稳定性和分子结构的关系。

二、实验原理

黄铜中锌含量 10%～30%。铜是不活泼金属，不能直接和稀硫酸反应制备硫酸铜，必须加入氧化剂浓硝酸。在浓硝酸和稀硫酸的混合液中，浓硝酸将铜氧化成 Cu^{2+}，Cu^{2+}

与 SO_4^{2-} 反应生成硫酸铜。根据硝酸铜、硫酸锌的溶解度在 0～100℃范围内均大于硫酸铜的溶解度的性质，溶液经蒸发浓缩后先析出 $CuSO_4 \cdot 5H_2O$。滤液中剩余的 Cu^{2+}(硫酸铜和硝酸铜)用锌粉还原为海绵铜，过滤除去。滤液经蒸发浓缩得 $ZnSO_4 \cdot 7H_2O$。反应式为：

$$3Cu+2HNO_3+3H_2SO_4 = 3CuSO_4 + 2NO\uparrow +4H_2O$$

$$CuSO_4+5H_2O=CuSO_4 \cdot 5H_2O$$

$$Zn+H_2SO_4 = ZnSO_4 + H_2\uparrow$$

$$Zn+Cu^{2+} = Zn^{2+} + Cu$$

硫酸铜、硝酸铜和硫酸锌三种盐的溶解度数据见表 5-3。

表 5-3　硫酸铜、硝酸铜和硫酸锌三种盐在水中不同温度下的溶解度[单位：g/ (100g H_2O)]

盐类＼温度	0℃	10℃	20℃	30℃	40℃	60℃	80℃	90℃	100℃
$CuSO_4 \cdot 5H_2O$	23.1	27.5	32.0	37.8	44.6	61.8	83.8	—	114
$Cu(NO_3)_2 \cdot 3H_2O$	83.5	100	125	156	163	182	208	222	247
$ZnSO_4 \cdot 7H_2O$	41.6	47.2	53.8	61.3	70.5	75.4	71.1	—	60.5

$CuSO_4 \cdot 5H_2O$ 产品质量分数的测定用间接碘量法。Cu^{2+}与过量的 KI 反应定量析出 I_2，析出的 I_2 再用 $Na_2S_2O_3$ 标准溶液滴定，即可计算出产品 $CuSO_4 \cdot 5H_2O$ 的质量分数，反应如下：

$$2Cu^{2+} + 4I^- \rightleftharpoons 2CuI\downarrow +I_2$$

$$I_2 + I^- \rightleftharpoons I_3^-$$

$$I_2 + 2S_2O_3^{2-} = S_4O_6^{2-} + 2I^-$$

由上述反应可知，Cu^{2+}与 I^-的反应可逆，为促使反应趋于完全，必须加入过量的 KI。由于沉淀 CuI 强烈吸附 I_3^-，使测定结果偏低。通常加入 KSCN 溶液，使 CuI(K_{sp}=1.1×10^{-12})转变为溶解度更小的 CuSCN(K_{sp}=4.8×10^{-15})：$CuI\downarrow + SCN^- = CuSCN\downarrow + I^-$。这样不但可以释放出被吸附的 I_3^-，而且反应时还再生了 I^-，可节省 KI 用量。但 KSCN 只能在接近终点时加入，否则较多的 I_2 会被 KSCN 还原而使结果偏低。

$ZnSO_4 \cdot 7H_2O$ 产品质量分数的测定用 EDTA 配位滴定法。溶液中 Zn^{2+}与 EDTA 形成稳定的 1∶1 配合物。在 pH=5～6 的缓冲溶液中，二甲酚橙指示剂本身呈黄色，与 Zn^{2+}的配合物呈紫红色，但 EDTA 能与 Zn^{2+}形成更稳定的配合物。因此用 EDTA 标准溶液滴定至近终点时，二甲酚橙指示剂被游离出来，溶液由紫红色变为亮黄色。

水合硫酸铜在不同的温度下可以逐步脱水，其反应式为：

$$CuSO_4 \cdot 5H_2O = CuSO_4 \cdot 3H_2O+2H_2O$$

$$CuSO_4 \cdot 3H_2O = CuSO_4 \cdot H_2O+2H_2O$$

$$CuSO_4 \cdot H_2O = CuSO_4+H_2O$$

1 mol $CuSO_4$结合的结晶水数目为：$\frac{n_{H_2O}}{n_{CuSO_4}}$。

三、仪器、药品及材料

仪器：台秤、万分之一分析天平、100 mL 烧杯、10 mL、25 mL 和 50 mL 量筒、电炉、石棉网、水浴锅、滴管、表面皿、蒸发皿、玻璃棒、微型漏斗及吸滤瓶、真空水泵、250 mL 碘量瓶、250 mL 锥形瓶、25 mL 瓷坩埚、坩埚钳、马弗炉、干燥器。

药品：黄铜屑、2 mol/L H_2SO_4、6 mol/L HNO_3、锌粉、碘化钾(S)、0.1000 mol/L $Na_2S_2O_3$标准溶液、0.5%淀粉溶液、0.10 mol/L KSCN、二甲酚橙指示剂、20%六次甲基四胺、0.02000 mol/L EDTA 标准溶液。

材料：药勺、称量纸、ϕ7 定性滤纸。

四、实验步骤

1. $CuSO_4 \cdot 5H_2O$ 制取

称取 3 g 黄铜屑于 100 mL 烧杯中，加入 25 mL 2 mol/L H_2SO_4，加热至约 60℃后，逐滴慢慢滴加 6 mL 6 mol/L HNO_3。反应剧烈时停止加硝酸及加热，盖上表面皿。6 mL 6 mol/L HNO_3 全部滴完约需 45 min。黄铜屑完全溶解后继续加热数分钟，以除去多余的硝酸。趁热过滤，将蒸发皿中的滤液放在恒温水浴锅上加热，蒸发、浓缩至液面出现晶膜后(应从中间结膜,从边上结膜说明边上温度高,容易失水变白)，取出冷却，析出晶体，减压抽滤,得蓝色 $CuSO_4 \cdot 5H_2O$ 晶体。尽可能将 $CuSO_4 \cdot 5H_2O$ 晶体抽干，再用滤纸吸去 $CuSO_4 \cdot 5H_2O$ 晶体上附着的水，称量，计算产率。

2. $ZnSO_4 \cdot 7H_2O$ 制取

将抽滤 $CuSO_4 \cdot 5H_2O$ 晶体后的母液转至干净的小烧杯中，加入约 0.6 g 锌粉，使 Cu^{2+} 还原为 Cu。待溶液呈无色透明后，加 1 mL 2 mol/L H_2SO_4，加热溶解多余的锌粉。过滤，滤液再转入蒸发皿中加热蒸发浓缩，冷却得白色 $ZnSO_4 \cdot 7H_2O$ 晶体。尽量将 $ZnSO_4 \cdot 7H_2O$ 晶体吸干，称量，计算产率。

3. $CuSO_4 \cdot 5H_2O$ 产品质量分数的测定

精确称取 0.6 g 自制硫酸铜晶体于 250 mL 碘量瓶中，加 1 mL 2 mol/L H_2SO_4 和 50 mL 蒸馏水溶解试样。然后加入 2 g 固体碘化钾(过量)，立即用 0.1000 mol/L $Na_2S_2O_3$ 标准溶液滴定至红棕色变为浅黄色后，加 3 mL 0.5%淀粉溶液，继续滴定至浅蓝色。最后加入 10 mL 0.10 mol/L KSCN 溶液，溶液蓝色加深，继续滴定至蓝色消失，溶液变成乳白色或米色的悬浮液即为终点。根据滴定时所消耗的 $Na_2S_2O_3$ 标准溶液的体积，计算出产品硫酸铜晶体的质量分数。

$$W(\%) = \frac{c_{Na_2S_2O_3} \times V_{Na_2S_2O_3} \times 10^{-3} \times M}{m_{产品}} \times 100\%$$

式中，$c_{Na_2S_2O_3}$——硫代硫酸钠标准溶液的浓度，mol/L；

$V_{Na_2S_2O_3}$——滴定时所消耗的硫代硫酸钠标准溶液的体积，mL；

M——$CuSO_4·5H_2O$ 的摩尔质量，g/mol；

$m_{产品}$——精称硫酸铜产品的质量，g。

4. $ZnSO_4·7H_2O$ 产品质量分数的测定

精确称取 0.1 g 自制硫酸锌晶体于 250 mL 锥形瓶中，加 50 mL 蒸馏水溶解试样。加 2 滴二甲酚橙指示剂，滴加 20% 六次甲基四胺溶液至溶液呈稳定的紫红色后，再多加 3～5 mL。用 0.02000 mol/L EDTA 标准溶液滴定至溶液由紫红色变为亮黄色即为终点，根据滴定时所消耗的 EDTA 标准溶液的体积，计算出产品硫酸锌晶体的质量分数。

$$W(\%) = \frac{c_{EDTA} \times V_{EDTA} \times 10^{-3} \times M}{m_{产品}} \times 100\%$$

式中，c_{EDTA}——EDTA 标准溶液的浓度，mol/L；

V_{EDTA}——滴定时所消耗的 EDTA 标准溶液的体积，mL；

M——$ZnSO_4·7H_2O$ 的摩尔质量，g/mol；

$m_{产品}$——精称硫酸锌产品的质量，g。

5. $CuSO_4·5H_2O$ 结晶水的测定

精确称量一只干净并灼烧至恒重的瓷坩埚。将 1 g 自制并磨细的 $CuSO_4·5H_2O$ 晶体放入坩埚中，在分析天平上精确称量坩埚和 $CuSO_4·5H_2O$ 的质量，计算出坩埚中 $CuSO_4·5H_2O$ 的准确质量 m_1。将装有 $CuSO_4·5H_2O$ 的坩埚放在马弗炉中灼烧 1 h，温度控制在 270～300℃，取出稍凉片刻，放入干燥器中冷却至室温，称量。称过质量后再次放入马弗炉中灼烧 20 min，取出稍凉片刻，放入干燥器中冷却至室温，称量。如此反复，直至两次称量之差小于 5 mg 为止。得无水硫酸铜质量 m_2 和水合硫酸铜所含结晶水的质量，计算出硫酸铜结晶水的数目。

以上所有实验数据均记录在表 5-4 中。

五、思考题

1. 浓硝酸、稀硝酸与铜反应的还原产物有何不同？溶解一定量的铜，哪一种硝酸用量少？本实验为什么不用浓硫酸与铜反应直接制备五水硫酸铜？

2. 硝酸在制备过程中的作用是什么？为什么要缓慢分批加入，而且尽量要少加入？

3. 蒸发浓缩溶液时可以直接加热，也可以水浴加热，加热方法如何进行选择？

4. 重结晶的最高产率是多少，产率过高、过低的原因各是什么？

5. 间接碘量法测定 $CuSO_4·5H_2O$ 产品质量分数时，为什么要加入 KSCN 溶液？而且 KSCN 溶液只能在接近终点时加入，否则会产生什么影响？

6. EDTA 配位滴定法测定 $ZnSO_4·7H_2O$ 产品质量分数时，为什么要加入 6 次甲基四胺溶液？

表 5-4　硫酸铜和硫酸锌制备及产品质量鉴定的原始实验数据

项目	实验数据
称取黄铜屑的质量/g	
产品硫酸铜晶体的理论产量/g	
产品硫酸铜晶体的实际产量/g	
产品硫酸铜晶体的产率/%	
称取锌粉的质量/g	
产品硫酸锌晶体的理论产量/g	
产品硫酸锌晶体的实际产量/g	
产品硫酸锌晶体的产率/%	
精称硫酸铜用于质量分数测定的质量 $m_{产品}$ /g	
$c_{Na_2S_2O_3}$ /(mol/L)	
$V_{Na_2S_2O_3}$ /mL	
产品硫酸铜晶体的质量分数 W/%	
精称硫酸锌用于质量分数测定的质量 $m_{产品}$ /g	
c_{EDTA} /(mol/L)	
V_{EDTA} /mL	
产品硫酸锌晶体的质量分数 W/%	
坩埚中 $CuSO_4{\cdot}5H_2O$ 晶体的准确质量 m_1/g	
坩埚中 $CuSO_4{\cdot}5H_2O$ 晶体脱水后无水硫酸铜质量 m_2/g	
1 mol $CuSO_4$ 含结晶水的数目	

六、注意事项

1. 加浓硝酸的时候要缓慢、分批滴加，否则浓硝酸加得太快会大量分解。

2. 如最后粗产品带绿色，是因为反应时硝酸加多了，导致粗产品中含有较多的硝酸铜。

3. 蒸发浓缩要用水浴，直接加热蒸发温度太高，$CuSO_4{\cdot}5H_2O$ 易失去结晶水变成无水 $CuSO_4$。

4. 实验步骤 3 测定 $CuSO_4{\cdot}5H_2O$ 产品质量分数，溶解样品时加 1 mL 2 mol/L H_2SO_4，目的是防止 Cu^{2+}水解并控制溶液酸度。酸度过低，Cu^{2+}氧化 I^-反应进行不完全，结果偏低。酸度过高，I^-被空气氧化为 I_2 的反应被 Cu^{2+}催化，结果偏高。

5. 配位反应较慢，不像酸碱反应瞬间完成，所以滴定时加入 EDTA 溶液的速度不能太快，尤其是近终点时要逐滴滴入。同时指示剂的量对终点的观察也十分重要。

实验二十三　粗硫酸铜提纯和等级检验

一、实验目的

1. 通过氧化反应和水解反应掌握提纯粗硫酸铜的方法。

2. 掌握分步沉淀和重结晶分离提纯物质的原理和方法。

3. 掌握定量分析——分光光度比色法检验产品中 Fe^{3+}杂质的含量，以确定产品等级。

二、实验原理

粗硫酸铜晶体中的主要杂质是不溶性物质和可溶性物质如 Fe^{3+}、Fe^{2+}和 Na^{+}等。要分离 Fe^{3+}比较容易，因为氢氧化铁的 $K_{sp}=2.8\times10^{-39}$，而氢氧化铜的 $K_{sp}=2.2\times10^{-20}$，即可利用 Cu^{2+}与 Fe^{3+}溶度积的差异，通过控制溶液 pH，达到分离的目的，这种分离方法称为分步沉淀法。从理论上看 Cu^{2+}与 Fe^{2+}(氢氧化亚铁的 $K_{sp}=4.86\times10^{-17}$)也可以用分步沉淀法分离，但由于 Cu^{2+}是主体，Fe^{2+}是杂质，在进行分步沉淀时会产生共沉淀现象，达不到分离的目的。因此本实验是先用 H_2O_2 做氧化剂将 Fe^{2+}在酸性条件下氧化成 Fe^{3+}，然后调节溶液的 pH=3.2～4.0，使之水解生成 $Fe(OH)_3$ 沉淀。在过滤时和其他不溶性的物质一起被除去，即用一次分步沉淀法分离，达到 Fe^{3+}与 Cu^{2+}分离的目的。从氧化还原反应可知，用 H_2O_2 作氧化剂的优点是不引入其他离子，多余的 H_2O_2 可用热分解去除而不影响后面分离。

$$2Fe^{2+}+H_2O_2+2H^+=2Fe^{3+}+2H_2O$$
$$Fe^{3+}+3H_2O=Fe(OH)_3(s)+3H^+$$

还有一些可溶性杂质用重结晶方法分离。根据物质的溶解度不同，特别是晶体的溶解度一般随着温度的降低而减小，当热的饱和溶液冷却时，待提纯的物质先以结晶析出，而少量可溶性杂质由于尚未达到饱和，仍留在母液中，通过减压抽滤将可溶性杂质分离，这就是重结晶分离可溶性杂质的原理。

三、仪器、药品及材料

仪器：台秤、万分之一分析天平、25 mL 烧杯、10 mL 量筒、石棉网、坩埚钳、蒸发皿、电炉、玻璃棒、微型漏斗及吸滤瓶、真空水泵、721 型分光光度计、洗耳球、10 mL 刻度吸管、50 mL 容量瓶、洗瓶。

药品：粗硫酸铜、2 mol/L H_2SO_4、2 mol/L HCl、1 mol/L NaOH、1 mol/L KSCN、3% H_2O_2、6 mol/L $NH_3\cdot H_2O$、10 μg/mL Fe^{3+}标准溶液。

材料：ϕ7 定性滤纸、pH=0.5～5.0 的精密 pH 试纸、1 cm 比色皿、擦镜纸。

四、实验步骤

1. 粗硫酸铜的提纯

(1) 除 Fe^{3+}。用台秤称取粗硫酸铜 2 g 于 25 mL 烧杯中，加入 8 mL 去离子水，加热、搅拌使其溶解。加 2 滴 2 mol/L H_2SO_4，在边加热边搅拌下滴加 2 mL 3% H_2O_2，使 Fe^{2+} 氧化成 Fe^{3+}。将溶液加热至沸腾，搅拌 2 min，边搅拌边滴加 1 mol/L NaOH 并调节溶液的 pH=3.2 ~ 4.0。再加热片刻，其一 $Fe(OH)_3$ 沉淀加速凝聚；其二剩余的 H_2O_2 完全分解。静置，待 $Fe(OH)_3$ 沉淀沉降后，趁热用倾析法在微型漏斗和吸滤瓶上过滤，将滤液转移到干净的蒸发皿中。

(2) $CuSO_4 \cdot 5H_2O$ 晶体的制备。将蒸发皿中的滤液用 2 mol/L H_2SO_4 调至 pH=1 ~ 2 后，用电炉小火加热蒸发浓缩，直至溶液表面刚出现薄层晶膜时，立即停止加热，让其自然冷却到室温(勿要用水冷却)，慢慢地析出 $CuSO_4 \cdot 5H_2O$ 晶体。待蒸发皿底部用手摸感觉不到温热时，将晶体和母液转入已装好滤纸的抽滤瓶上进行抽滤。最后将抽干的晶体称重，计算产率。

2. 产品 $CuSO_4 \cdot 5H_2O$ 晶体中 Fe^{3+} 杂质的定量分析

(1) Fe^{2+} 氧化成 Fe^{3+}。精确称取 0.2000g 已提纯的硫酸铜晶体，放入小烧杯中，加 3 mL 去离子水溶解试样，加 2 滴 2 mol/L H_2SO_4、10 滴 3% H_2O_2，加热，使 Fe^{2+} 完全氧化成 Fe^{3+}，继续加热煮沸，使剩余的 H_2O_2 完全分解(若无小气泡产生，即可认为 H_2O_2 分解完全)。

(2) $Fe(OH)_3$ 沉淀生成。待溶液冷却后，逐滴加入 6 mol/L $NH_3 \cdot H_2O$，先生成浅蓝色的沉淀，继续滴入 6 mol/L $NH_3 \cdot H_2O$，直至沉淀完全溶解，呈深蓝色透明的溶液为止。此时，溶液中如有微量铁则生成 $Fe(OH)_3$ 沉淀。

$$Fe^{3+} + 3NH_3 \cdot H_2O = Fe(OH)_3 + 3NH_4^+$$

$$2Cu^{2+} + SO_4^{2-} + 2NH_3 \cdot H_2O = Cu_2\left(OH\right)_2 SO_4 \downarrow + 2NH_4^+$$

$$Cu_2\left(OH\right)_2 SO_4 + 8NH_3 \cdot H_2O = 2[Cu\left(NH_3\right)_4]^{2+} + SO_4^{2-} + 2OH^- + 8H_2O$$

(3) Fe^{3+} 杂质含量的测定。在微型漏斗和吸滤瓶上过滤，用去离子水洗涤滤纸上的蓝色至无蓝色，如有 $Fe(OH)_3$ 沉淀，则留在滤纸上(若 Fe^{3+} 杂质含量较高，滤纸上则有黄色或棕色沉淀)，弃去滤液。用滴管滴入 1.5 mL 热的 2 mol/L HCl 洗涤滤纸上的沉淀，用 5 mL 量筒承接，加入 2 滴 1 mol/L KSCN 溶液，用水稀释至刻度，用 721 型分光光度计测定其吸光度 A，由 Fe^{3+} 标准曲线即可查得产品中 Fe^{3+} 杂质的含量，通过计算再对照表 5-5 即可确定产品等级。实验数据记录在表 5-6 中。

表 5-5　$CuSO_4 \cdot 5H_2O$ 产品等级与 Fe^{3+} 杂质的百分含量

产品等级	分析纯	化学纯
$Fe^{3+} \times 100$	0.003	0.02

3. 10 μg/mL Fe^{3+}标准溶液的配制

准确地称取 0.0863 g 硫酸高铁铵于小烧杯中，加少量水使之溶解，再加入 50 mL (1+1)H_2SO_4溶液，一起转入 1000 mL 容量瓶中，用去离子水稀释至刻度，摇匀。

4. Fe^{3+}标准曲线的绘制

用 10 mL 刻度吸管分别吸取上述 10 μg/mL Fe^{3+}标准溶液 0.00 mL、1.00 mL、2.00 mL、4.00 mL、8.00 mL、10.00 mL 于 50 mL 容量瓶中，各加入 15 mL 2 mol/L HCl 和 20 滴 1 mol/L KSCN 溶液，用去离子水稀释至刻度，摇匀。以空白(0 管)为参比溶液，在波长 465 nm 处，用 1 cm 比色皿，于 721 型分光光度计上分别测定各标准溶液的吸光度 *A*。以 *A* 为纵坐标，Fe^{3+}的含量为横坐标，绘制 Fe^{3+}标准曲线。实验数据记录在表 5-6 中。

表 5-6 Fe^{3+}标准曲线、产品等级检验和产率的原始实验数据

容量瓶编号	10 μg/mL Fe^{3+}/mL	Fe^{3+}含量/μg	吸光度 *A*	$A-A_0$
1	0.00	0		
2	1.00	10.0		
3	2.00	20.0		
4	4.00	40.0		
5	8.00	80.0		
6	10.00	100.0		
产品 Fe^{3+}杂质吸光度 *A*：		产品 Fe^{3+}杂质含量：		产品等级：
称取粗硫酸铜：_____克		提纯后硫酸铜：_____克		产率：

五、思考题

1. 用重结晶法提纯 $CuSO_4·5H_2O$ 时，为什么不能将滤液蒸干？
2. 粗硫酸铜中杂质 Fe^{2+}为什么要氧化为 Fe^{3+}除去？
3. 除 Fe^{3+}时为什么要把溶液的 pH 调节为 3.2 ~ 4.0？pH 太大或太小有什么影响？而在蒸发前为什么又把溶液的 pH 调节为 1 ~ 2？
4. 怎样鉴定提纯后硫酸铜的纯度？
5. 本实验为什么选用 H_2O_2 作氧化剂？

六、注意事项

1. 粗硫酸铜晶体要充分溶解。
2. $Fe(OH)_3$ 沉淀沉降后，千万不要用玻璃棒去搅动。掌握倾析法过滤的操作要领。
3. 用 1 mol/L NaOH 调节溶液的 pH=3.2 ~ 4.0 或用 2 mol/L H_2SO_4 调节溶液的 pH=1 ~ 2，应一边滴加，一边测定溶液 pH，以防过量。
4. 用电炉小火加热浓缩时，电炉上应加一个石棉网，蒸发浓缩千万不能加热过猛，以免液体飞溅而损失。
5. 抽滤时，用玻璃棒将 $CuSO_4·5H_2O$ 晶体均匀地铺满滤纸，并轻轻地压紧晶体，尽可能除去晶体间夹带的母液，然后用小滤纸轻轻压在晶体层表面，吸去表层晶体上吸附的母液。取出晶体，摊在滤纸上，再覆盖一张滤纸，用手指轻轻挤压，吸干其中的剩余母液。将抽滤瓶中的母液倒入母液回收瓶中。

6. 抽滤操作结束后，先拔去抽滤瓶上的橡皮管，再关水泵，停止抽滤。

实验二十四　硫酸亚铁铵制备和质量鉴定

一、实验目的

1. 掌握复盐的制备方法。
2. 掌握水浴加热、蒸发、结晶和减压过滤的基本操作。
3. 掌握高锰酸钾滴定法测定硫酸亚铁铵产品的质量分数。

二、实验原理

过量的铁屑与稀硫酸反应得到 $FeSO_4$，$FeSO_4$ 再与等物质量的 $(NH_4)_2SO_4$ 作用，经过蒸发浓缩、冷却结晶和减压抽滤，便得到溶解度较小的 $(NH_4)_2Fe(SO_4)_2\cdot 6H_2O$ 晶体。

$$Fe + H_2SO_4(稀) = FeSO_4 + H_2\uparrow$$
$$FeSO_4 + (NH_4)_2SO_4 + 6H_2O = (NH_4)_2Fe(SO_4)_2\cdot 6H_2O$$

硫酸亚铁、硫酸铵和硫酸亚铁铵三种盐的溶解度数据见表 5-7。

表 5-7　三种盐在水中不同温度下的溶解度　　[单位：g/ (100 g H_2O)]

温度	10℃	20℃	30℃	40℃
$FeSO_4\cdot 7H_2O$	37.0	48.0	60.0	73.3
$(NH_4)_2SO_4$	73.0	75.4	78.0	81.0
$(NH_4)_2Fe(SO_4)_2\cdot 6H_2O$	17.2	36.5	45.0	53.0

从表中数据可知，在一定温度范围内，硫酸亚铁铵比组成它的各组分 $FeSO_4$ 和 $(NH_4)_2SO_4$ 的溶解度都要小，因而很容易从混合溶液中优先析出。

硫酸亚铁铵是一种复盐，它的商品名是莫尔盐，为浅绿色单斜晶体，能溶于水，但难溶于乙醇，在空气中比一般的亚铁盐稳定，不易被氧化，因此在定量分析中常用来配制亚铁离子的标准溶液。为了保持硫酸亚铁铵这种复盐分子结构不被破坏，在制备时应控制温度，使铵盐和结晶水不被破坏和流失，所以必须使用水浴锅并控制温度不高于80℃。而且在使用和保存中，也不能用烘干的方法，应在干燥器中存放。

硫酸亚铁铵产品质量分数的测定用高锰酸钾滴定法，在酸性介质中 Fe^{2+} 被 $KMnO_4$ 定量地氧化为 Fe^{3+}。高锰酸钾本身的紫红色指示终点的到达，根据高锰酸钾标准溶液的浓度和滴定时所消耗的体积(mL)，即可计算出产品的质量分数。

$$5Fe^{2+} + MnO_4^- + 8H^+ = 5Fe^{3+} + Mn^{2+} + 4H_2O$$

用分光光度比色法检验产品中杂质 Fe^{3+}，来确定产品硫酸亚铁铵的等级。

三、仪器、药品及材料

仪器：台秤、万分之一分析天平、微型锥形瓶、150 mL 锥形瓶、电炉、玻璃棒、10 mL 量筒、恒温水浴锅、蒸发皿、布氏漏斗、微型漏斗及吸滤瓶、真空水泵、表面皿、721 型分光光度计、酸式滴定管、10 mL 刻度吸管、50 mL 容量瓶。

药品：铁屑、1 mol/L Na_2CO_3、3 mol/L H_2SO_4、$(NH_4)_2SO_4$(s)、浓 H_3PO_4、2 mol/L HCl、无水乙醇、0.02000 mol/L 高锰酸钾标准溶液、1 mol/L KSCN、10 μg/mL Fe^{3+}标准溶液。

材料：¢7 定性滤纸、pH 广泛试纸。

四、实验步骤

1. 铁屑除油污(如用纯铁粉可省去此步骤)

称取 0.8 g 铁屑于微型锥形瓶中，加 1 mol/L Na_2CO_3 溶液 5 mL，小火加热 5 分钟，并用玻璃棒不断搅拌，以除去铁屑表面的油污。用倾析法除碱液，水洗净铁屑至中性。如铁屑上仍有油污，用 Na_2CO_3 溶液再煮一遍。

2. $FeSO_4$ 的制备

在无油污铁屑的锥形瓶中，加 3 mol/L H_2SO_4 溶液 4 mL，用水浴锅在通风处加热至少有气泡冒出。在反应过程中应适当添水，及时补充被蒸发掉的水分，以保持原体积。水浴锅温度控制在 80℃左右，趁热过滤，以免出现结晶。得绿色的硫酸亚铁溶液，用少量热的去离子水洗涤残渣，滤液转入蒸发皿中。将锥形瓶中和滤纸上未反应的黑色铁屑残渣，用碎滤纸吸干后称重，计算实际参加反应的铁屑质量。铁屑不必全部溶解，溶解大部分即可。防止 Fe^{2+} 氧化成 Fe^{3+}。

3. 硫酸亚铁铵的制备

在滤液中，加入等摩尔计算量的 $(NH_4)_2SO_4$ 固体，搅拌使其全部溶解。调节 pH=1～2，在水浴锅中加热蒸发浓缩至液面出现一层晶膜，取下蒸发皿，自然冷却至室温，使 $(NH_4)_2Fe(SO_4)_2 \cdot 6H_2O$ 晶体析出(蒸发中不宜搅动)。用布氏漏斗减压抽滤，用少量无水乙醇洗去晶体表面所附着的水分，布氏漏斗再次减压抽滤，抽滤完后将晶体转移至表面皿中，晾干后称重，观察晶体色态，计算理论产量和产率。

4. 硫酸亚铁铵产品质量分数的测定

精确地称取约 0.8000 g 上述制备的硫酸亚铁铵产品于 150 mL 锥形瓶中，加 50 mL 已除氧的去离子水、3 mol/L H_2SO_4 溶液 15 mL 和 2 mL 浓 H_3PO_4，摇匀使试样溶解。从滴定管中放出约 10 mL 的高锰酸钾标准溶液于锥形瓶中，加热至 70～80℃，继续用高锰酸钾标准溶液滴定至溶液刚出现淡红色并 30 s 内不褪色即为滴定终点。根据高锰酸钾标准溶液的浓度和滴定时所消耗的体积(mL)，计算出产品的质量分数。

$$W(\%) = \frac{5c_{KMnO_4} \times V_{KMnO_4} \times 10^{-3} \times M}{m_{产品}} \times 100\%$$

式中，c_{KMnO_4}——高锰酸钾标准溶液的浓度，mol/L；

V_{KMnO_4}——滴定时所消耗的高锰酸钾标准溶液的体积，mL；

M——$(NH_4)_2Fe(SO_4)_2\cdot 6H_2O$ 的摩尔质量，g/mol；

$m_{产品}$——所称产品的质量，g。

5. Fe^{3+}杂质的定量分析

精确地称取约 0.2000 g 上述制备的硫酸亚铁铵产品于小烧杯中，加 1 mL 已除氧的去离子水使之溶解，再加 1.5 mL 2 mol/L HCl 溶液和 2 滴 1 mol/L KSCN 溶液，最后用已除氧的去离子水稀释至 5 mL，摇匀，于 721 型分光光度计在波长 465 nm 处用 1 cm 比色皿测定其吸光度。再根据实验二十三绘制的 Fe^{3+}标准曲线，查得 Fe^{3+}杂质的含量，通过计算再对照表 5-8 确定自己制备的硫酸亚铁铵产品的等级。

表 5-8　硫酸亚铁铵产品等级与 Fe^{3+}杂质的百分含量　（单位：%）

产品等级	$Fe^{3+}\times 100$
Ⅰ	0.005
Ⅱ	0.01
Ⅲ	0.02

以上所有实验数据均记录在表 5-9 中。

表 5-9　制备硫酸亚铁铵的原始实验数据

项目	实验数据
称取铁屑的质量/g	
铁屑残渣的质量/g	
实际参加反应的铁屑质量/g	
称取固体$(NH_4)_2SO_4$的质量/g	
产品硫酸亚铁铵的理论产量/g	
产品硫酸亚铁铵的实际产量/g	
产率/%	
精称硫酸亚铁铵产品用于质量分数测定的质量 $m_{产品}$/g	
c_{KMnO_4} /(mol/L)	
V_{KMnO_4} /mL	
产品的质量分数 W/%	
精称硫酸亚铁铵产品用于 Fe^{3+}杂质定量分析的质量/g	
Fe^{3+}杂质的吸光度 A	
Fe^{3+}杂质的含量/μg	
产品硫酸亚铁铵的等级	

五、思考题

1. 实验中应采取什么措施防止 Fe^{2+}被氧化？如你的产品含杂质 Fe^{3+}较多请分析原因。

2. 制备硫酸亚铁和硫酸亚铁铵时，为什么都要采用水浴锅加热？

3. 不含氧气的去离子水怎样制取？

4. 能否将最后产物直接放在表面皿上加热干燥？为什么？

5. 制备硫酸亚铁铵时为什么要保持溶液呈强酸性?

6. 检验产品中 Fe^{3+}杂质时，为什么要用不含氧的去离子水?

7. 为什么在配制硫酸亚铁铵溶液时要加浓硫酸?

六、注意事项

1. 提前将无氧蒸馏水制好。

2. 用碳酸钠溶液除铁屑油污煮沸过程中，一定要用玻璃棒不断搅拌，以免溶液暴沸造成烫伤。

3. 铁屑中含有杂质砷，在制备过程中有少量的有毒气体 AsH_3 放出，它能刺激和麻痹神经系统，所以应在通风橱中用水浴锅加热。

4. 硫酸亚铁溶液要趁热过滤以免出现结晶，控制洗涤残渣的水量，目的是控制溶液总体积。溶液体积过大会造成后面的蒸发时间太长，使产品中 Fe^{3+}杂质含量升高；溶液体积过小又会产生结晶。

5. 水浴蒸发制备硫酸亚铁铵过程中不宜搅动，注意观察浓缩程度，加热浓缩时间不宜过长，出现晶膜即停止。再在室温下放置一段时间缓慢冷却，等待晶体析出、长大。制好的硫酸亚铁铵晶体自然晾干或真空干燥，千万不能加热干燥，因产品受热可脱去结晶水，影响准确性。

6. 最后一次抽滤时，应将滤饼压实，不能用蒸馏水或母液洗涤晶体，应用无水乙醇洗涤晶体。

7. 减压过滤要点：①滤纸略小于漏斗内径，但又能盖没全部瓷孔；②布氏漏斗下端斜口应朝向吸滤瓶支管；③临用前先润湿滤纸，抽气使慢慢贴紧，再往漏斗内转移溶液；④先拔去连接吸滤瓶的橡皮管，再关掉连接水泵的开关；⑤尽量抽干样品，可压紧漏斗内样品。

实验二十五　三草酸合铁(Ⅲ)酸钾制备和配离子组成测定

一、实验目的

1. 掌握沉淀、氧化还原、配位反应的化学原理制备三草酸合铁(Ⅲ)酸钾。

2. 掌握高锰酸钾氧化还原滴定法测定三草酸合铁(Ⅲ)酸钾配离子组成中 $C_2O_4^{2-}$ 与 Fe^{3+}含量。

二、实验原理

三草酸合铁(Ⅲ)酸钾 $K_3[Fe(C_2O_4)_3]\cdot 3H_2O$ 是翠绿色晶体，是制备负载型活性铁催化剂的主要原料，溶于水，难溶于乙醇。其制备方法有多种，本实验以实验二十四制得的硫酸亚铁铵为原料，先加草酸制得草酸亚铁(沉淀反应)，然后在过量草酸根存在下用过氧化氢(氧化还原反应)氧化制得三草酸合铁(Ⅲ)酸钾，主要反应方程式为：

$$(NH_4)_2Fe(SO_4)_2 \cdot 6H_2O + H_2C_2O_4 = FeC_2O_4 \cdot 2H_2O \downarrow_{黄色} + (NH_4)_2SO_4 + H_2SO_4 + 4H_2O$$

$$6FeC_2O_4 \cdot 2H_2O + 3H_2O_2 + 6K_2C_2O_4 = 4K_3[Fe(C_2O_4)_3] \cdot 3H_2O + 2Fe(OH)_3 \downarrow$$

加入适量草酸(配位反应)可使 $Fe(OH)_3$ 转化为三草酸合铁(Ⅲ)酸钾，反应方程式为：

$$2Fe(OH)_3 + 3H_2C_2O_4 + 3K_2C_2O_4 = 2K_3[Fe(C_2O_4)_3] \cdot 3H_2O$$

溶液中加入乙醇后，便析出三草酸合铁(Ⅲ)酸钾晶体。

$K_3[Fe(C_2O_4)_3] \cdot 3H_2O$ 配合物 110℃失去结晶水，230℃分解，对光敏感，见光发生下列分解反应：

$$2K_3[Fe(C_2O_4)_3] \xrightarrow{光} 3K_2C_2O_4 + 2FeC_2O_4 \downarrow_{黄色} + 2CO_2 \uparrow$$

产品 $K_3[Fe(C_2O_4)_3] \cdot 3H_2O$ 配合物组成 Fe^{3+} 和 $C_2O_4^{2-}$ 含量，可通过容量分析方法进行测定，并确定 Fe^{3+} 和 $C_2O_4^{2-}$ 的配位比，$n(Fe^{3+}):n(C_2O_4^{2-}) = \dfrac{W(Fe^{3+})}{55.8}:\dfrac{W(C_2O_4^{2-})}{88.0}$。

$C_2O_4^{2-}$ 含量可直接用高锰酸钾标准溶液在酸性介质中滴定，根据高锰酸钾标准溶液的浓度和滴定时所消耗的体积(mL)，可计算出 $C_2O_4^{2-}$ 的质量分数，反应式为：

$$5C_2O_4^{2-} + 2MnO_4^- + 16H^+ = 10CO_2 \uparrow + 2Mn^{2+} + 8H_2O$$

Fe^{3+} 含量在上述测定 $C_2O_4^{2-}$ 后的剩余溶液中，用还原剂锌粉将 Fe^{3+} 还原为 Fe^{2+}，再用高锰酸钾标准溶液在酸性介质中滴定，根据高锰酸钾标准溶液的浓度和滴定时所消耗的体积(mL)，计算出 Fe^{3+} 的质量分数，反应式为：

$$Zn + 2Fe^{3+} = 2Fe^{2+} + Zn^{2+}$$

$$5Fe^{2+} + MnO_4^- + 8H^+ = 5Fe^{3+} + Mn^{2+} + 4H_2O$$

三、仪器、药品及材料

仪器：台秤、万分之一分析天平、药勺、50 mL 和 200 mL 烧杯、25 mL 量筒、电炉、水浴锅、玻璃棒、滴管、蒸发皿、布氏漏斗、吸滤瓶、真空泵、称量瓶、干燥器、250 mL 锥形瓶、漏斗、洗瓶。

药品：$(NH_4)_2Fe(SO_4)_2 \cdot 6H_2O$、3 mol/L H_2SO_4、饱和 $K_2C_2O_4$、3% H_2O_2、95% 乙醇、0.01000 mol/L $KMnO_4$ 标准溶液(实验室标定提供准确浓度)、锌粉。

材料：称量纸、pH 广泛试纸、定性滤纸。

四、实验步骤

1. 制备 $K_3[Fe(C_2O_4)_3] \cdot 3H_2O$

(1) 沉淀反应制备 $FeC_2O_4 \cdot 2H_2O$。称取 6.0 g $(NH_4)_2Fe(SO_4)_2 \cdot 6H_2O$ 晶体于 200 mL 烧杯

中，加 20mL 去离子水和 1mL 3mol/L H_2SO_4 酸化，微热使其溶解。另称取 3.0g 草酸于 50mL 烧杯中，加 30mL 去离子水，微热使其溶解后，取出 22mL 倒入上述 200mL 烧杯中，搅拌并加热煮沸 5min。静置，得黄色 $FeC_2O_4·2H_2O$ 沉淀。倾析法弃去上层清液，每次用约 20mL 温热去离子水洗涤沉淀 2～3 次，以除去可溶性杂质。

(2) 氧化还原反应制备 $K_3[Fe(C_2O_4)_3]·3H_2O$。在上述洗涤过的沉淀中，加入 15mL 饱和 $K_2C_2O_4$ 溶液，水浴加热至约 40℃，慢慢地滴加 25mL 3% H_2O_2 溶液，不断搅拌并维持温度在约 40℃，使 Fe^{2+} 完全氧化成 Fe^{3+}。滴加完毕后，将溶液加热至沸腾以除去过量 H_2O_2。

(3) 配位反应使 $Fe(OH)_3$ 转化为 $K_3[Fe(C_2O_4)_3]·3H_2O$。保持上述沉淀沸腾状态，(1) 中剩余的 8mL $H_2C_2O_4$ 溶液分两次加入。先加入 6mL $H_2C_2O_4$ 溶液，然后趁热再慢慢滴入 2 mL $H_2C_2O_4$ 溶液至沉淀溶解。此时溶液呈翠绿色，pH 为 4～5。滤液体积控制在 25～30 mL，如体积过大，可水浴加热浓缩。冷却，加入 10～15 mL 95% 乙醇溶液，即有翠绿色 $K_3[Fe(C_2O_4)_3]·3H_2O$ 晶体析出。减压抽滤，用少量 95% 乙醇溶液洗涤产品 2 次，继续抽干，称量，计算理论产量和产率。将产品 $K_3[Fe(C_2O_4)_3]·3H_2O$ 晶体放在称量瓶中，再放入干燥器内，避光保存。

2. 产品 $K_3[Fe(C_2O_4)_3]·3H_2O$ 配合物组成 $C_2O_4^{2-}$ 和 Fe^{3+} 的定量分析

(1) $C_2O_4^{2-}$ 质量分数的测定。精确称取约 0.2000g 产品 $K_3[Fe(C_2O_4)_3]·3H_2O$ 于 250mL 锥形瓶中，加 25mL 去离子水和 15mL 3mol/L H_2SO_4 溶液，摇匀使试样溶解。加热至 75～85℃，趁热用 0.01000mol/L $KMnO_4$ 标准溶液滴定至溶液刚出现淡红色并 30s 内不褪色即为滴定终点。根据高锰酸钾标准溶液的浓度和滴定时所消耗的体积(mL)，计算 $C_2O_4^{2-}$ 的质量分数。

$$W_{C_2O_4^{2-}}(\%)=\frac{5c_{KMnO_4}\times V_{KMnO_4}\times 10^{-3}\times 264}{2m_{产品}}\times 100\%$$

式中，c_{KMnO_4}——高锰酸钾标准溶液的浓度，mol/L；

V_{KMnO_4}——测定 $C_2O_4^{2-}$ 质量分数时所消耗的高锰酸钾标准溶液的体积，mL；

$m_{产品}$——精确称取产品的质量，g。

(2) Fe^{3+} 质量分数的测定。在上述测 $C_2O_4^{2-}$ 的溶液中加入还原剂锌粉 1g，加热直到溶液黄色消失，Fe^{3+} 全部还原为 Fe^{2+}。趁热过滤（除去多余锌粉），滤液收集到另一个 250mL 锥形瓶中，用去离子水洗涤锌粉残渣 2 次，洗涤液同样放入收集滤液的锥形瓶中。继续用 0.01000mol/L $KMnO_4$ 标准溶液滴定至溶液刚出现淡红色并 30s 内不褪色即为滴定终点。根据高锰酸钾标准溶液的浓度和滴定时所消耗的体积(mL)，计算 Fe^{3+} 的质量分数。

$$W_{Fe^{3+}}(\%)=\frac{5c_{KMnO_4}\times V'_{KMnO_4}\times 10^{-3}\times 55.8}{m_{产品}}\times 100\%$$

式中，V'_{KMnO_4}——测定 Fe^{3+} 质量分数时所消耗的高锰酸钾标准溶液的体积，mL。

以上所有实验数据均记录在表 5-10 中。

表 5-10　制备 $K_3[Fe(C_2O_4)_3]\cdot 3H_2O$ 的原始实验数据

项目	实验数据
称取 $(NH_4)_2Fe(SO_4)_2\cdot 6H_2O$ 的质量/g	
称取草酸的质量/g	
产品 $K_3[Fe(C_2O_4)_3]\cdot 3H_2O$ 的理论产量/g	
产品 $K_3[Fe(C_2O_4)_3]\cdot 3H_2O$ 的实际产量/g	
产率/%	
精称 $K_3[Fe(C_2O_4)_3]\cdot 3H_2O$ 测定 $C_2O_4^{2-}$ 质量分数 $m_{产品}$/g	
c_{KMnO_4} /(mol/L)	
V_{KMnO_4} /mL	
产品 $C_2O_4^{2-}$ 的质量分数 $W_{C_2O_4^{2-}}$ /%	
V'_{KMnO_4} /mL	
产品 Fe^{3+} 的质量分数 $W_{Fe^{3+}}$ /%	

五、思考题

1. 氧化还原反应制备 $K_3[Fe(C_2O_4)_3]\cdot 3H_2O$ 时，为什么温度不能太高要控制在约 40℃？

2. 制得的产品 $K_3[Fe(C_2O_4)_3]\cdot 3H_2O$ 如何保存？

3. $KMnO_4$ 滴定 $C_2O_4^{2-}$ 的温度为什么要控制在 75～85℃？

4. 计算产品 $K_3[Fe(C_2O_4)_3]\cdot 3H_2O$ 配合物组成中 $C_2O_4^{2-}$ 和 Fe^{3+} 的质量分数，并与理论值比较。分析产生实验误差的原因。

六、注意事项

1. 溶解 $(NH_4)_2Fe(SO_4)_2\cdot 6H_2O$ 时，加入 1 mL 3 mol/L H_2SO_4 溶液酸化，是为了防止 $(NH_4)_2Fe(SO_4)_2\cdot 6H_2O$ 水解，但酸性也不能太强，否则不利于 $FeC_2O_4\cdot 2H_2O$ 沉淀生成。

2. 加热虽然能加快反应速率，但同时又能促使 H_2O_2 分解，所以温度不能太高，以约 40℃为宜，手感温热即可。

3. 浓缩到达饱和时的体积大小，由各人的产率高低所决定。检验方法：当浓缩体积为 25～30 mL 时，稍冷却，如表面未出现晶膜，说明还未达到饱和，还需要继续加热蒸发，直至稍冷后表面出现晶膜。

4. 测定 Fe^{3+} 质量分数时，为加速 Fe^{3+} 全部还原为 Fe^{2+}，应加热直至溶液黄色消失变成无色。

实验二十六　过氧化钙的制备和含量测定

一、目的要求

1. 掌握过氧化钙的制备原理和方法。
2. 巩固练习无机化合物制备的操作技术。
3. 学会过氧化钙的定性鉴定和含量测定。

二、实验原理

过氧化钙是一种新型的多功能无机化工产品，常温下是无色或淡黄色粉末，易溶于酸，难溶于水和乙醇等溶剂。过氧化钙在一定条件下可长期缓慢地释放出氧气，提供种子发芽所需要的氧气，因此可作为水稻种子粉衣剂，使水稻直播成为现实，不仅省工、省力，而且可增产。用过氧化钙处理大豆、棉花和玉米等农作物的种子，不仅促进种子发芽，还增产 12%以上，同时具有改良土壤、杀虫灭菌、促进植物新陈代谢等多种功效。过氧化钙在水产养殖中可提高溶解氧，降低化学耗氧量和氨氮，调节 pH 和硬度，而且可以改善水质，是良好的供氧剂。用过氧化钙处理含 Cu^{2+}、Mn^{2+}、Cd^{2+}等重金属离子的工业废水和印染有机废水，方法简单可靠，没有二次污染。过氧化钙用于果蔬保鲜，效果较佳。另外，还可用于冶金添加剂、橡胶补强剂等领域。从众多日益开发的应用领域看，过氧化钙的生产及应用具有广阔前景。

过氧化钙一般以钙盐(氯化钙、硝酸钙)或氢氧化钙与过氧化氢反应制得。因为过氧化氢的分解速度随着温度升高而迅速加快，因此，一般在 $-2\sim5$℃的低温下进行反应，在水溶液中析出 $CaO_2{\cdot}8H_2O$，再脱水干燥，即得产品。

本实验以氯化钙为原料，在低温和碱性条件下，与过氧化氢反应制备过氧化钙。

$$CaCl_2+H_2O_2+2NH_3\cdot H_2O+6H_2O=CaO_2\cdot 8H_2O(s)+2NH_4Cl$$

从溶液中制得的过氧化钙含有结晶水，其结晶水的含量随着制备方法的不同而有所变化，最高可达 8 个结晶水。含结晶水的过氧化钙呈白色，在 $100\sim150$℃下脱水生成无水过氧化钙。加热至约 350℃，过氧化钙迅速分解，生成氧化钙，并放出氧气。反应方程式为：

$$2CaO_2 \xrightarrow{350℃} 2CaO+O_2(g)$$

三、仪器、药品及材料

仪器：台秤、万分之一分析天平、25 mL 烧杯 2 个、5 mL 量筒、冰水浴、玻璃棒、滴管、微型漏斗及吸滤瓶、真空水泵、洗瓶、表面皿、烘箱、干燥器、蒸发皿、石棉网、电炉、试管、火柴、100 mL 锥形瓶、酸式滴定管、铁架台。

药品：无水氯化钙、30% H_2O_2、6 mol/L $NH_3 \cdot H_2O$、无水乙醇、2 mol/L HCl、0.01000 mol/L $KMnO_4$ 标准溶液(实验室标定提供准确浓度)、2 mol/L H_2SO_4。

材料：ϕ 7 定性滤纸、冰块、pH 试纸。

四、实验步骤

1. 过氧化钙的制备

在 25 mL 小烧杯中，加入 2.5 g 氯化钙，用 5 mL 蒸馏水溶解，制成 $CaCl_2$ 溶液。在另一个 25 mL 小烧杯中加入 6 mL 30% H_2O_2 和 4 mL 6 mol/L $NH_3 \cdot H_2O$ 溶液，制成过氧化氢和氨水混合溶液。将上述制得的 $CaCl_2$ 溶液、过氧化氢和氨水混合溶液分别置于冰水浴中冷却。待溶液充分冷却后，在剧烈搅拌下将 $CaCl_2$ 溶液逐滴加入到过氧化氢和氨水混合溶液中(滴加时溶液仍置于冰水浴中)。滴加结束后继续搅拌约 15 min，并再在冰水浴内放置 0.5 h，观察白色的过氧化钙晶体的生成。然后减压抽滤，湿滤饼用少量冰水洗涤 2～3 次后，再用无水乙醇洗涤 2 次，将晶体抽干。抽干后的过氧化钙晶体放在表面皿上，于烘箱内在 120℃下烘 1 h，得过氧化钙产品。将制得的产品放在干燥器中冷却、称重、计算产率。最后将产品转入干燥的小烧杯中，放入干燥器中备用。

将滤液转入蒸发皿中，用 2 mol/L HCl 溶液调节 pH=2～4，放在石棉网上用电炉小火加热浓缩，得副产品 NH_4Cl 晶体。

2. 过氧化钙的定性鉴定

取少量自制的过氧化钙固体于干燥的试管中，加热。将带有余烬的火柴伸入试管，观察实验现象。若火柴复燃则判断自制的产品是过氧化钙。

3. 过氧化钙含量的测定

准确称取自制的过氧化钙产品 0.0500 g(精确到 0.1 mg)于 100 mL 锥形瓶中，加 10 mL 蒸馏水润湿，再加入 5 mL 2 mol/L H_2SO_4，使产品完全溶解，用 0.01000 mol/L $KMnO_4$ 标准溶液滴定至刚出现淡粉红色 30 s 内不褪色，即为终点。根据高锰酸钾标准溶液的浓度和滴定时所消耗的体积(mL)，计算产品过氧化钙的质量分数。实验数据记录在表 5-11 中。

$$5CaO_2 + 2MnO_4^- + 6H^+ + 2H_2O = 5Ca(OH)_2 \downarrow + 2Mn^{2+} + 5O_2 \uparrow$$

$$W_{CaO_2}(\%) = \frac{5c_{KMnO_4} \times V_{KMnO_4} \times 10^{-3} \times M_{CaO_2}}{2m_{产品}} \times 100\%$$

式中，W_{CaO_2} ——产品中过氧化钙的质量分数，%；

c_{KMnO_4} ——高锰酸钾标准溶液的摩尔浓度，mol/L；

V_{KMnO_4} ——滴定时消耗的高锰酸钾标准溶液的体积，mL；

M_{CaO_2} ——CaO_2 的摩尔质量，g/mol；

$m_{产品}$——精确称取过氧化钙产品的质量，g。

表 5-11 过氧化钙制备和含量测定的原始实验数据

项目	实验数据
称取氯化钙的质量/g	
产品过氧化钙的理论产量/g	
产品过氧化钙的实际产量/g	
产率/%	
精称过氧化钙产品的质量 $m_{产品}$/g	
c_{KMnO_4} /(mol/L)	
V_{KMnO_4} /mL	
产品过氧化钙的质量分数 W_{CaO_2} /%	

五、思考题

1. 你认为上述制备方法还有哪些地方值得改进?
2. 测定过氧化钙含量还有哪些方法?
3. 计算副产品 NH_4Cl 晶体的理论产量。

六、注意事项

1. 冰水浴应根据实验时的温度灵活控制，冬天宜水多于冰块，夏天宜冰块多于水。控制温度在－2～5℃范围内。

2. 用于过氧化钙定性鉴定的试管必须干燥，并注意试管的正确加热方法。

3. 必须等 $CaCl_2$ 溶液、过氧化氢和氨水混合溶液充分冷却后，才能混合，而且要剧烈充分搅拌，在冰水浴中继续放置一段时间，观察过氧化钙的生成。

第六章　综合性、设计性和研究性实验

实验二十七　饮用水总硬度的测定(配位滴定法)

一、实验目的

1. 掌握配位滴定法测定饮用水总硬度的原理和方法。
2. 掌握饮用水总硬度测定的意义、硬度表示方法和水样采集方法。

二、实验原理

水的总硬度是指水中钙、镁离子浓度的总和。在水中以碳酸盐及酸式碳酸盐形式存在的钙、镁盐，加热能被分解、析出沉淀而除去，这类盐所形成的硬度称为“暂时硬度”。而钙、镁的硫酸盐、氯化物或硝酸盐所形成的硬度称为“永久硬度”。暂硬和永硬的总和称为“总硬”。由钙离子形成的硬度称为“钙硬”，由镁离子形成的硬度称为“镁硬”。

生活饮用水的质量与人们的健康密切相关，饮用水硬度过高：①会影响肠胃的消化功能；②用其烹饪鱼或蔬菜，常因不易煮熟而破坏或降低营养价值；③用其泡茶会改变茶的色香味而降低饮用价值；④用其做豆腐不仅使产量降低而且会影响其营养成分。工业用水对水的硬度也有一定要求，如工业锅炉用水，若硬度高，则易在锅炉内壁和蒸汽管道上形成水垢，不仅多耗燃料，而且可能引起锅炉爆炸，所以锅炉用水硬度必须控制。

钙、镁离子总量的测定结果常以碳酸钙的量计算水的硬度，我国通常的表示方法是：①用每升水中碳酸钙的毫克数表示；②用水中钙和镁总量的“mmol/L”表示。中国生活饮用水卫生标准中规定硬度(以 $CaCO_3$ 计)不得超过 450 mg/L。硬度小于 60 mg/L 的水称为软水。各国对水的硬度表示方法不同，国际上硬度的表示方法有如下几种。

①德国硬度：1 德国硬度相当于 CaO 含量为 10 mg/L 或 0.178 mmol/L。

②英国硬度：1 英国硬度相当于 $CaCO_3$ 含量为 1 格令/英加仑或 0.143 mmol/L。

③法国硬度：1 法国硬度相当于 $CaCO_3$ 含量为 10 mg/L 或 0.1 mmol/L。

④美国硬度：1 美国硬度相当于 $CaCO_3$ 含量为 1 mg/L 或 0.01 mmol/L。

测定水的硬度用 EDTA(Na_2H_2Y，乙二胺四乙酸二钠盐)进行配位滴定，滴定反应为配位反应：

$$Ca^{2+} + [H_2Y]^{2-} \rightarrow [CaY]^{2-} + 2H^+$$

$$Mg^{2+} + [H_2Y]^{2-} \rightarrow [MgY]^{2-} + 2H^+$$

该反应生成的配离子较稳定，$K^{\ominus}_{解离}$ 较小，如 $[CaY]^{2-}$ 为 2.09×10^{-11}，$[MgY]^{2-}$ 为 2.04×10^{-9}，它们的配位反应进行得较完全。

EDTA 有 6 个配位原子，所以能与金属离子形成配位比为 1∶1 的配合物。

EDTA 滴定金属离子需采用指示剂指示滴定终点。测定水的硬度时，一般采用铬黑 T 为指示剂。铬黑 T 是三元有机酸，用 H_3In 表示，在 pH=8～10 时呈天蓝色 $[HIn]^{2-}$。铬黑 T 与 Ca^{2+}、Mg^{2+} 离子形成紫红色的配离子 $[CaIn]^-$、$[MgIn]^-$，但其稳定性比 $[CaY]^{2-}$、$[MgY]^{2-}$ 差。因此当待测水样在 pH≈10 的缓冲溶液中时，加入铬黑 T 指示剂溶液呈紫红色，用 EDTA 标准溶液滴定，到达滴定终点时发生下面的反应：

$$[CaIn]^- + [H_2Y]^{2-} \rightarrow [CaY]^{2-} + [HIn]^{2-} + H^+$$

$$[MgIn]^- + [H_2Y]^{2-} \rightarrow [MgY]^{2-} + [HIn]^{2-} + H^+$$

紫红色　　　　　　　　　天蓝色

溶液由紫红色变为天蓝色，指示到达滴定终点。根据 EDTA 标准溶液的浓度和用量，计算出水的总硬度。

$$钙镁总量c(\text{mmol/L}) = \frac{c_{EDTA} \times V_{EDTA}}{V_{试样}} \times 1000$$

式中，c_{EDTA}——EDTA 标准溶液的浓度，mol/L；

V_{EDTA}——滴定时消耗的 EDTA 标准溶液的体积，mL；

$V_{试样}$——取水样体积，mL。

三、仪器、药品及材料

仪器：50mL 酸式滴定管、滴定台、50mL 移液管、250mL 锥形瓶、洗耳球、500mL 烧杯、5mL 量筒、洗瓶。

药品：0.01000mol/L EDTA 标准溶液、pH≈10 的 NH_3-NH_4Cl 缓冲溶液、铬黑 T 指示剂。

材料：药匙或对折的纸片。

四、实验步骤

1. 水样采集

采集水样可用硬质玻璃瓶(或聚乙烯容器)。采样前将瓶洗净，采样时用水冲洗 3 次。采集自来水样时，应先放水数分钟，使积留在水管中的杂质流出，用已洗净的玻璃瓶承接水样 500～1000mL，盖好瓶塞备用。也可将水样收集在 500mL 烧杯中。

2. 总硬度测定

用 50mL 移液管取水样于 250mL 锥形瓶中，加入 5mL pH≈10 的 NH_3-NH_4Cl 缓冲溶液和绿豆粒大小的铬黑 T 指示剂，摇匀，此时溶液呈紫红色(或酒红色)，用 0.01000

mol/L EDTA 标准溶液滴定至天蓝色(或纯蓝色)，即为终点。平行测定三次，计算水的总硬度，以每升水中碳酸钙的毫克数或钙镁总量的“mmol/L”表示。实验数据记录在表6-1 中。

表 6-1　饮用水总硬度测定的原始实验数据

项目	测定次数		
	①	②	③
c_{EDTA} /(mol/L)			
$V_{试样}$ /mL			
EDTA 标液终读数/mL			
EDTA 标液初读数/mL			
V_{EDTA} /mL			
钙镁总量c/(mmol/L)			
$\overline{c}$/(mmol/L)			
钙镁总量相对平均偏差			
$CaCO_3$/(mg/L)			
$\overline{CaCO_3}$ /(mg/L)			
$CaCO_3$ 相对平均偏差			

五、思考题

1. 中国生活饮用水卫生标准中规定硬度用德国硬度表示时，如何计算？

2. 测定饮用水中钙镁总量时，如何取样？滴定时所取水样为 50 mL，能否取少一些，如 5 mL 或 10 mL？

3. 为什么要在缓冲溶液中进行滴定？如果没有缓冲溶液，会导致什么现象发生？

4. 测定饮用水硬度时，先于三个锥形瓶中加水样，再加氨性缓冲溶液和铬黑 T 指示剂，然后再一份一份地滴定，这样好不好？为什么？

5. 0.01 mol/L EDTA 标准溶液如何配制和标定？标定 EDTA 的基准物较多，你认为本实验用纯 $CaCO_3$、还是用纯金属锌标定，为什么？写出标定过程。

六、注意事项

1. 1 mmol/L 的钙镁总量相当于 100.1 mg/L 以 $CaCO_3$ 表示的硬度。

2. 因配位反应的反应速度比中和反应的慢，故滴定时速度不能太快，尤其是接近终点时，会出现过渡的蓝紫色，此时要减慢滴定速度，充分摇荡锥形瓶，以免滴定过量。

3. 水样中如有 Fe^{3+}、Al^{3+}干扰离子，用三乙醇胺掩蔽。Cu^{2+}、Pb^{2+}、Zn^{2+}等重金属离子用 KCN、Na_2S 或巯基乙酸等掩蔽。

4. 当水样中 Mg^{2+}离子含量低时，以铬黑 T 作指示剂测定水中 Ca^{2+}、Mg^{2+}离子总量时，终点不明显，常常在水样中先加少量 Mg^{2+}离子，再用 EDTA 滴定，终点就明显敏锐。

5、配位滴定中，加入指示剂的量是否适当对于终点的观察十分重要，宜在实践中总结经验，加以掌握。

实验二十八　饮用水氯化物的测定

氯化物(Cl^-)是水和废水中一种常见的无机阴离子，几乎所有的天然水中都有氯离子存在，它的含量范围变化很大。河流、湖泊及沼泽地区，氯离子含量一般较低，海水、盐湖及某些地下水中，氯离子含量高达数十克每升。在人类的生存活动中，氯化物有着很重要的生理作用和工业用途。如饮用水中氯离子含量达到 250 mg/L，相应的阳离子为钠时，会感到咸味。水中氯化物含量高时，会损害金属管道和建筑物，并妨碍植物的生长。

饮用水国家标准 GB/T5750—1985 中规定氯离子含量不得大于每升 250mg。测定氯化物的方法很多，离子色谱法是目前国内外最为通用的方法，简便快捷。硝酸银滴定法和硝酸汞滴定法所需仪器设备简单适合于清洁水的测定，但硝酸汞滴定法使用了剧毒的汞盐，所以不作推荐，一般化学实验室都普遍采用硝酸银滴定法。该方法的适用浓度范围是 10～500 mg/L，高于此范围的水样，稀释后测定，低于 10 mg/L 的水样，滴定终点不易掌握，应采用离子色谱法。这里再介绍另一种测定方法——佛尔哈德返滴定法，感兴趣的学生可以试一试，并比较两种方法的结果是否一样。

Ⅰ　硝酸银滴定法

一、实验目的

1. 掌握硝酸银滴定法测定氯离子的原理和方法。
2. 掌握硝酸银滴定法的反应条件和铬酸钾指示剂的正确使用。

二、实验原理

在中性或弱碱性溶液中，以 K_2CrO_4 为指示剂，用 $AgNO_3$ 标准溶液直接滴定氯化物时，由于 AgCl 的溶解度小于 Ag_2CrO_4，所以当 AgCl 定量沉淀后，微过量的 Ag^+ 即与 CrO_4^{2-} 反应生成砖红色的 Ag_2CrO_4 沉淀，它与白色的 AgCl 沉淀混在一起，使溶液略带橙红色即为终点。沉淀滴定反应方程式为：

$$Cl^- + Ag^+ \rightarrow AgCl\downarrow_{\text{白色}}\ (K_{sp,AgCl} = 1.8\times10^{-10})$$

$$2Ag^+ + CrO_4^{2-} \rightarrow Ag_2CrO_4\downarrow_{\text{砖红色}}\ (K_{sp,Ag_2CrO_4} = 2.0\times10^{-12})$$

铬酸根离子浓度与沉淀形成的快慢有关，必须加入足量的指示剂。而且由于稍过量的硝酸银与铬酸钾形成铬酸银沉淀的终点较难判断，所以需要用蒸馏水作空白滴定，以作对照判断，使终点色调一致。

三、仪器、药品及材料

仪器：分析天平、50mL 棕色酸式滴定管、滴定台、250mL 锥形瓶、洗瓶、50mL 移液管、洗耳球。

药品：0.001500 mol/L $AgNO_3$ 标准溶液、5% K_2CrO_4 指示剂、酚酞指示剂、0.05 mol/L H_2SO_4、0.2% NaOH。

材料：pH 广泛试纸。

四、实验步骤

1. 取 50.00mL 水样三份，分别置于 250mL 锥形瓶中。另取 50.00mL 蒸馏水做空白试验。

2. 水样 pH 在 6.5 ~ 10.5 范围时，可直接滴定。如 pH 不在此范围，应以酚酞作指示剂，用 0.05 mol/L H_2SO_4 溶液或 0.2% NaOH 溶液调节到 pH≈8.0。

3. 加入 5% K_2CrO_4 指示剂 1mL。在不断摇动下，用 0.001500 mol/L $AgNO_3$ 标准溶液滴定至溶液呈橙红色即为终点。同时进行空白滴定。根据 $AgNO_3$ 标准溶液的浓度和滴定时消耗的体积，计算水样中氯化物的含量。实验结果记录在表 6-2 中。

$$\text{氯化物}(Cl^-,mg/L)=\frac{(V_{AgNO_3,\text{水样}}-V_{AgNO_3,\text{空白}})\times c_{AgNO_3}\times 35.45\times 1000}{V}$$

式中，c_{AgNO_3}——$AgNO_3$ 标准溶液的浓度，mol/L；

$V_{AgNO_3,\text{水样}}$——测定水样时消耗 $AgNO_3$ 标准溶液的体积，mL；

$V_{AgNO_3,\text{空白}}$——测定空白时消耗 $AgNO_3$ 标准溶液的体积，mL；

V——取水样的体积，mL；

35.45——氯离子(Cl^-)摩尔质量，g/mol。

表 6-2　硝酸银滴定法测定氯化物中氯含量的原始实验数据

项目	测定次数		
	①	②	③
取水样体积/mL			
c_{AgNO_3} /(mol/L)			
水样消耗 $AgNO_3$ 标液体积/mL			
空白消耗 $AgNO_3$ 标液体积/mL			
氯化物/(mg/L)			
氯化物均值/(mg/L)			
氯化物相对平均偏差			

五、思考题

1. 配好的 $AgNO_3$ 溶液为什么要贮于棕色试剂瓶中并置于暗处？滴定时 $AgNO_3$ 溶液

应装在酸式滴定管内还是碱式滴定管内？为什么？

2. 空白测定有何意义？指示剂 K_2CrO_4 溶液浓度大小或用量多少对测定结果有何影响？

3. 硝酸银滴定法能否以 NaCl 为标准溶液直接滴定 Ag^+？为什么？

4. 硝酸银滴定法测氯化物时，为什么溶液的 pH 必须控制在 6.5 ~ 10.5？滴定时为什么要充分摇动锥形瓶？

六、注意事项

1. 本法滴定既不能在酸性溶液中进行，也不能在强碱性介质中进行。在酸性介质中 CrO_4^{2-} 按下式反应使浓度大大降低，影响等当点时 Ag_2CrO_4 沉淀的生成。

$$2CrO_4^{2-} + 2H^+ \rightarrow 2HCrO_4^- \rightarrow Cr_2O_7^{2-} + 2H_2O$$

在强碱性介质中 Ag^+将形成 Ag_2O 沉淀。其适应的 pH 为 6.5 ~ 10.5 范围内。如 pH 不在此范围，可用酚酞作指示剂，以 0.05 mol/L H_2SO_4 溶液或 0.2% NaOH 溶液调节到 pH≈8.0。有 NH_4^+ 存在时 pH 则缩小为 6.5 ~ 7.2。

2. 指示剂铬酸钾浓度影响终点到达的迟早。在 50 ~ 100 mL 被滴定液中加入 5% K_2CrO_4 指示剂 1 mL，使 CrO_4^{2-}为$2.6\times10^{-3} \sim 5.2\times10^{-3}$ mol/L。在滴定终点时，硝酸银加入量略过终点，误差不超过 0.1%，可用空白测定消除。

3. 实验结束后，盛装 $AgNO_3$ 溶液的滴定管应先用蒸馏水冲洗 2 ~ 3 次后再用自来水洗净，以免 AgCl 残留管内。银为贵金属，含 AgCl 的废液应回收处理。

4. 沉淀滴定中，为减少沉淀对被测 Cl^-离子的吸附，一般滴定体积以大些为好。

5. 本法中，凡能与 Ag^+离子形成难溶化合物或配合物的阴离子均干扰测定，有色阳离子影响终点观察，能与 CrO_4^{2-} 形成沉淀的离子也干扰测定。但饮用水中含有的各种物质，在通常的数量下均不产生干扰，所以水样预处理步骤可省去。

Ⅱ　佛尔哈德返滴定法

一、实验目的

1. 掌握佛尔哈德返滴定法测定氯化物中氯含量的原理和方法。

2. 掌握 $AgNO_3$ 和 NH_4SCN 标准溶液的配制和标定。

二、实验原理

佛尔哈德法只适用于酸性溶液。在含氯离子的酸性试液中，加入一定量过量的 $AgNO_3$ 标准溶液，定量生成 AgCl 沉淀后，过量的 $AgNO_3$ 以铁铵矾为指示剂，用 NH_4SCN 标准溶液回滴，过量一滴的 NH_4SCN 即与指示剂 Fe^{3+}反应生成深红色配合物来指示滴定终点。主要包括下列沉淀反应和配位反应：

$$Cl^- + Ag^+ \rightarrow AgCl\downarrow_{白色} + Ag^+ (K_{sp,AgCl} = 1.8\times10^{-10})$$

待测 过量 剩余量

$$Ag^+ + SCN^- \rightarrow AgSCN\downarrow_{白色} \ (K_{sp,AgSCN} = 1.0\times10^{-12})$$

剩余量 标液

$$nSCN^- + Fe^{3+} \rightleftharpoons [Fe(SCN)_n]^{3-n} (n = 1\sim6)$$

微过量 指示剂 深红色

指示剂用量大小对滴定有影响，一般 Fe^{3+}浓度控制在 0.015 mol/L 为宜。滴定时控制氢离子浓度在 0.1 ~ 1 mol/L 范围，剧烈摇动溶液，并加入硝基苯(有毒)或石油醚或 1,2-二氯乙烷以保护 AgCl 沉淀，使其与溶液隔开，防止 AgCl 沉淀与 SCN^-发生交换反应而消耗滴定剂。测定时能与 SCN^-生成沉淀、配合物或能氧化 SCN^-的物质均有干扰，但由于酸效应的作用而不影响测定。

三、仪器、药品及材料

仪器：分析天平、台秤、烘箱、50 mL 棕色酸式滴定管、滴定台、250 mL 锥形瓶、洗瓶、500 mL 烧杯、250 mL 烧杯、50 mL 量筒、5.00 mL 吸量管、10 mL 移液管、50 mL 移液管。

药品：NaCl 基准试剂、0.0500 mol/L $AgNO_3$ 标准溶液、0.02500 mol/L NH_4SCN 标准溶液、40%铁铵矾指示剂、5% K_2CrO_4、6 mol/L HNO_3 溶液。

材料：称量纸。

四、实验步骤

1. 0.05 mol/L $AgNO_3$ 溶液的配制和标定

配制：在台秤上称取 4.25g $AgNO_3$ 溶于 500 mL 不含 Cl^-离子的蒸馏水中，将溶液转入棕色细口试剂瓶中，置暗处保存，以减缓见光分解。

标定：准确称取 0.1 g(精确到 0.1 mg)左右 NaCl 基准试剂于 250 mL 锥形瓶中，加 50 mL 蒸馏水溶解后，加入 5% K_2CrO_4 指示剂 1 mL。在不断摇动下，用上述待标定的 $AgNO_3$ 溶液滴定，至白色沉淀中出现微橙红色即为终点。平行标定三份，根据基准 NaCl 的质量和标定时所消耗的 $AgNO_3$ 溶液的体积，计算出 $AgNO_3$ 标准溶液的准确浓度。

$$c_{AgNO_3}(\text{mol/L}) = \frac{m_{NaCl}}{58.5\times V_{AgNO_3}\times10^{-3}}$$

式中，m_{NaCl}——称取基准 NaCl 的质量，g。

V_{AgNO_3}——标定时消耗 $AgNO_3$ 溶液的体积，mL。

2. 0.025 mol/L NH_4SCN 溶液的配制和标定

配制：称 0.285 g NH_4SCN 于 250 mL 的烧杯中，加水稀释到 150 mL，待标定。

标定：准确地吸取上述 0.0500 mol/L $AgNO_3$ 标准溶液 10.00 mL 于 250 mL 锥形瓶中，加 50 mL 蒸馏水、6 mol/L HNO_3 溶液 5 mL 和 40 %铁铵矾指示剂 1 mL，然后用待标定的

NH_4SCN 标准溶液滴定至溶液呈淡红棕色在摇动后也不消失为止(由于 AgSCN 会吸附 Ag^+，所以滴定时要剧烈振荡溶液，直到淡红棕色稳定不变即为终点)。平行标定 3 份，计算 NH_4SCN 溶液的准确浓度。

$$c_{NH_4SCN}(\text{mol/L}) = \frac{10.00 \times 0.05000}{V_{NH_4SCN}}$$

式中，V_{NH_4SCN}——标定时消耗 NH_4SCN 溶液的体积，mL。

3. 水样中氯离子含量的测定

用 50mL 移液管准确地移取 50.00mL 水样于 250mL 锥形瓶中，加 6mol/L HNO_3 溶液 5 mL。在不断摇动下，准确地加入 0.0500mol/L $AgNO_3$ 标准溶液 10.00mL。然后加入 2mL 石油醚，用橡皮塞塞住瓶口，剧烈振荡 30 s，使 AgCl 沉淀进入石油醚层而与溶液隔开。再加入 2mL 铁铵矾指示剂，用 NH_4SCN 标准溶液滴定至溶液呈淡红棕色，经轻轻摇动后也不消失即为终点。平行测定 3 份，计算水样中氯离子含量。实验结果均记录在表 6-3 中。

表 6-3　佛尔哈德法测定氯化物中氯含量的原始实验数据

项目 \ 测定次数	①	②	③
称取基准 NaCl 的质量/g			
标定 $AgNO_3$ 时消耗 $AgNO_3$ 体积/mL			
c_{AgNO_3} /(mol/L)			
$\bar{c}_{AgNO_3}$ /(mol/L)			
相对平均偏差			
标定 NH_4SCN 时消耗 NH_4SCN 体积/mL			
c_{NH_4SCN} /(mol/L)			
$\bar{c}_{NH_4SCN}$ /(mol/L)			
相对平均偏差			
测定 Cl^- 时消耗 NH_4SCN 标液体积/mL			
取水样体积/mL			
氯化物/(mg/L)			
氯化物均值/(mg/L)			
相对平均偏差			

$$\text{氯化物}(Cl^-,\text{mg/L}) = \frac{(c_{AgNO_3} \times V_{AgNO_3} - c_{NH_4SCN} \times V_{NH_4SCN}) \times 35.45 \times 1000}{V_{试}}$$

式中，c_{AgNO_3}——$AgNO_3$ 标准溶液的浓度，mol/L；

V_{AgNO_3}——加入 $AgNO_3$ 标准溶液的体积，mL；

c_{NH_4SCN}——NH_4SCN 标准溶液的浓度，mol/L；

V_{NH_4SCN}——测定水样时消耗 NH_4SCN 标准溶液的体积，mL；

$V_{试}$——取水样体积，mL。

五、思考题

1. 佛尔哈德法测氯化物时，为什么要加入硝基苯或石油醚或 1,2-二氯乙烷？
2. 试讨论酸度对佛尔哈德法测定氯离子含量的影响。
3. 本实验为什么要用硝酸来控制酸度？能否用 HCl 或 H_2SO_4 溶液？为什么？

六、注意事项

1. 使用 $AgNO_3$ 不要与皮肤接触，否则由于有机物的还原作用，$AgNO_3$ 在热的皮肤上变黑。

2. 基准 NaCl 要经 250 ~ 350℃加热处理，以除去其中的水分。如用未经处理的 NaCl 来标定 $AgNO_3$ 溶液，会使 $AgNO_3$ 溶液的浓度偏低。

3. 6 mol/L HNO_3 溶液若含有氮的低价氧化物时呈黄色，应煮沸去除氮氧化物。

4. 测 Cl^- 含量加入 $AgNO_3$ 溶液，生成白色 AgCl 沉淀，接近计量点时，AgCl 沉淀要凝聚，振荡溶液，再让其静置片刻，使沉淀沉降，再在清液层滴 1 ~ 2 滴 $AgNO_3$，如不生成沉淀，说明 $AgNO_3$ 已过量，这时再适当过量 5 mL $AgNO_3$ 溶液即可。

5. 因 AgCl 和 AgSCN 沉淀都易吸附 Ag^+ 离子，所以在终点前需剧烈振摇，以减少 Ag^+ 离子吸附量，避免终点过早出现。但要注意，临近终点时则要轻轻地摇，因为 AgSCN 沉淀的溶解度比 AgCl 沉淀的溶解度小，剧烈地摇动易使 AgCl 沉淀转化为 AgSCN 沉淀，引入较大的实验误差。

6. 最后废液倒入废液桶，集中回收处理。

实验二十九　高锰酸盐指数的测定

高锰酸盐指数指在酸性或碱性介质中，以高锰酸钾为氧化剂，处理水样时所消耗的量，以氧的 mg/L 表示。水中的亚硝酸盐、亚铁盐、硫化物等还原性无机物和在此条件下可被氧化的有机物，均可消耗高锰酸钾。因此，高锰酸盐指数常被作为地表水受有机污染物和还原性无机物污染程度的综合指标。

高锰酸盐指数亦称为化学需氧量的高锰酸钾法。由于在规定的条件下，水中有机物只能部分被氧化，并不是理论上的需氧量，也不是反映水体中总有机物含量的尺度，因此，用高锰酸盐指数这一术语作为水质的一项指标，以区别于重铬酸钾法的化学需氧量，更符合客观实际。

Ⅰ　酸　性　法

一、实验目的

1. 了解环境污染的指标及分析方法。
2. 研究水体被污染的程度。

3. 掌握酸性高锰酸钾法测定化学需氧量的原理和方法。

二、实验原理

水样加入硫酸使呈酸性后，加入过量的高锰酸钾溶液，水浴加热以加快反应。剩余的高锰酸钾用过量的草酸钠溶液还原，再用高锰酸钾溶液回滴过剩的草酸钠。根据高锰酸钾溶液的消耗量，通过计算求出水样中高锰酸盐指数值。本方法适用于氯离子含量不超过 300 mg/L 的水样中 COD 的测定。当水样中高锰酸盐指数数值超过 10 mg/L 时，应将水样稀释后再测定。

三、仪器、药品及材料

仪器：250 mL 锥形瓶、50 mL 酸式滴定管、恒温水浴锅、10 mL 移液管、100 mL 量筒、5 mL 刻度吸管、洗耳球、定时钟、G-3 玻璃砂芯漏斗、容量瓶、万分之一分析天平。

药品：(1+3)H_2SO_4（趁热滴加高锰酸钾溶液至呈微红色）、$KMnO_4$ 贮备液(1/5 $KMnO_4$=0.1 mol/L)、$KMnO_4$ 使用液(1/5 $KMnO_4$=0.01 mol/L，临用前由高锰酸钾贮备液稀释 10 倍)、$Na_2C_2O_4$ 标准贮备液(1/2 $Na_2C_2O_4$=0.1000 mol/L)、$Na_2C_2O_4$ 标准使用液(1/2 $Na_2C_2O_4$=0.01000 mol/L)。

四、实验步骤

1. 取 100 mL 水样于 250 mL 锥形瓶中。如水样中高锰酸盐指数超过 10 mg/L 时，应酌情少取，用蒸馏水将水样稀释至 100 mL 后再测定。

2. 加 5 mL(1+3)H_2SO_4，混匀。

3. 用 10 mL 移液管准确地加入 0.01 mol/L $KMnO_4$ 使用液 10.00 mL，摇匀。立即放入沸水浴中加热 30 min（沸水浴液面要高于锥形瓶内反应液的液面）。如在加热过程中 $KMnO_4$ 的紫红色褪去，必须将水样稀释，重新测定。

4. 取下锥形瓶后，立刻准确地加入 0.01000 mol/L $Na_2C_2O_4$ 标准溶液 10.00 mL，摇匀，待 $KMnO_4$ 的紫红色完全消失后，趁热(温度不应低于 70℃，否则需加热)用 0.01 mol/L $KMnO_4$ 溶液滴定至微红色不褪，即为终点。记录 $KMnO_4$ 溶液的消耗量。以 C 代表还原性物质，其反应原理如下：

$$4MnO_4^-+5C+12H^+=4Mn^{2+}+5CO_2\uparrow+6H_2O$$

$$2MnO_4^-+5C_2O_4^{2-}+16H^+=2Mn^{2+}+10CO_2\uparrow+8H_2O$$

5. $KMnO_4$ 溶液浓度的标定。$KMnO_4$ 溶液的浓度不稳定，所以每次做样品时，必须进行校正，求出校正系数 K。方法如下：于上述已滴定完毕的水样趁热(70～80℃)准确地加入 10.00 mL 的 0.01000 mol/L $Na_2C_2O_4$ 标准溶液，再用 0.01 mol/L $KMnO_4$ 溶液滴至微红色，记录消耗 $KMnO_4$ 溶液的体积 V(mL)，则 $KMnO_4$ 溶液的校正系数 $K=\dfrac{10.00}{V}$。

6. 若水样经稀释，应同时取 100 mL 蒸馏水，按水样测定步骤进行空白实验。结果计算如下。

(1) 水样未经稀释

$$高锰酸盐指数(O_2,mg/L)=\frac{[(10+V_1)K-10]\times c_{Na_2C_2O_4}\times 8\times 1000}{100}$$

式中，V_1——测定水样时所消耗的 $KMnO_4$ 溶液的体积，mL；

K——$KMnO_4$ 溶液的校正系数；

$c_{Na_2C_2O_4}$——$Na_2C_2O_4$ 标准溶液的浓度，mol/L；

8——氧($\frac{1}{2}$O)摩尔质量。

(2) 水样经稀释

$$高锰酸盐指数(O_2,mg/L)=\frac{\{[(10+V_1)K-10]-[(10+V_0)K-10]\times\beta\}\times c_{Na_2C_2O_4}\times 8\times 1000}{V_2}$$

式中，V_0——空白实验中所消耗的 $KMnO_4$ 溶液的体积，mL；

V_2——取水样体积，mL；

β——稀释水样中含水的比值。如取样体积为 20.0 mL，加 80.0 mL 蒸馏水稀释至 100 mL，则 $\beta=0.8$。

以上实验数据均记录在表 6-4 中。

表 6-4　酸性高锰酸钾法测定化学需氧量的原始实验数据

项目＼测定次数	①	②	③
标定 $KMnO_4$ 浓度时消耗的体积 V/mL			
$KMnO_4$ 溶液的校正系数 K			
$c_{Na_2C_2O_4}$ /(mol/L)			
测定水样时消耗 $KMnO_4$ 溶液的体积 V_1 /mL			
空白实验消耗 $KMnO_4$ 溶液的体积 V_0 /mL			
取水样体积 V_2 /mL			
稀释水样中含水的比值 β			
高锰酸盐指数/(mg/L)			
高锰酸盐指数均值/(mg/L)			
相对平均偏差			

五、思考题

1. 高锰酸钾滴定草酸时应注意哪些反应条件？在什么情况下应用碱性高锰酸钾法测定化学需氧量？为什么？

2. 根据国家环境保护部公布的水处理标准，对所测 COD 值进行讨论，是否达到处理标准，如没有达到应采取的措施是什么？

3. 为什么 COD 是衡量水体污染程度的一项重要指标？影响化学需氧量测定结果的因素有哪些？测定化学需氧量的方法种类及适用范围是什么？

4. 为什么要做空白实验？做空白实验时应注意哪些问题？

六、注意事项

1. 谨慎操作，玻璃器皿易碎，加热后温度高，要防止烫伤。

2. 高锰酸盐指数是一个相对的条件性指标，其测定结果与溶液的酸度、高锰酸钾浓度、加热温度和时间有关。因此，要严格控制反应条件，使结果具有可比性。高锰酸钾不能过早地加好放在那里不加热。

3. 煮沸 30 min 后应残留 40%～60%高锰酸钾。如煮沸过程中红色消失或变黄，说明有机物或还原性物质过多，需将水样稀释后重做。回滴过量的草酸钠标准溶液所消耗的高锰酸钾溶液的体积应在 4～6 mL，否则需重新再取适量水样测定。

4. 因为一般蒸馏水中常含有若干可以被氧化的物质，所以用蒸馏水稀释水样时，必须测定空白蒸馏水的耗氧量，并在最后结果中减去此部分。

5. 在酸性条件下，草酸钠与高锰酸钾的反应温度应保持在 70～80℃，所以滴定应趁热进行，若溶液温度过低，应加热后再测定。

Ⅱ　碱　性　法

一、实验目的

掌握碱性高锰酸钾法测定化学需氧量的原理和方法。

二、实验原理

在碱性条件下，加入一定量高锰酸钾溶液于水样中，并在沸水浴上加热反应一定时间，以氧化水中的还原性无机物和部分有机物。加酸酸化后，加入过量的草酸钠溶液还原剩余的高锰酸钾溶液，再用高锰酸钾溶液滴定过剩的草酸钠溶液至溶液呈微红色。

三、仪器、药品及材料

50%氢氧化钠溶液，其余均同酸性法。

四、实验步骤

1. 取 100 mL 待测水样(或酌情少取，用水稀释至 100 mL)于 250 mL 锥形瓶中，加入 50% NaOH 溶液 0.5 mL，摇匀。

2. 准确地加入 0.01 mol/L $KMnO_4$ 溶液 10.00 mL，摇匀。将锥形瓶立即放入沸水浴中加热 30 分钟(从水浴重新沸腾计时)。沸水浴液面要高于反应溶液的液面。

3. 从水浴中取出锥形瓶，冷却至约 80℃，加入 5 mL(1+3)H_2SO_4 并保证溶液呈酸性，摇匀。

4. 准确地加入 0.01000 mol/L $Na_2C_2O_4$ 标准溶液 10.00 mL，摇匀。

5. 立即用 0.01 mol/L $KMnO_4$ 溶液回滴至微红色即为终点。$KMnO_4$ 溶液校正系数的测定及最后结果计算均同酸性法。

五、思考题

用酸性法和碱性法同时测定高锰酸盐指数的标准溶液，两种方法的测定结果和标准偏差是否相同。

六、注意事项

1. 50%氢氧化钠溶液储存于聚乙烯瓶中。

2. 高锰酸钾溶液加热煮沸，放置过夜后，再用 G-3 玻璃砂芯漏斗过滤，滤液储于棕色试剂瓶中。

3. 水样采集于玻璃瓶后，应尽快分析。若不能立即分析，应加入硫酸调节 $pH < 2$，4℃冷藏保存并在 48h 内测定。

4. 该法适用于氯离子含量高于 300mg/L 的水样。

实验三十　化学需氧量的测定(重铬酸钾法)

化学需氧量(COD)，是指在强酸并加热条件下，用重铬酸钾作为氧化剂处理水样时所消耗氧化剂的量，以氧的 mg/L 来表示。化学需氧量反映了水中受还原性物质污染的程度，水中还原性物质包括有机物、亚硝酸盐、亚铁盐、硫化物等。水被有机物污染是很普遍的，因此化学需氧量也作为有机物相对含量的指标之一，但只能反映能被氧化的有机物污染，不能反映多环芳烃、PCB、二噁英类等的污染状况。COD_{Cr} 是我国实施排放总量控制的指标之一。

一、实验目的

1. 掌握有机污染物综合指标 COD 测定的意义和操作方法。

2. 掌握重铬酸钾法测定 COD 的原理和方法。

二、实验原理

在水样中加入已知量的重铬酸钾溶液，并在强酸介质下以银盐作催化剂，经沸腾回流后，以试亚铁灵为指示剂，用硫酸亚铁铵标准溶液滴定水样中未被还原的重铬酸钾，由消耗的硫酸亚铁铵的量换算成消耗氧的质量浓度。

在酸性重铬酸钾条件下，芳烃及吡啶难以被氧化，其氧化率较低。在硫酸银催化作用下，直链脂肪族化合物可有效地被氧化。

三、仪器、药品及材料

仪器：带 250mL 锥形瓶的全玻璃回流装置、可调变阻电炉、50mL 酸式滴定管、滴定台、10mL 移液管、20mL 移液管、50mL 量筒、100mL 量筒、洗耳球、洗瓶。

药品：$K_2Cr_2O_7$标准溶液($\frac{1}{6}K_2Cr_2O_7$=0.2500 mol/L)、硫酸-硫酸银溶液(于 500 mL 浓硫酸中加入 5g 硫酸银，放置 1～2 天使之溶解，并混匀，使用前小心摇动)、试亚铁灵指示剂[称取 1.458g 邻菲啰啉，0.695g 硫酸亚铁($FeSO_4·7H_2O$)溶于水，搅拌至溶解，加水稀释至 100 mL，贮于棕色试剂瓶中]、0.1000 mol/L 硫酸亚铁铵标准溶液、$HgSO_4$。

材料：玻璃珠或沸石。

四、实验步骤

1. 取 20.00 mL 混匀的水样(或适量水样稀释至 20.00 mL)置 250 mL 磨口的回流锥形瓶中，准确加入 10.00 mL $K_2Cr_2O_7$标准溶液及数粒洗净的玻璃珠或沸石，连接磨口回流冷凝管，从冷凝管上口慢慢地加入 30 mL 硫酸-硫酸银溶液，轻轻摇动锥形瓶使溶液混匀，加热回流 2h（自开始沸腾时计时）。

(1) 对于化学需氧量高的废水，可先取上述操作所需体积 1/10 的废水样和试剂，于 15 mm×150 mm 硬质玻璃试管中，摇匀，加热后观察是否变绿。如溶液显绿色，再适当减少废水取样量，直到溶液不变绿色为止，从而确定废水样分析时应取用的体积。稀释时，所取废水样量不得少于 5 mL，如果化学需氧量很高，废水样应多次逐级稀释。

(2) 废水中氯离子含量超过 30 mg/L 时，应先把 0.4g 硫酸汞加入回流锥形瓶中，再加 20.00 mL 废水(或适量水样稀释至 20.00 mL)，摇匀。以下操作同上。

2. 冷却后，用 90 mL 水从上部慢慢冲洗冷凝管壁，取下锥形瓶。溶液总体积不得少于 140 mL，否则因酸度太大，滴定终点不明显。

3. 溶液再度冷却后，加 3 滴试亚铁灵指示剂，用 0.1000 mol/L 硫酸亚铁铵标准溶液滴定，溶液颜色由黄色→蓝绿色→红褐色即为终点。记录硫酸亚铁铵标准溶液的用量。

4. 测定水样的同时，以 20.00 mL 蒸馏水，按同样操作步骤作空白试验。记录滴定空白时硫酸亚铁铵标准溶液的用量。

$$\mathrm{COD_{Cr}}(\mathrm{O_2},\mathrm{mg/L})=\frac{(V_0-V_1)\cdot c\times 8\times 1000}{V}$$

式中，c——硫酸亚铁铵标准溶液的浓度，mol/L；

V_0——滴定空白时硫酸亚铁铵标准溶液的用量，mL；

V_1——滴定水样时硫酸亚铁铵标准溶液的用量，mL；

V——水样的体积，mL；

8——氧($\frac{1}{2}$O)摩尔质量，g/mol。

以上实验数据均记录在表 6-5 中。

五、思考题

1. 为什么需要做空白实验？
2. 有哪些因素影响化学需氧量的测定？

表 6-5　化学需氧量测定的原始实验数据

项目＼测定次数	①	②	③
c/(mol/L)			
V_0 /mL			
V_1 /mL			
V/mL			
COD_{Cr} /(mg/L)			
$\overline{COD_{Cr}}$ /(mg/L)			
相对平均偏差			

六、注意事项

1. 水样的化学需氧量，可由于加入氧化剂的种类及浓度、反应溶液的酸度、反应温度和时间的不同以及催化剂的有无而获得不同的结果。因此化学需氧量亦是一个条件性指标，必须严格按照操作步骤进行。

2. 本方法适用于各种类型的 COD 值大于 50 mg/L 的水样，未经稀释水样的测定上限为 700 mg/L。0.02500 mol/L $K_2Cr_2O_7$ 可测定 5 ~ 50 mg/L 的 COD 值，回滴时用 0.01000 mol/L 硫酸亚铁铵标准溶液。

3. 酸性重铬酸钾氧化性很强，可氧化大部分有机物，加入硫酸银作催化剂时，直链脂肪族化合物可完全被氧化，而芳香族有机物却不易被氧化，吡啶不被氧化，挥发性直链脂肪族化合物、苯等有机物存在于蒸气相，不能与氧化剂液体接触，氧化不明显。氯离子能被重铬酸钾氧化，并且能与硫酸银作用产生沉淀，影响测定结果，故在回流前向水样中加入硫酸汞，使成为络合物以消除干扰。

4. 0.4 g 硫酸汞络合氯离子的最高量可达 40 mg，如取 20.00 mL 水样，最高可络合 2000 mg/L 氯离子浓度的水样。如氯离子浓度较低，亦可少加硫酸汞，保持硫酸汞：氯离子=10：1。若出现少量氯化汞沉淀，也不影响测定。

5. 水样加热回流后，溶液中重铬酸钾剩余量应是加入量的 1/5 ~ 4/5 为宜。

6. 用邻苯二甲酸氢钾标准溶液检查试剂质量和操作技术时，由于每克邻苯二甲酸氢钾的理论 COD_{Cr} 为 1.176g，所以溶解 0.4251g 邻苯二甲酸氢钾于蒸馏水中，转入 1000 mL 容量瓶，用蒸馏水稀释至标线，使之成为 500 mg/L 的 COD_{Cr} 标准溶液。临用时现配。

7. COD_{Cr} 的测定结果应保留三位有效数字。

8. 每次实验时应对硫酸亚铁铵标准溶液进行标定，室温较高时尤其应注意其浓度变化。

9. 回流冷凝管不能用乳胶管，否则易老化、变形、冷却水不通畅。用手摸冷却水时不能有温感，否则测定结果偏低。滴定时不能剧烈摇动锥形瓶，瓶内试液不能溅出，否则影响测定结果。

实验三十一　水样中挥发酚的测定(4-氨基安替比林萃取分光光度法)

一、实验目的

1. 掌握饮用水、地表水和工业废水中挥发酚的测定。
2. 掌握4-氨基安替比林萃取分光光度法测定挥发酚的原理。
3. 学会分液漏斗的使用、蒸馏和萃取操作。

二、实验原理

根据酚类能否与水蒸气一起蒸出，分为挥发酚和不挥发酚。挥发酚通常指沸点在230℃以下的酚类，属一元酚。酚类的分析方法很多，一般用4-氨基安替比林萃取分光光度法测定挥发酚浓度低于0.5 mg/L的水样，用4-氨基安替比林直接分光光度法测定挥发酚浓度高于0.5 mg/L的水样。本实验介绍萃取分光光度法。

被蒸馏出的酚类化合物，于pH=(10.0 ± 0.2)介质中，在铁氰化钾存在下，与4-氨基安替比林反应生成橙红色的安替比林染料，用三氯甲烷萃取后，在460nm波长处有最大吸收。

三、仪器、药品及材料

仪器：500 mL全玻璃磨口蒸馏瓶、250 mL容量瓶、蛇型冷凝管、铁架台、十字夹、可调电炉、500 mL分液漏斗、100 mL量筒、250 mL量筒、5 mL刻度吸管、10 mL刻度吸管、721型分光光度计、万分之一分析天平、小玻璃珠、2 cm比色皿。

药品：无酚蒸馏水、10% $CuSO_4$、2 mol/L H_3PO_4、1%甲基橙指示剂、三氯甲烷、pH = 10的缓冲溶液、2% 4-氨基安替比林(稳定一周)、8%铁氰化钾(稳定一周)、1.000 g/L酚标准贮备液(稳定一个月)、10.00 μg/mL酚标准中间液(当天配制)、1.00 μg/mL酚标准使用液(稳定2小时)。

材料：脱脂棉、擦镜纸。

四、实验步骤

1. 预蒸馏

(1) 取250 mL水样于500 mL全玻璃蒸馏瓶中，加数粒玻璃珠以防暴沸，再加数滴甲基橙指示剂，用2 mol/L H_3PO_4溶液调节至溶液呈橙红色，若水样未显橙红色，则需继续补加2 mol/L H_3PO_4溶液，直到溶液显橙红色。加5.0 mL 10% $CuSO_4$溶液。

(2) 连接冷凝器，加热蒸馏，收集馏出液于250 mL容量瓶中，至蒸馏出约225 mL时，停止加热，放冷。向蒸馏瓶中加25 mL蒸馏水，继续蒸馏直至馏出液为250 mL为止。

2. 标准曲线的绘制

(1) 吸取标准系列。于一组 7 个分液漏斗中，分别加入 100mL 蒸馏水，依次加入 0.00 mL、0.50mL、2.00mL、4.00mL、6.00mL、8.00mL 和 10.00mL 酚标准使用液，再分别加水至 250mL，混匀。

(2) 显色。加 2.0mL 缓冲溶液，混匀，此时溶液 pH=(10.0 ± 0.2)，加 1.5mL 2% 4-氨基安替比林溶液，混匀，再加 1.5mL 8%铁氰化钾溶液，充分混匀后，加塞，放置 10min。

(3) 萃取。在上述显色的分液漏斗中准确地加入 10.00mL 三氯甲烷，加塞，剧烈振摇 2min，倒置放气，静置分层。用干脱脂棉拭干分液漏斗颈管内壁，于颈管内塞一小团干脱脂棉，将三氯甲烷层通过干脱脂棉团放出，弃去最初滤出的数滴萃取液后，将余下的三氯甲烷直接放入光程为 2cm 的比色皿中。于 460 nm 波长处，以三氯甲烷为参比，测定三氯甲烷层的吸光度 A。由标准系列测得的吸光度 A 减去零浓度管的吸光度 A_0，绘制吸光度 A 对苯酚含量(μg)的标准曲线。标准曲线回归方程的相关系数 r 应达到 0.999 以上。将实验数据记录在表 6-6 中。

表 6-6 挥发酚标准曲线和水样测定的原始实验数据

1.00 μg/mL 酚标准使用液体积/mL	苯酚含量/μg	吸光度 A	减空白后吸光度 $A-A_0$
0.00	0		
0.50	0.50		
2.00	2.00		
4.00	4.00		
6.00	6.00		
8.00	8.00		
10.00	10.00		
回归方程：y=		相关系数：r=	
水样中的苯酚含量 m/μg			
取蒸馏出的馏出液的体积 V/mL			
挥发酚/(mg/L)			

3. 水样的测定

取蒸馏出的馏出液 250mL 于分液漏斗中，按上述绘制标准曲线的同样操作步骤测定水样的吸光度值 A，再减去空白实验的吸光度值 A_0。如水样的吸光度值超过标准曲线的最高点，应稀释后重新测定。

4. 空白实验

用蒸馏水代替水样进行蒸馏后，按水样的实验步骤测定其吸光度值。其结果作为水样测定的空白校正值。空白实验应与水样测定同时进行。结果计算如下：

$$\text{挥发酚(以苯酚计，mg/L)} = \frac{m}{V}$$

式中，m ——由水样的校正吸光度值，从标准曲线上查得苯酚含量，μg；

V ——取蒸馏出的馏出液的体积，mL。

当计算结果小于 0.1 mg/L 时，保留到小数点后四位；当计算结果大于或等于 0.1 mg/L 时，保留三位有效数字。

五、思考题

1. 怎样制备无酚蒸馏水？
2. 怎样精制苯酚？
3. 4-氨基安替比林的纯度对空白实验的吸光度值影响较大，有时要对其做提纯处理，请查阅如何提纯 4-氨基安替比林？

六、注意事项

1. 水样中挥发酚经蒸馏后，可以消除颜色和浑浊度等干扰。如水样中含氧化剂、油类、硫化物、有机或无机还原性物质和苯胺类均干扰挥发酚的测定。应在蒸馏前先消除干扰物质。

2. 为避免 pH = 10 的缓冲溶液中氨的挥发所引起 pH 的改变，应注意在低温下保存，且取用后立即加塞盖严，并根据使用情况适量配制。

3. 加硫酸铜溶液准备预蒸馏时，如产生较多黑色硫化铜沉淀，应摇匀后静置片刻，待沉淀完全反应后再滴加硫酸铜溶液，直至不再产生沉淀为止。

4. 蒸馏过程中，若发现甲基橙红色褪去，应在蒸馏结束后，放冷，再滴加甲基橙指示剂。若发现蒸馏后残液不呈酸性，则应重新取样，增加磷酸溶液加入量，进行蒸馏。

5. 测定地表水的蒸馏设备不能与测定工业废水的蒸馏设备混用。每次实验前后，都应清洗整个蒸馏设备。

6. 不能用橡胶塞、橡胶管连接蒸馏瓶及冷凝器，以防止对测定产生干扰。

实验三十二　水样及气样中甲醛的测定(乙酰丙酮分光光度法)

Ⅰ　地表水和工业废水

一、实验目的

1. 掌握地表水和工业废水中甲醛的测定方法——乙酰丙酮分光光度法。
2. 了解本方法的最低检出浓度为 0.05 mg/L，测定上限为 3.20 mg/L。

二、实验原理

在过量铵盐存在下，甲醛与乙酰丙酮反应生成黄色化合物，该黄色化合物在波长 414 nm 处有最大吸收。该黄色化合物在 3 h 内吸光度保持不变。

三、仪器、药品及材料

仪器：721 型分光光度计、恒温水浴锅、500 mL 全玻璃蒸馏器、25 mL 比色管、10 mL 刻度吸管、5 mL 刻度吸管、100 mL 量筒、100 mL 容量瓶、250 mL 碘量瓶、滴定台、酸式滴定管、电炉、铁架台、十字夹、洗耳球、洗瓶。

药品：乙酰丙酮溶液[50g 乙酸铵、6 mL 冰乙酸和 0.5 mL 乙酰丙酮试剂溶解于 100 mL 蒸馏水中(该溶液可在冰箱中稳定储存一个月)]、1.0 mg/mL 甲醛标准贮备液、10.0 μg/mL 甲醛标准使用液(临用前将贮备液稀释 100 倍)、浓 H_2SO_4、0.05000 mol/L $Na_2S_2O_3$ 标准溶液(实验室标好)、0.05 mol/L 碘液、6 mol/L NaOH、2 mol/L H_2SO_4、1%淀粉溶液。

材料：擦镜纸、1 cm 比色皿。

四、实验步骤

1. 甲醛标准贮备液的配制与标定

吸取 2.8 mL 甲醛溶液(内含甲醛 36%～38%)，用水稀释至 1000 mL，摇匀。此溶液每毫升约含 1 mg 甲醛。该配制好的溶液置冰箱 4℃内可保存半年。

吸取 20.00 mL 甲醛标准贮备液于 250 mL 碘量瓶中，加 0.05 mol/L 碘液 50.0 mL 和 6 mol/L NaOH 溶液 2.5 mL，混匀暗处放置 15 min。加 2 mol/L H_2SO_4 溶液 5.0 mL，混匀暗处再放置 15 min。以 0.05000 mol/L $Na_2S_2O_3$ 标准溶液进行滴定，滴至溶液呈淡黄色时，加 1 mL 淀粉指示剂，继续滴定至溶液蓝色刚好褪去，记下用量 V。

同时，另取 20.00 mL 蒸馏水代替甲醛贮备液按上述步骤进行空白实验，记下 $Na_2S_2O_3$ 标准溶液用量 V_0。甲醛标准贮备液的浓度：

$$甲醛(HCHO,mg/L)=\frac{(V_0-V)\times c_{Na_2S_2O_3}\times 15\times 1000}{20.00}$$

式中，V_0——空白实验消耗 $Na_2S_2O_3$ 标准溶液的体积，mL；

V——标定甲醛标准贮备液消耗 $Na_2S_2O_3$ 标准溶液的体积，mL；

$c_{Na_2S_2O_3}$——$Na_2S_2O_3$ 标准溶液的浓度，mol/L；

15——甲醛(1/2HCHO)的摩尔质量，g/mol。

2. 样品预处理

(1) 无色、不浑浊的清洁地表水调至中性后，可直接测定。

(2) 受污染的地表水和工业废水按下述方法进行蒸馏。取 100 mL 水样于蒸馏瓶内，加 3～5 mL 浓 H_2SO_4 及数粒玻璃珠，用 100 mL 容量瓶接收馏出液。打开冷凝水，加热，待蒸出约 95 mL 馏出液时，停止蒸馏，冷却。再加 15 mL 蒸馏水，继续蒸馏，直至馏出液到 100 mL 容量瓶刻度线时取下容量瓶。

3. 标准曲线的绘制

取 7 支 25 mL 比色管，分别加入 0.00 mL、0.50 mL、1.00 mL、3.00 mL、5.00 mL、7.00 mL 和 10.00 mL 甲醛标准使用液，加水至刻度。加显色剂乙酰丙酮溶液 2.50 mL，摇

匀。于 45～60℃水浴锅中加热 30 min，取出冷却。用 1 cm 比色皿，在波长 414 nm 处，以水为参比测定吸光度。在扣除零浓度管的吸光度后，以吸光度和对应的甲醛含量绘制标准曲线。或用最小二乘法计算直线回归方程，回归方程的相关系数 r 应达到 0.999 以上。将实验数据填入表 6-7 中。

表 6-7　甲醛标准曲线和水样测定的原始实验数据

10.0 μg/mL 甲醛标准使用液体积/mL	甲醛含量/μg	吸光度值	减空白后吸光度值
0.00	0		
0.50	5.0		
1.00	10.0		
3.00	30.0		
5.00	50.0		
7.00	70.0		
10.00	100.0		
回归方程：y=		相关系数：r=	
水样中的甲醛含量 m/μg			
取水样或馏出液的体积 V/mL			
甲醛/(mg/L)			

4. 水样测定

取 25.0 mL 水样或馏出液于 25 mL 比色管中(含甲醛在 100 μg 以内，否则要稀释)。以下按绘制标准曲线的步骤进行显色和吸光度测定。

用 25.0 mL 蒸馏水代替水样，按相同步骤进行空白实验。减去空白实验所测得的吸光度后，从标准曲线上查出水样中的甲醛含量。

$$甲醛(HCHO,mg/L)=\frac{m}{V}$$

式中，m——从标准曲线上查得的水样中的甲醛含量，μg；

V——取水样体积，mL。

五、思考题

1. 请你谈谈甲醛对人体的危害。
2. 甲醛污染主要来源于哪些企业排放的废水？

六、注意事项

1. 清洁地表水甲醛样品采集于硬质玻璃瓶或聚乙烯瓶中，废水甲醛样品采集于硬质玻璃瓶中。采集时应使水样从瓶口溢出后盖上瓶塞塞紧。这样，可避免微生物分解所造成的采样误差。同时，在条件允许时，最好现场采集空白样作为现场采样的质量控制样，能显示出采样过程中环境和运输对水样的影响，这对有机污染物尤其重要。采样后应尽快送实验室进行分析，否则，要在每升样品中加入 1 mL 浓硫酸，使样品的 pH≤2，并在 24 h 内进行测定。

2. 在水样预蒸馏时，向水样中加 15 mL 蒸馏水，是为了防止有机物含量高的水样在蒸至最后时，有机物在硫酸介质中发生炭化现象而影响甲醛的测定。

3. 对某些不适于在酸性条件下蒸馏的特殊水样，例如含氰化物较高的废水或染料、制漆废水等，可用氢氧化钠溶液先将水样调至弱碱性(pH≈8)，再进行蒸馏。

4. 乙酰丙酮的纯度对空白实验的吸光度有影响。乙酰丙酮应是无色透明的，否则要蒸馏精制。

Ⅱ　环境空气、室内空气和工业废气

一、实验目的

1. 掌握环境空气、室内空气和工业废气中甲醛的测定方法——乙酰丙酮分光光度法。

2. 了解本方法的最低检出浓度为 0.008 mg/m^3，测定上限为 800 mg/m^3。

二、实验原理

甲醛气体经水吸收后，在 pH = 6 的乙酸-乙酸铵缓冲溶液中，与乙酰丙酮作用，在沸水浴条件下迅速生成稳定的黄色化合物，在波长 413 nm 处比色测定该黄色化合物的吸光度。

三、仪器、药品及材料

仪器：721 型分光光度计、恒温水浴锅、0.2～1.0 L/min 的空气采样器、50 mL 或 125 mL 多孔玻璃板吸收瓶、气压表、10 mL 比色管、10 mL 刻度吸管、2 mL 刻度吸管、50 mL 容量瓶、洗耳球、洗瓶、缓冲瓶。

药品：乙酰丙酮溶液[称取 25g 乙酸铵，加少量水溶解，加 3 mL 冰乙酸和 0.25 mL 新蒸馏的乙酰丙酮，混匀后再用水稀释至 100 mL，调整 pH = 6.0(该溶液可在冰箱中稳定储存一个月)]、吸收液(不含有机物的重蒸馏水)、1.0 mg/mL 甲醛标准贮备液、5.0 μg/mL 甲醛标准使用液(临用前用吸收液将贮备液稀释 200 倍，最好稀释两次由贮备液→中间液→使用液)。

材料：擦镜纸、1 cm 比色皿。

四、实验步骤

1. 甲醛标准贮备液的配制与标定同地表水和工业废水的测定

2. 气体样品的采集

(1) 用 50 mL 多孔玻璃板吸收瓶采样就装 20 mL 吸收液；用 125 mL 多孔玻璃板吸收

瓶采样就装 50 mL 吸收液。

(2) 采样系统由采样缓冲瓶、多孔玻璃板吸收瓶和空气采样器串联组成。根据具体情况以 0.5 ~ 1.0 L/min 的流量采样，采样时间 10 ~ 30 min。得气体的采样体积。

(3) 记录采样时的气温和气压。实验数据记录在表 6-8 中。

表 6-8　环境空气、室内空气和工业废气中甲醛测定的原始实验数据

项目	数据记录
大气采样流量/(L/min)	
采样时间/min	
采样体积/L	
采样时的气温/℃	
采样时的热力学温度/K	
采样时的大气压/kPa	
标准大气压/kPa	
标准状态下的热力学温度/K	
标准状态下的采样体积/L	
从标准曲线上查得的甲醛含量 m/μg	
定容体积 V_1/mL	
测定时取样体积 V_2/mL	
样品中的甲醛含量 x/μg	
甲醛浓度/(mg/m^3)	

(4) 用下面公式将气体的采样体积换算成标准状态下的采样体积。

$$\frac{P_{采样}}{V_{采样}\cdot T_{采样}}=\frac{P_{标准}}{V_{标准}\cdot T_{标准}}$$

$$V_{标准}=\frac{P_{标准}\cdot V_{采样}\cdot T_{采样}}{P_{采样}\cdot T_{标准}}$$

式中，$P_{采样}$——采样时由气压表上读取的大气压，kPa；

$T_{采样}$——采样时的热力学温度，由气压表上读取的气温+273.15，K；

$V_{采样}$——采样体积，L；

$P_{标准}$——标准大气压，101.325 kPa；

$T_{标准}$——标准状态下的热力学温度，273.15 K。

3. 标准曲线的绘制

取 7 支 10 mL 比色管，分别加入 0.00 mL、0.40 mL、1.00 mL、2.00 mL、4.00 mL、6.00 mL 和 8.00 mL 甲醛标准使用液，用吸收液定容至刻度。加入 2.0 mL 显色剂乙酰丙酮溶液，摇匀。于沸水浴中加热 3 min，取出冷却至室温。用 1 cm 比色皿，在波长 413 nm 处，以吸收液为参比测定吸光度。在扣除零浓度(试剂空白)管的吸光度后，以校准吸光度为纵坐标，甲醛含量为横坐标，绘制标准曲线。或用最小二乘法计算回归方程，回归方程的相关系数 r 应达到 0.999 以上。实验结果填入表 6-9 中。

表 6-9　绘制甲醛标准曲线的原始实验数据

5.0μg/mL 甲醛标准使用液体积/mL	甲醛含量/μg	吸光度值	减空白后吸光度值
0.00	0		
0.40	2.0		
1.00	5.0		
2.00	10.0		
4.00	20.0		
6.00	30.0		
8.00	40.0		
回归方程：y=		相关系数：r=	

4. 样品测定

将采样吸收后的样品溶液移入 50mL 容量瓶中，用吸收液定容至刻度。

取 10.0mL 试样于 10mL 比色管中(含甲醛在 40 μg 以内，否则要稀释)。以下按绘制标准曲线的步骤进行显色和吸光度测定。

用现场未采样的空白吸收瓶中的吸收液按上述相同步骤进行空白实验。减去空白实验所测得的吸光度后，从标准曲线上查出甲醛含量。样品中的甲醛含量 χ 计算如下：

$$\chi(\mu g)=m\times\frac{V_1}{V_2}$$

式中，m——从标准曲线上查得的甲醛含量，μg；

V_1——定容体积，50 mL；

V_2——测定时取样体积，如 10 mL。

环境空气、室内空气和工业废气中甲醛浓度计算如下：

$$\text{甲醛浓度}(mg/m^3)=\frac{\chi}{V_{\text{标准}}}$$

式中，$V_{\text{标准}}$——标准状态(0℃，101.325kPa)下所采气体体积，L。

样品测定数据均记录在表 6-8 中。

五、思考题

1. 哪些企业排放甲醛废气？
2. 怎样制取不含有机物的重蒸馏水？
3. 实验中用乙酸-乙酸铵缓冲溶液调节溶液的 pH = 6.0，能否改为乙酸-乙酸钠缓冲溶液？

六、注意事项

1. 显色剂最好现用现配，一般空白吸光度在 0.005 左右，显色剂放置时间长了空白值就会偏高。
2. 做试剂空白实验是为了消除乙酰丙酮本身的颜色。

3. 多孔玻璃板气泡吸收瓶使用前要校正，采样流量 0.5 L/min 时，阻力为(6.7 ± 0.7)kPa，单管吸收效率要大于 99%。

4. 样品采完后应贮存在冰箱中，2 天内分析完毕，以防止甲醛被氧化。

5. 日光照射也能使甲醛氧化，因此要用棕色吸收瓶，样品在运输和贮存时都应避光。

实验三十三　水泥熟料中 SiO_2、Fe_2O_3、Al_2O_3、CaO 和 MgO 含量的测定

一、实验目的

1. 学会确定试样分析方案，并分步列出铁、铝、钙和镁的测定方法。
2. 掌握重量分析的操作技术。
3. 掌握直接滴定法、返滴定法和差减滴定法。

二、实验原理

在水泥工业中，最常用的硅酸盐水泥熟料主要化学成分为氧化钙、二氧化硅以及少量的氧化铝和氧化铁。其含量大致为：CaO 60% ~ 70%、SiO_2 18% ~ 24%、Al_2O_3 4.0% ~ 9.5%、Fe_2O_3 2.0% ~ 5.5%，其含量总和通常都在 95%以上。同时，还要求 MgO < 4.5%。熟料中 CaO、SiO_2、Al_2O_3 和 Fe_2O_3 不是以单独氧化物存在的，而是由两种或两种以上的氧化物经过高温化学反应生成的多种矿物的集合体。主要矿物组成有硅酸三钙($3CaO \cdot SiO_2$)、硅酸二钙($2CaO \cdot SiO_2$)、铝酸三钙($3CaO \cdot Al_2O_3$)和铁铝酸四钙($4CaO \cdot Al_2O_3 \cdot Fe_2O_3$)。通常熟料中硅酸三钙和硅酸二钙含量约占 75%，铝酸三钙和铁铝酸四钙的理论含量约占 22%。硅酸盐水泥熟料加适量石膏共同磨细后，即成硅酸盐水泥。水泥熟料中碱性氧化物占 60%以上，因此易为酸所分解，反应方程式为：

$$2CaO \cdot SiO_2 + 4HCl \rightarrow 2CaCl_2 + H_2SiO_3 + H_2O$$

$$3CaO \cdot SiO_2 + 6HCl \rightarrow 3CaCl_2 + H_2SiO_3 + 2H_2O$$

$$3CaO \cdot Al_2O_3 + 12HCl \rightarrow 3CaCl_2 + 2AlCl_3 + 6H_2O$$

$$4CaO \cdot Al_2O_3 \cdot Fe_2O_3 + 20HCl \rightarrow 4CaCl_2 + 2AlCl_3 + 2FeCl_3 + 10H_2O$$

其中，铁、铝、钙和镁等组分可用酸溶解，酸不溶物即为 SiO_2，经过滤后可在滤液中分别测定铁、铝、钙和镁等组分的含量，由于这 4 种离子都能在一定条件下与 EDTA 形成稳定的配合物，但形成配合物的 $K_{稳}$ 不同，$\lg K_{FeY^-}=24.33$、$\lg K_{AlY^-}=16.11$、$\lg K_{CaY^{2-}}=11.0$、$\lg K_{MgY^{2-}}=8.64$，因此可利用控制酸度、掩蔽和沉淀等方法分别测定。

硅酸是一种很弱的无机酸，在水溶液中绝大部分以溶胶状态存在，用浓酸和加热蒸干等方法处理后，能使绝大部分硅酸水溶胶脱水成水凝胶析出，用沉淀分离的方法把硅酸与水泥中的其他组分分开，重量法测定 SiO_2 的含量。试样分析方案如下面的流程：

(一)

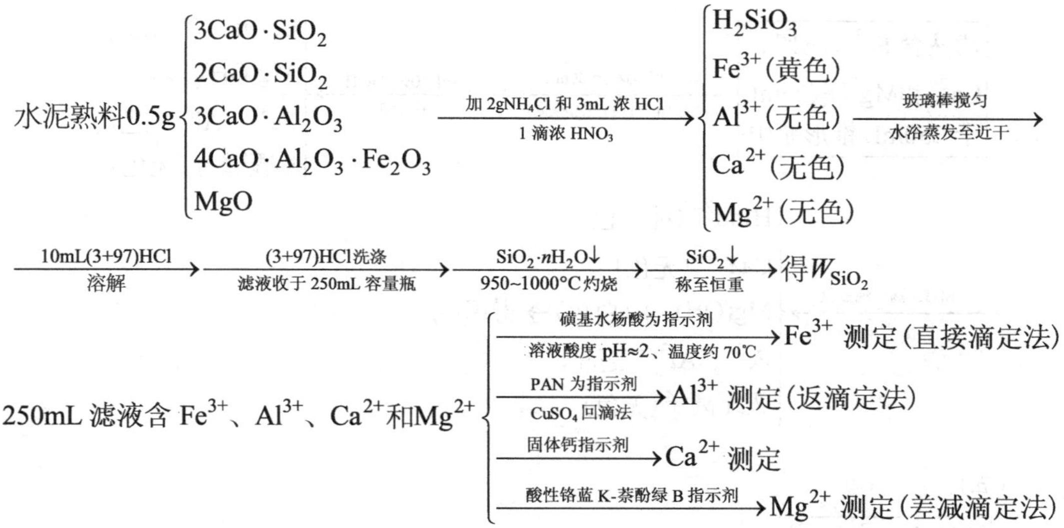

水泥熟料0.5g
3CaO·SiO2
2CaO·SiO2
3CaO·Al2O3
4CaO·Al2O3·Fe2O3
MgO
加 2gNH4Cl 和 3mL 浓 HCl
1 滴浓 HNO3
H2SiO3
Fe3+(黄色)
Al3+(无色)
Ca2+(无色)
Mg2+(无色)
玻璃棒搅匀
水浴蒸发至近干
10mL(3+97)HCl
溶解
(3+97)HCl洗涤
滤液收于 250mL 容量瓶
SiO2·nH2O↓
950~1000°C灼烧
SiO2↓
称至恒重
得WSiO2
250mL 滤液含 Fe3+、Al3+、Ca2+和Mg2+
磺基水杨酸为指示剂
溶液酸度 pH≈2、温度约 70℃
Fe3+ 测定(直接滴定法)
PAN 为指示剂
CuSO4 回滴法
Al3+ 测定(返滴定法)
固体钙指示剂
Ca2+ 测定
酸性铬蓝 K-萘酚绿 B 指示剂
Mg2+ 测定(差减滴定法)

(二)

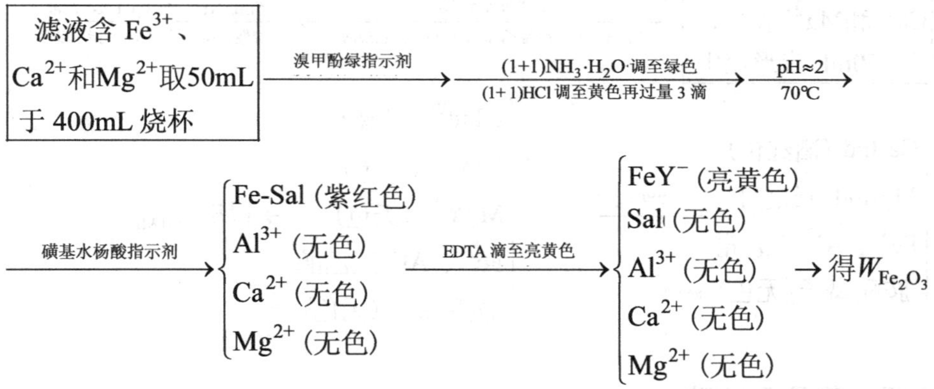

滤液含 Fe3+、Ca2+和Mg2+取50mL于 400mL 烧杯
溴甲酚绿指示剂
(1+1)NH3·H2O 调至绿色
(1+1)HCl 调至黄色再过量 3 滴
pH≈2
70℃
磺基水杨酸指示剂
Fe-Sal (紫红色)
Al3+ (无色)
Ca2+ (无色)
Mg2+ (无色)
EDTA 滴至亮黄色
FeY− (亮黄色)
Sal (无色)
Al3+ (无色)
Ca2+ (无色)
Mg2+ (无色)
→得WFe2O3

(三)

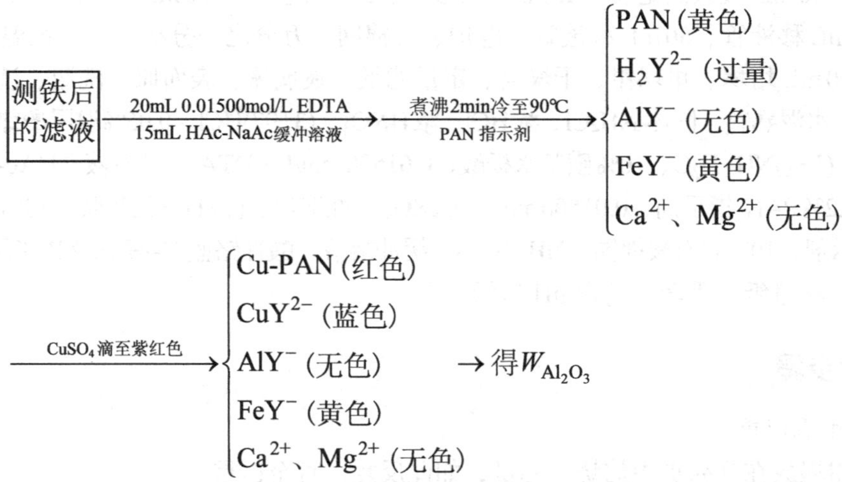

测铁后的滤液
20mL 0.01500mol/L EDTA
15mL HAc-NaAc缓冲溶液
煮沸2min冷至90℃
PAN 指示剂
PAN (黄色)
H2Y2− (过量)
AlY− (无色)
FeY− (黄色)
Ca2+、Mg2+ (无色)
CuSO4 滴至紫红色
Cu-PAN (红色)
CuY2− (蓝色)
AlY− (无色)
FeY− (黄色)
Ca2+、Mg2+ (无色)
→得WAl2O3

（四）

滤液含 Fe^{3+}、Al^{3+}、Ca^{2+}和Mg^{2+}取25mL于 250mL 锥形瓶中 $\xrightarrow[\text{加 4mL(1+1)三乙醇胺}]{\text{加水稀释至 50mL}}$ $\xrightarrow[\text{钙指剂}]{\text{5mL10\%NaOH}}$ { Ca-Ind^{-} (酒红色)；$Mg(OH)_2\downarrow$ (白色)；Fe^{3+}、Al^{3+}三乙醇胺配离子(无色) }

$\xrightarrow{\text{EDTA 滴至纯蓝色}}$ { $HInd^{2-}$ (纯蓝色)；CaY^{2-} (无色)；$Mg(OH)_2\downarrow$ (白色)；Fe^{3+}、Al^{3+}三乙醇胺配离子(无色) } → 得W_{CaO}

（五）

滤液含 Fe^{3+}、Al^{3+}、Ca^{2+}和Mg^{2+}取25mL于 250mL 锥形瓶中 $\xrightarrow[\text{加 1mL 酒石酸钾钠和 4mL(1+1)三乙醇胺}]{\text{加水稀释至 50mL}}$ $\xrightarrow[\text{酸性铬蓝 K-萘酚绿 B 指示剂}]{\text{5mL }NH_3-NH_4Cl\text{缓冲溶液}}$

{ Ca-Ind^{-} (酒红色)；Mg-Ind^{-} (红色)；Fe^{3+}、Al^{3+}三乙醇胺配离子(无色) } $\xrightarrow{\text{EDTA 滴至蓝色}}$ { $HInd^{2-}$ (纯蓝色)；CaY^{2-} (无色)；MgY^{2-} (无色)；Fe^{3+}、Al^{3+}三乙醇胺配离子(无色) } → 得$W_{CaO+MgO}$

三、仪器、药品及材料

仪器：50mL 酸式滴定管、250mL 锥形瓶、50mL 量筒、50mL 小烧杯、400mL 大烧杯、25mL 移液管、50mL 移液管、电炉、石棉网、万分之一分析天平、恒温水浴锅、马弗炉、30mL 坩埚、坩埚钳、干燥器、定量滤纸、玻璃棒、表面皿、洗瓶、洗耳球。

药品：水泥熟料、固体 NH_4Cl、浓 HCl、浓 HNO_3、(3+97)HCl、0.05%溴甲酚绿指示剂、(1+1)HCl、(1+1)$NH_3 \cdot H_2O$、10%磺基水杨酸、0.01500mol/L EDTA 标准溶液、HAc-NaAc 缓冲溶液、0.2%PAN 指示剂、0.01500mol/L $CuSO_4$标准溶液、(1+1)三乙醇胺、10%NaOH、固体钙指示剂、10%酒石酸钾钠、NH_3-NH_4Cl 缓冲溶液、酸性铬蓝 K-萘酚绿 B 指示剂。

材料：称量纸、手套、精密 pH 试纸。

四、实验步骤

1. 空坩埚恒重

将空坩埚放在马弗炉中灼烧，称量，如此反复，直至恒重。

2. SiO_2的测定

精确称取水泥熟料约 0.5000 g 于 50mL 烧杯中，加 2 g 固体 NH_4Cl，玻璃棒搅匀。盖上表面皿，沿杯嘴加 3mL 浓 HCl 和 1 滴浓 HNO_3，玻璃棒搅匀，于沸水浴上蒸发至近干。加 10mL 热的(3+97)HCl 分解水泥中的 Ca^{2+}、Al^{3+}、Fe^{3+}和 Mg^{2+}。定量滤纸过滤，用热的(3+97)HCl 洗涤沉淀，直至沉淀洗纯，不含杂质。沉淀和定量滤纸移入已恒重的空坩埚中，先放在电炉上由低温烤干到高温灰化，再放入马弗炉内于 950～1000℃高温灼烧 40min，取出，放冷，于干燥器中冷却至室温，称重，如此反复，直至恒重。滤液及洗涤液转移至 250mL 容量瓶中，用蒸馏水定容至刻度。

$$W_{SiO_2}(\%)=\frac{A-B}{m_{试}}\times 100\%$$

式中，A——已恒重试样和坩埚的质量，g；

B——已恒重空坩埚的质量，g；

$m_{试}$——精称水泥熟料试样的质量，g。

(1) 浓盐酸的作用是盐酸的蒸发带走水溶性硅酸胶中的水分，使水溶性硅酸胶变成水凝胶析出。

(2) 恒温水浴锅用于控温 100～110℃范围，温度过高 Al^{3+}和 Fe^{3+}易水解成碱式盐沉淀，使 SiO_2含量偏高，Al_2O_3和 Fe_2O_3含量偏低。

(3) 固体 NH_4Cl 的作用是 NH_4Cl 的水解需要更多的水，从而就加速了水溶性硅酸胶脱水，促使水溶性硅酸胶变成水凝胶析出。

(4) 浓硝酸的作用是使铁全部以 Fe^{3+}存在。

3. Fe^{3+}的测定

准确吸取 50.00mL 滤液于 400mL 烧杯中，加 2 滴 0.05%溴甲酚绿指示剂，溶液呈黄色。滴加(1+1)$NH_3·H_2O$ 调至绿色，再滴加(1+1)HCl 调至黄色并过量 3 滴，此时溶液的 pH≈2。加热至 70℃取下，加 10 滴 10%磺基水杨酸，以 0.01500mol/L EDTA 标准溶液滴定，开始速度宜快，当溶液由紫红色变成淡紫红色时，滴定速度宜慢，直至溶液变成亮黄色，即为终点。

$$W_{Fe_2O_3}(\%)=\frac{c_{EDTA}\times V_{EDTA}\times M_{Fe_2O_3}\times 10^{-3}}{2\times m_{试}\times \frac{50}{250}}\times 100\%$$

式中，c_{EDTA}——EDTA 标准溶液的浓度，mol/L；

V_{EDTA}——滴定时消耗的 EDTA 标准溶液的体积，mL；

$M_{Fe_2O_3}$——Fe_2O_3 的摩尔质量，g/mol。

(1) 0.05%溴甲酚绿指示剂不能多加，否则溶液底色黄色太深，影响滴定终点颜色的判断。

(2) 溶液酸度对 Fe^{3+}测定结果有影响。pH＜1.5 时，结果偏低；pH＞3 时，Fe^{3+}形成

$Fe(OH)_3$↓(红棕)，无明显滴定终点。

(3) Fe^{3+}与 EDTA 络合反应进行得较慢，所以滴定温度以 60 ~ 70℃为宜以加速反应。温度 > 75℃，一方面 Fe^{3+}水解成 $Fe(OH)_3$↓(红棕)，实验失败，另一方面 Al^{3+}也与 EDTA 进行络合反应，使 Al^{3+}含量偏低，Fe^{3+}含量偏高。温度 < 50℃，不利于反应，不易掌握滴定终点。

4. Al^{3+}的测定

在上述测铁溶液中准确地加入 0.01500 mol/L EDTA 标准溶液 20.00 mL，加蒸馏水稀释至 200 mL，玻璃棒搅匀。煮沸 1 ~ 2 min，使 Al^{3+}与 EDTA 完全反应。加 15 mL pH=4.3 的 HAc-NaAc 缓冲溶液并调节溶液 pH=4.3。加 4 滴 0.2% PAN 指示剂，溶液呈黄色。用 0.01500 mol/L $CuSO_4$ 标准溶液滴定，Cu^{2+}就与过量的 EDTA 反应生成淡蓝色配合物，Cu^{2+}与过量的 EDTA 完全反应后，随着 $CuSO_4$ 标准溶液的滴入，过量 1 滴的 Cu^{2+}即与 PAN 指示剂反应生成红色配合物。但滴定终点的颜色是亮紫色。

$$W_{Al_2O_3}(\%)=\frac{(c_{EDTA}\times V_{EDTA}-c_{CuSO_4}\times V_{CuSO_4})\times M_{Al_2O_3}\times 10^{-3}}{2\times m_{试}\times \frac{50}{250}}\times 100\%$$

式中，V_{EDTA}——加入过量 0.01500 mol/L EDTA 标准溶液的体积，20.00 mL；

c_{CuSO_4}——$CuSO_4$ 标准溶液的浓度，mol/L；

V_{CuSO_4}——滴定时消耗的 $CuSO_4$ 标准溶液的体积，mL；

$M_{Al_2O_3}$——Al_2O_3 的摩尔质量，g/mol。

(1) Al^{3+}与 EDTA 的络合反应很慢，不宜直接滴定，通常加过量 EDTA 并煮沸，使 Al^{3+}与 EDTA 充分反应，再用 $CuSO_4$ 标准溶液返滴过量的 EDTA。通常根据 Al_2O_3 的大致含量计算，以 EDTA 过量 10 mL 为宜，这样易于观察滴定终点的颜色。

(2) PAN 指示剂在溶液 pH=4.3 时呈黄色。

(3) 滴定终点为何是亮紫色？因为溶液中存在三种有色物质，即红色的 Cu-PAN 配合物、蓝色的 Cu-EDTA 配合物和黄色的 Fe-EDTA 配合物，而它们的浓度又在不断变化，所以滴定中颜色的变化较复杂，其变化过程是黄色→绿色→蓝绿色→灰绿色→亮紫色。

5. Ca^{2+}的测定

准确吸取 25.00 mL 滤液于 250 mL 锥形瓶中，加蒸馏水稀释至 50 mL。加 4 mL(1+1)三乙醇胺和 5 mL 10%NaOH，摇匀。加绿豆粒大小的固体钙指示剂，再摇匀，此时溶液呈酒红色，用 0.01500 mol/L EDTA 标准溶液滴定至纯蓝色即为终点。

$$W_{CaO}(\%)=\frac{c_{EDTA}\times V_{EDTA}\times M_{CaO}\times 10^{-3}}{m_{试}\times \frac{25}{250}}\times 100\%$$

式中，M_{CaO}——CaO 的摩尔质量，g/mol。

钙指示剂先与 Ca^{2+}形成酒红色 $Ca\text{-}Ind^-$配离子，但其稳定性不如 CaY^{2-}，随着 EDTA

标准溶液的滴加，EDTA 就不断地夺走 Ca-Ind$^-$配离子中的 Ca^{2+}，并形成更稳定的 CaY^{2-} 配离子，使钙指示剂游离出来，显示其自身的蓝色。由于溶液中有 Mg^{2+}存在，所以滴定终点更明显即纯蓝色。

6. Ca^{2+}和 Mg^{2+}的测定

准确吸取 25.00 mL 滤液于 250 mL 锥形瓶中，加蒸馏水稀释至 50 mL。加 1 mL 10%酒石酸钾钠和 4 mL(1+1)三乙醇胺，摇匀。加 5 mL pH=10 的 NH_3-NH_4Cl 缓冲溶液，摇匀。加绿豆粒大小的酸性铬蓝 K-萘酚绿 B 指示剂，再摇匀，此时溶液呈紫红色，用 0.01500 mol/L EDTA 标准溶液滴定至蓝色即为终点。

$$W_{MgO}(\%)=\frac{c_{EDTA}\times[V_{EDTA(Ca^{2+}和Mg^{2+})}-V_{EDTA(Ca^{2+})}]\times M_{MgO}\times 10^{-3}}{m_{试}\times\frac{25}{250}}\times 100\%$$

式中，$V_{EDTA(Ca^{2+}和Mg^{2+})}$——测定 Ca^{2+}和 Mg^{2+}时所消耗的 EDTA 标准溶液的体积，mL；

$V_{EDTA(Ca^{2+})}$——测定 Ca^{2+}时所消耗的 EDTA 标准溶液的体积，mL；

M_{MgO}——MgO 的摩尔质量，g/mol。

K-B 指示剂先与 Ca^{2+}和 Mg^{2+}形成酒红色 Ca-Ind$^-$配离子和红色 Mg-Ind$^-$配离子，但其稳定性不如 CaY^{2-}和 MgY^{2-}，随着 EDTA 标准溶液的滴加，EDTA 就不断地夺走 Ca-Ind$^-$配离子中的 Ca^{2+}和 Mg-Ind$^-$配离子中的 Mg，并形成更稳定的 CaY^{2-}和 MgY^{2-}配离子，使 K-B 指示剂游离出来，显示其自身的蓝色。

以上所有实验数据均记录在表 6-10 中。

表 6-10　水泥熟料中各含量测定的原始实验数据

测定项目	名称	数据	计算公式	结果
SiO_2	$m_{试}$ B A		$W_{SiO_2}(\%)=\frac{A-B}{m_{试}}\times 100\%$	
Fe^{3+}	c_{EDTA} V_{EDTA}		$W_{Fe_2O_3}(\%)=\frac{c_{EDTA}\times V_{EDTA}\times M_{Fe_2O_3}\times 10^{-3}}{2\times m_{试}\times\frac{50}{250}}\times 100\%$	
Al^{3+}	c_{CuSO_4} V_{CuSO_4} V_{EDTA}		$W_{Al_2O_3}(\%)=\frac{(c_{EDTA}\times V_{EDTA}-c_{CuSO_4}\times V_{CuSO_4})\times M_{Al_2O_3}\times 10^{-3}}{2\times m_{试}\times\frac{50}{250}}\times 100\%$	
Ca^{2+}	V_{EDTA}		$W_{CaO}(\%)=\frac{c_{EDTA}\times V_{EDTA}\times M_{CaO}\times 10^{-3}}{m_{试}\times\frac{25}{250}}\times 100\%$	
Ca^{2+}和 Mg^{2+}	$V_{EDTA(Ca^{2+}和Mg^{2+})}$ $V_{EDTA(Ca^{2+})}$		$W_{MgO}(\%)=\frac{c_{EDTA}\times[V_{EDTA(Ca^{2+}和Mg^{2+})}-V_{EDTA(Ca^{2+})}]\times M_{MgO}\times 10^{-3}}{m_{试}\times\frac{25}{250}}\times 100\%$	

五、思考题

1. SiO_2含量的测定中如何检验沉淀已洗纯、不含杂质？如果沉淀没有洗纯，对实验结果有何影响？最后又如何补救？

2. 根据给出的含量范围和自己的实验结果讨论误差的来源。

3. 什么叫恒重，操作中应注意什么？

六、注意事项

1. 因硅酸盐水泥熟料中还含有其他一些杂质成分，所以五项指标的百分含量之和应小于 100%。

2. 马弗炉应在老师的指导下操作，小心烫伤。

3. SiO_2、Fe^{3+}和 Al^{3+}的测定均要严格控制温度，否则会引起实验误差，甚至造成实验失败。

4. 在 SiO_2的测定中，水泥熟料、固体 NH_4Cl、浓盐酸和浓硝酸于沸水浴上蒸发至近干时应在通风橱中进行。

5. 空坩埚和含试样的坩埚放在马弗炉中灼烧、冷却和称量时，注意条件一致。

实验三十四　石灰石(鸡蛋壳)中钙含量的测定

Ⅰ　高锰酸钾间接滴定法

一、实验目的

1. 掌握 $KMnO_4$溶液的配制和标定。

2. 掌握 $KMnO_4$法间接测定 Ca^{2+}的原理和方法。

3. 练习基本沉淀分离操作技术——沉淀、过滤和洗涤等。

二、实验原理

石灰石的主要成分是碳酸钙，含氧化钙 40%～50%，较好的石灰石含 CaO 45%～53%，此外还有 SiO_2、Fe_2O_3、Al_2O_3和 MgO 等杂质。鸡蛋壳的主要成分是碳酸钙和少量的碳酸镁。石灰石(鸡蛋壳)中钙含量的测定方法主要有高锰酸钾间接滴定法和配位滴定法，前者干扰少、准确度高，但较费时；后者干扰多，但操作简单。高锰酸钾法测定石灰石(鸡蛋壳)中钙含量时先将样品溶于盐酸，加入草酸铵溶液，在中性或碱性介质中生成难溶的草酸钙沉淀，将所得沉淀过滤、洗净，用硫酸溶解，用高锰酸钾标准溶液滴定生成的草酸，通过钙与草酸的定量关系，间接求出钙的含量。

$$CaCO_3+2HCl=2CaCl_2+CO_2\uparrow+H_2O$$

$$Ca^{2+}+C_2O_4^{2-}=CaC_2O_4\downarrow$$

$$CaC_2O_4+H_2SO_4=CaSO_4+H_2C_2O_4$$

$$2MnO_4^-+5H_2C_2O_4+6H^+=2Mn^{2+}+10CO_2\uparrow+8H_2O$$

CaC_2O_4沉淀颗粒细小，易沾污，难于过滤。为了得到纯净而粗大的结晶，通常在含Ca^{2+}的酸性溶液中加入饱和$(NH_4)_2C_2O_4$，由于$C_2O_4^{2-}$浓度很低，而不能生成沉淀，此时向溶液中滴加氨水，溶液中$C_2O_4^{2-}$浓度慢慢增大，这样可以获得颗粒比较粗大的CaC_2O_4沉淀。沉淀完全后再稍加陈化，以使沉淀颗粒长大，避免穿滤。在 pH=3.5～4.5 时，这样既可避免其他难溶钙盐析出，又不使CaC_2O_4溶解度太大。

三、仪器、药品及材料

仪器：万分之一分析天平、台秤、电炉、水浴锅、50 mL 酸式滴定管、滴定台、250 mL 锥形瓶、洗瓶、50 mL 量筒、400 mL 烧杯、500 mL 烧杯、玻璃砂芯漏斗、表面皿、漏斗、研钵、玻璃棒。

药品：$KMnO_4$、$Na_2C_2O_4$基准试剂、2 mol/L H_2SO_4、6 mol/L HCl、10%柠檬酸铵、甲基橙指示剂、$(NH_4)_2C_2O_4$ 饱和溶液、6 mol/L $NH_3\cdot H_2O$、0.1% $(NH_4)_2C_2O_4$、0.1 mol/L $AgNO_3$。

材料：称量纸、慢速滤纸、石灰石(鸡蛋壳)。

四、实验步骤

1. 0.02 mol/L $KMnO_4$标准溶液的配制和标定

(1) 配制。用台秤称取 1.7～1.8 g $KMnO_4$固体，溶在煮沸并冷却的 500 mL 蒸馏水中，煮沸 10 分钟，再保持微沸约 1 小时。静置冷却后用玻璃砂芯漏斗过滤，残余溶液和沉淀倒掉，滤液贮于 500 mL 棕色试剂瓶中，待标定。

(2) 标定。用差减法准确称取 0.15～0.20 g 110℃烘干过的$Na_2C_2O_4$三份于 250 mL 锥形瓶中，用 50 mL 蒸馏水溶解后，加 2 mol/L H_2SO_4 溶液 15 mL，将溶液加热至 75～85℃，用待标定的$KMnO_4$溶液滴定。

应注意以下条件：第一，温度。在室温下上述反应的速度缓慢，因此常需将溶液加热至 75～85℃时进行滴定。滴定完毕时溶液的温度也不应低于 60℃，同时滴定时溶液的温度也不宜太高，超过 90℃，部分$H_2C_2O_4$会发生分解：$H_2C_2O_4\rightarrow CO_2+CO+H_2O$。第二，酸度。溶液应保持足够的酸度。酸度过低，$KMnO_4$易分解为$MnO_2$；酸度过高，会促使$H_2C_2O_4$分解。第三，滴定速度。由于该反应是一个自动催化反应，随着Mn^{2+}的产生，反应速率逐渐加快。特别是滴定开始时，滴入第一滴 $KMnO_4$，溶液褪色很慢(溶液中仅存在极少量的Mn^{2+})，所以开始滴定时，应逐滴缓慢滴入，在$KMnO_4$红色没有褪去之前，不急于滴入第二滴。待几滴$KMnO_4$溶液滴入，反应迅速之后，滴定速度就可以稍快些。如果开始滴定很快，加入的$KMnO_4$溶液来不及与$C_2O_4^{2-}$反应，就会在热的酸性溶液中发生分解，导致标定结果偏低。若滴定前加入少量的 $MnSO_4$ 作催化剂，则滴定一开始，反应就能迅速进行，在接近终点时，滴定速度要缓慢逐滴滴入。第四，滴定终点。用 $KMnO_4$ 溶液滴定至终点后，溶液中出现的粉红色不能持久。因为空气中的还原性物质和灰尘等能与之缓慢作用，使还原，故溶液的粉红色逐渐褪去。所以，滴定至溶液出现粉红色且 30s 内不褪色，即可认为达到了滴定终点。根据基准物 $Na_2C_2O_4$ 的质量和滴定时所消耗的 $KMnO_4$ 溶液的体积，计算 $KMnO_4$ 溶液的准确浓度及相对平均偏差。结果记录在表 6-11 中，在 H_2SO_4 介质中，$Na_2C_2O_4$ 标定 $KMnO_4$ 的反应为：

$$2MnO_4^- + 5C_2O_4^{2-} + 16H^+ \rightarrow 2Mn^{2+} + 10CO_2\uparrow + 8H_2O$$

2. 样品测定

(1) 样品溶解。用减量法准确称取 0.13 ~ 0.18 g 石灰石(鸡蛋壳)两份分别于 400 mL 烧杯中，加少许蒸馏水润湿，搅拌成糊状，盖上表面皿。用滴管自烧杯嘴处滴加 10 mL 6 mol/L HCl，待气泡停止产生后，小火加热使试样完全分解。冷却后用少量蒸馏水淋洗烧杯内壁及表面皿，加水稀释至 100 mL。

(2) 沉淀制备。在样品溶液中加 5 mL 10%柠檬酸铵和 2 滴甲基橙指示剂，此时溶液显红色，再加入 20 mL 饱和 $(NH_4)_2C_2O_4$ 溶液，加热至约 80℃，在不断搅拌下滴加 6 mol/L $NH_3 \cdot H_2O$ 至溶液由红色变为黄色。将烧杯置于水浴锅中加热陈化约 30 min 后，再从水浴锅中取出，冷却至室温。

(3) 沉淀过滤和洗涤。在漏斗上放好滤纸，并做成水柱，将陈化后的溶液用慢速滤纸倾泻法过滤。用冷的 0.1% $(NH_4)_2C_2O_4$ 溶液洗涤沉淀 3 ~ 4 次，再用蒸馏水洗至滤液不含 $C_2O_4^{2-}$ 和 Cl^-，则洗涤完毕。在过滤和洗涤过程中尽量使沉淀留在烧杯中，应多次用水淋洗滤纸上部。

(4) 沉淀溶解和滴定。将洗净的沉淀连同滤纸小心取下展开并贴在原来盛放沉淀的烧杯内壁上，沉淀一端朝下。用 30 mL 2 mol/L H_2SO_4 将滤纸上的沉淀洗入烧杯内，加水稀释至 100 mL，加热至 75 ~ 85℃，用已标定好的 $KMnO_4$ 标准溶液滴定至溶液呈粉红色时，再将滤纸浸入烧杯溶液中，用玻璃棒轻轻搅拌，若溶液褪色，则继续用 $KMnO_4$ 标准溶液滴定至粉红色 30 s 内不褪色即为终点，记下消耗 $KMnO_4$ 标准溶液体积。计算石灰石(鸡蛋壳)中钙的百分含量，将实验数据记录在表 6-11 中。

$$W_{Ca}(\%) = \frac{5 \times c_{KMnO_4} \times V_{KMnO_4} \times 10^{-3} \times 40}{2 \times m_{样品}} \times 100\%$$

式中，c_{KMnO_4} ——$KMnO_4$ 标准溶液的浓度，mol/L；

V_{KMnO_4} ——测定样品石灰石(鸡蛋壳)时消耗 $KMnO_4$ 标准溶液的体积，mL；

$m_{样品}$ ——称取样品石灰石(鸡蛋壳)的质量，g。

表 6-11　高锰酸钾间接滴定法测定石灰石（鸡蛋壳）中钙含量的原始实验数据

项目＼测定次数	①	②	③
$Na_2C_2O_4$ 基准试剂质量/g			
标定 $KMnO_4$ 消耗 $KMnO_4$ 体积/mL			
c_{KMnO_4} /(mol/L)			
$\bar{c}_{KMnO_4}$ /(mol/L)			
相对平均偏差			
样品石灰石（鸡蛋壳）质量/g			
$KMnO_4$ 标液终读数/mL			
$KMnO_4$ 标液初读数/mL			
V_{KMnO_4} /mL			
W_{Ca} /%			
$\bar{W}_{Ca}$ /%			
相对平均偏差			

五、思考题

1. $KMnO_4$ 标准溶液为什么不能直接配制？

2. 为什么 CaC_2O_4 沉淀先要在酸性溶液中加入沉淀剂 $(NH_4)_2C_2O_4$，然后再在约 80℃ 时滴加氨水至甲基橙指示剂变为黄色？

3. CaC_2O_4 沉淀生成后为什么要陈化？

4. CaC_2O_4 沉淀为什么先要用稀的 0.1% $(NH_4)_2C_2O_4$ 溶液洗涤，再用蒸馏水洗涤？怎样判断沉淀已洗净？

5. 如果将 CaC_2O_4 沉淀和滤纸一起置于 H_2SO_4 溶液中加热，再用 $KMnO_4$ 标准溶液滴定会产生什么影响？

六、注意事项

1. 石灰石（鸡蛋壳）先用水润湿是为了防止石灰石（鸡蛋壳）加 HCl 时会产生大量 CO_2 气体，将石灰石（鸡蛋壳）粉末冲出。

2. 加柠檬酸铵是掩蔽 Fe^{3+}、Al^{3+} 等杂质，以免生成胶体和共沉淀。

3. 要得到 Ca^{2+} 与 $C_2O_4^{2-}$ 之间 1∶1 的计量关系，应使样品酸度控制在 pH=4。酸度过高，CaC_2O_4 沉淀不完全；酸度过低，会有 $Ca(OH)_2$ 或碱式草酸钙沉淀产生。

4. 加甲基橙指示剂溶液显红色说明溶液呈酸性，在酸性溶液中，加 $(NH_4)_2C_2O_4$ 不应产生沉淀，若产生沉淀说明溶液酸性不足，此时应滴加 6 mol/L HCl 至沉淀溶解，但不能多加，否则用氨水调节 pH 时用量较多。

5. 陈化过程中，若溶液变成红色，可补加几滴 6 mol/L $NH_3 \cdot H_2O$，使溶液刚刚变黄。

6. 先用沉淀剂稀溶液洗涤沉淀，是利用同离子效应，降低沉淀溶解度，以减少溶解损失，并洗去大量杂质。

7. 在酸性溶液中滤纸消耗 $KMnO_4$ 溶液，接触时间越长消耗越多，因此只能在滴定终点前才能将滤纸浸入溶液中。而且不能将滤纸搅碎，应轻轻拨动，使滤纸保持完整。

Ⅱ　配位滴定法

一、实验目的

1. 掌握 EDTA 标准溶液的配制和标定。
2. 掌握 EDTA 配位滴定法测定 Ca^{2+}的原理和方法。

二、实验原理

$pH > 12.5$ 时，Mg^{2+}生成 $Mg(OH)_2$ 沉淀，用沉淀掩蔽 Mg^{2+}后，用 EDTA 标准溶液单独滴定 Ca^{2+}。钙指示剂与 Ca^{2+}显红色，灵敏度高，在 pH=12～13 时滴定 Ca^{2+}，终点呈指示剂自身的蓝色。终点时反应为：

$$\underset{\text{酒红色}}{CaInd^{-}} + H_2Y^{2-} + OH^{-} \rightarrow \underset{\text{无色}}{CaY^{2-}} + \underset{\text{纯蓝色}}{HInd^{2-}} + H_2O$$

三、仪器、药品及材料

仪器：万分之一分析天平、电炉、50 mL 酸式滴定管、滴定台、250 mL 锥形瓶、洗瓶、100 mL 烧杯、10 mL 量杯、表面皿、250 mL 容量瓶、25 mL 移液管、玻璃棒。

药品：EDTA、纯 $CaCO_3$、纯金属锌、6 mol/L HCl、二甲酚橙指示剂、(1+1)氨水、20%六次甲基四胺、2 mol/L NaOH、10%NaOH、钙指示剂、(1+1)三乙醇胺。

材料：称量纸、广泛 pH 试纸、石灰石(鸡蛋壳)。

四、实验步骤

1. 0.02 mol/L EDTA 标准溶液的配制和标定

(1) 配制。称取 4g 乙二胺四乙酸二钠盐于 500 mL 烧杯中，加蒸馏水微热使其完全溶解后稀释至 500 mL。如溶液需保存，最好将溶液储存在聚乙烯塑料瓶中。

(2) 标定。标定 EDTA 的基准物较多，常用纯 $CaCO_3$，也可用纯金属锌标定，其方法如下：

①金属锌为基准物质。准确称取约 0.34g 金属锌(99.99%)于 100 mL 烧杯中，加 5 mL 6 mol/L HCl，立即盖上干净的表面皿，待反应完全后，用水吹洗表面皿及烧杯壁，将溶液转入 250 mL 容量瓶中，用水稀释至刻度，摇匀。用 25 mL 移液管平行移取 25.00 mL Zn^{2+}标准溶液三份分别于 3 只 250 mL 锥形瓶中，加 2 滴二甲酚橙指示剂，先用(1+1)氨水将溶液由黄色调成橙(或棕)红色，再加 25 mL 蒸馏水。滴加 20%六次甲基四胺至溶液呈稳定的紫红色后再过量 3 mL，摇匀，用待标定的 EDTA 溶液滴定至溶液由紫红色变为亮黄

色即为终点。计算 EDTA 溶液的准确浓度。

②$CaCO_3$ 为基准物质。准确称取约 0.50 g $CaCO_3$ 于烧杯中，先用少量的水润湿，盖上干净的表面皿，再加 10 mL 6 mol/L HCl，加热溶解。溶解后用少量水吹洗表面皿及烧杯壁，冷却后，将溶液定量转移到 250 mL 容量瓶中，用水稀释至刻度，摇匀。用 25 mL 移液管平行移取 25.00 mL Ca^{2+}标准溶液三份分别于 3 只 250 mL 锥形瓶中，加 5 mL 2 mol/L NaOH 溶液、固体钙指示剂和 25 mL 蒸馏水。摇匀后，用待标定的 EDTA 溶液滴定至溶液由红色变为蓝色即为终点。计算 EDTA 溶液的准确浓度。

2. 样品测定

(1) 样品溶解。准确称取石灰石(鸡蛋壳)试样 0.5 ~ 0.7g，放入 100 mL 小烧杯中，加少许蒸馏水润湿，搅拌成糊状，盖上表面皿。用滴管自烧杯嘴处滴加 10 mL 6 mol/L HCl，待气泡停止发生后，微火加热将其溶解，冷却后用少量蒸馏水淋洗烧杯内壁及表面皿，然后将小烧杯中的溶液转移到 250 mL 容量瓶中，定容摇匀。

(2) Ca^{2+}滴定。①初步滴定。吸取 25.00 mL 试液，用 25 mL 水稀释，加 4 mL 10% NaOH 溶液，摇匀，使溶液 pH > 12.5，再加入绿豆粒大小的固体钙指示剂，用 0.02000 mol/L EDTA 标准溶液滴定至溶液由酒红色变为纯蓝色即为终点(快到终点时，必须充分振摇)，记录所用 EDTA 标准溶液的体积。

②正式滴定。吸取 25.00 mL 试液，用 25 mL 水稀释，加 4 mL(1+1)三乙醇胺，摇匀后再加入比初步滴定时所用约少 1 mL 的 EDTA 标准溶液，再加入 4 mL 10% NaOH 溶液和绿豆粒大小的固体钙指示剂，继续用 EDTA 标准溶液滴定至终点，记录消耗 EDTA 标准溶液的体积 V(mL)，重复测定 3 次。计算石灰石(鸡蛋壳)样品中钙的百分含量，将实验数据填入表 6-12 中。

表 6-12 配位滴定法测定石灰石(鸡蛋壳)中钙含量的原始实验数据

项目 \ 测定次数	①	②	③
样品石灰石(鸡蛋壳)质量/g			
样品溶液总体积/mL		250 mL	
测定时所取样品溶液体积/mL	25.00	25.00	25.00
c_{EDTA}/(mol/L)			
EDTA 标液终读数/mL			
EDTA 标液初读数/mL			
V_{EDTA} /mL			
W_{Ca} /%			
$\bar{W}_{Ca}$ /%			
相对平均偏差			

$$W_{Ca}(\%)=\frac{c_{EDTA}\times V_{EDTA}\times 10^{-3}\times 40}{m_{样品}\times \frac{25}{250}}\times 100\%$$

式中，c_{EDTA} ——EDTA 标准溶液的浓度，mol/L；

V_{EDTA}——测定 Ca^{2+}时消耗 EDTA 标准溶液的体积，mL；

$m_{样品}$——称取样品石灰石(鸡蛋壳)的质量，g。

五、思考题

1. 试比较高锰酸钾间接滴定法和配位滴定法测定 Ca^{2+}的优缺点。

2. 配位滴定法测定石灰石(鸡蛋壳)中钙含量的原理是什么？这时钙、镁共存相互有无干扰？为什么？

3. 本法测定钙含量时，试样中存在少量的铁、铝干扰物用什么方法去除？

六、注意事项

进行初步滴定的目的是为了便于在临近终点时才加入NaOH溶液，这样可以减少 $Mg(OH)_2$ 沉淀对 Ca^{2+}的吸附作用，防止终点提前到达。

实验三十五　洗衣粉中聚磷酸盐含量的测定(双指示剂酸碱滴定法)

一、实验目的

1. 掌握酸碱滴定的原理，了解其应用。

2. 掌握双指示剂的使用和滴定操作。

二、实验原理

三聚磷酸钠是洗衣粉中的主要助剂，洗衣粉中聚磷酸盐作为助剂可增强洗涤效果，但会造成水质污染，因此必须限制使用。测定聚磷酸盐含量有酸碱滴定法、络合滴定法和电位滴定法，本实验介绍酸碱滴定法。

洗衣粉中聚磷酸盐在酸性介质中被酸解成正磷酸，调节溶液 pH=3～4，此时，正磷酸以磷酸二氢根形式存在于溶液中。$H_2PO_4^-$ 的 $K_a = 6.23\times10^{-8}$，作为多元酸，在满足滴定误差≤1%的条件下，可用碱标准溶液直接滴定，至溶液 pH=8～10 时，磷酸二氢根转变为磷酸一氢根，此时酸碱等摩尔反应，由此可间接测定洗衣粉中聚磷酸盐含量。其反应式如下：

$$Na_5P_3O_{10} + 5HNO_3+2H_2O=5NaNO_3+3H_3PO_4$$

$$H_3PO_4 + NaOH=NaH_2PO_4+H_2O$$

$$NaH_2PO_4 + NaOH=Na_2HPO_4+H_2O$$

洗衣粉中聚磷酸盐的百分含量：

$$W(\%)=\frac{c_{NaOH}\times V_{NaOH}\times M_{Na_5P_3O_{10}}}{3\times m_{样品}\times 1000}\times 100\%$$

式中，c_{NaOH}——氢氧化钠标准溶液的准确浓度，mol/L；

V_{NaOH}——滴定时消耗氢氧化钠标准溶液的体积，mL；

$M_{Na_5P_3O_{10}}$——三聚磷酸钠的摩尔质量，g/mol；

$m_{样品}$——所称洗衣粉样品的质量，g。

三、仪器、药品及材料

仪器：50 mL 碱式滴定管、50 mL 酸式滴定管、250 mL 锥形瓶、50 mL 量筒、电炉、石棉网、万分之一分析天平。

试剂：0.1 mol/L NaOH、6 mol/L NaOH、2 mol/L HNO_3、0.1 mol/L HCl、1%酚酞指示剂、1%甲基橙指示剂、邻苯二甲酸氢钾基准物质。

材料：称量纸、洗衣粉、沸石。

四、实验步骤

1. 0.1 mol/L NaOH 溶液的标定

用减量法精确称取三份约 0.5g 的邻苯二甲酸氢钾基准物，分别倒入三个 250 mL 锥形瓶中，加入 30 ~ 40 mL 煮沸并冷却的蒸馏水使之溶解，加 2 滴酚酞指示剂，用待标定的 NaOH 溶液滴定至溶液由无色变为微红色，并保持 30 s 内不褪色，即为终点。记录滴定前后滴定管中 NaOH 溶液的体积，求得 NaOH 溶液的准确浓度，其各次相对偏差应≤0.5%，否则需重新标定。实验结果记录在表 6-13 中。

$$c_{NaOH}(\text{mol/L})=\frac{m_{邻苯二甲酸氢钾}}{204.73\times V_{NaOH}\times 10^{-3}}$$

式中，$m_{邻苯二甲酸氢钾}$——精确称取基准物邻苯二甲酸氢钾的质量，g；

204.73——邻苯二甲酸氢钾的摩尔质量，g/mol；

V_{NaOH}——标定 NaOH 溶液准确浓度时消耗的体积，mL。

2. 洗衣粉中聚磷酸盐含量的测定

精确称取洗衣粉试样 1.2000 ~ 1.5000g 于 250 mL 锥形瓶中，加 50 mL 蒸馏水，25 mL 2 mol/L HNO_3 溶液，摇匀，再加入几粒沸石，置电炉上小火加热煮沸 20 min，取下，冷却至室温。加入一滴甲基橙指示剂，用滴管逐滴加入 6 mol/L NaOH 溶液，边加边不断摇动锥形瓶至溶液呈浅黄色为止。再用 0.1 mol/L HCl 溶液小心地调节至溶液呈浅粉红色为止以消除过量的 NaOH，然后再加入 2 滴酚酞指示剂。用 0.1000 mol/L NaOH 标准溶液滴定至溶液呈浅粉红色 30 s 内不褪色即为终点，平行测定三次。实验结果记录在表 6-13 中。

表 6-13　洗衣粉中聚磷酸盐含量测定的原始实验数据

项目＼测定次数	①	②	③
精称邻苯二甲酸氢钾的质量/g			
标定 NaOH 准确浓度时消耗 NaOH 体积/mL			
c_{NaOH} / (mol/L)			
$\overline{c}_{NaOH}$ /(mol/L)			
相对平均偏差			
精称洗衣粉的质量/g			
测定洗衣粉时消耗 NaOH 标液体积/mL			
聚磷酸盐含量/%			
聚磷酸盐平均含量/%			
相对平均偏差			

五、思考题

1. 查找有关材料，讨论控制洗衣粉中聚磷酸盐含量对提高洗衣粉质量的意义。
2. 为什么应尽量使滴定终点的颜色与调节 pH 时的颜色接近？

六、注意事项

1. 洗衣粉溶液应用小火加热，并注意防止产生的泡沫溢出。
2. 在低泡洗衣粉中，脂肪酸对结果有干扰。每1%的皂片会使结果偏高约 0.33%。因此，测定低泡洗衣粉的聚磷酸盐含量时，应根据皂片含量对结果进行修正。
3. 染色洗衣粉对终点颜色有干扰，因此该方法不适合测定染色洗衣粉中聚磷酸盐含量。
4. 应尽量使滴定终点的颜色与调节 pH 时的颜色接近，否则会引入正向误差，造成结果偏高。
5. 对于三聚磷酸钠含量较高的超浓缩洗衣粉，因其成分有不均匀性的特点，称取的试样量越少，引入误差的可能性就越大。为此建议对超浓缩洗衣粉宜称取较多的试样，稀释至 250 mL 后，再吸取 25 mL 稀释液进行测定。

主要参考文献

高明慧. 2013. 无机、分析和物理化学实验[M]. 北京：化学工业出版社.

高明慧. 2012. 文科化学实验[M]. 北京：科学出版社.

高明慧. 2011. 无机化学实验[M]. 合肥：中国科学技术大学出版社.

高明慧. 2009. 化学与人类文明实验指导书[M]. 杭州：浙江大学出版社.

中国环境监测总站《环境水质监测质量保证手册》编写组. 1994. 环境水质监测质量保证手册[M]. 2 版. 北京：化学工业出版社.

国家环境保护局科技标准司. 1998. 大气环境分析方法标准工作手册[M].

国家环境保护总局《水和废水监测分析方法》编委会. 2002. 水和废水监测分析方法[M]. 4 版. 北京：中国环境科学出版社.

大连理工大学无机化学教研室. 2003. 无机化学实验[M]. 2 版. 北京：高等教育出版社.

四川大学化工学院，浙江大学化学系. 2002. 分析化学实验[M]. 3 版. 北京：高等教育出版社.

附　录

附录一　元素的相对原子质量

序数	元素名称	元素符号	相对原子质量	序数	元素名称	元素符号	相对原子质量	序数	元素名称	元素符号	相对原子质量
1	氢	H	1.0079	25	锰	Mn	54.94	49	铟	In	114.8
2	氦	He	4.003	26	铁	Fe	55.85	50	锡	Sn	118.7
3	锂	Li	6.941	27	钴	Co	58.93	51	锑	Sb	121.8
4	铍	Be	9.012	28	镍	Ni	58.69	52	碲	Te	127.6
5	硼	B	10.81	29	铜	Cu	63.55	53	碘	I	126.9
6	碳	C	12.02	30	锌	Zn	65.38	54	氙	Xe	131.3
7	氮	N	14.01	31	镓	Ga	69.72	55	铯	Cs	132.9
8	氧	O	16.00	32	锗	Ge	72.63	56	钡	Ba	137.3
9	氟	F	19.00	33	砷	As	74.92	57	镧	La	138.91
10	氖	Ne	20.18	34	硒	Se	78.96	58	铈	Ce	140.12
11	钠	Na	22.99	35	溴	Br	79.90	59	镨	Pr	140.91
12	镁	Mg	24.31	36	氪	Kr	83.80	60	钕	Nd	144.24
13	铝	Al	26.98	37	铷	Rb	85.47	61	钷	Pm	[145]
14	硅	Si	28.09	38	锶	Sr	87.62	62	钐	Sm	150.4
15	磷	P	30.97	39	钇	Y	88.91	63	铕	Eu	152.0
16	硫	S	32.07	40	锆	Zr	91.22	64	钆	Gd	157.3
17	氯	Cl	35.45	41	铌	Nb	92.91	65	铽	Tb	158.9
18	氩	Ar	39.95	42	钼	Mo	95.96	66	镝	Dy	162.5
19	钾	K	39.10	43	锝	Tc	[97.91]	67	钬	Ho	164.9
20	钙	Ca	40.08	44	钌	Ru	101.1	68	铒	Er	167.3
21	钪	Sc	44.96	45	铑	Rh	102.9	69	铥	Tm	168.9
22	钛	Ti	47.87	46	钯	Pd	106.4	70	镱	Yb	173.1
23	钒	V	50.94	47	银	Ag	107.9	71	镥	Lu	175.0
24	铬	Cr	52.00	48	镉	Cd	112.4	72	铪	Hf	178.5

续表

序数	元素名称	元素符号	相对原子质量	序数	元素名称	元素符号	相对原子质量	序数	元素名称	元素符号	相对原子质量
73	钽	Ta	180.9	88	镭	Ra	[226]	103	铹	Lr	[262]
74	钨	W	183.8	89	锕	Ac	[227]	104	𬬻	Rf	[261]
75	铼	Re	186.2	90	钍	Th	232.0	105	𬭊	Db	[262]
76	锇	Os	190.2	91	镤	Pa	231.0	106	𬭳	Sg	[266]
77	铱	Ir	192.2	92	铀	U	238.0	107	𬭛	Bh	[264]
78	铂	Pt	195.1	93	镎	Np	[237]	108	𬭶	Hs	[277]
79	金	Au	197.0	94	钚	Pu	[244]	109	鿏	Mt	[268]
80	汞	Hg	200.6	95	镅	Am	[243]	110	𫟼	Ds	[271]
81	铊	Tl	204.38	96	锔	Cm	[247]	111	𬬭	Rg	[272]
82	铅	Pb	207.2	97	锫	Bk	[247]	112	鿔	Cn	[285]
83	铋	Bi	209.0	98	锎	Cf	[251]	113		Uut	[284]
84	钋	Po	[209]	99	锿	Es	[252]	114		Uuq	[289]
85	砹	At	[210]	100	镄	Fm	[257]	115		Uup	[288]
86	氡	Rn	[222]	101	钔	Md	[258]	116		Uuh	[292]
87	钫	Fr	[223]	102	锘	No	[259]	117		Uus	[291]

说明：本相对原子质量表按照原子序数排列。本表数据源自 2011 年 IUPAC 元素周期表(IUPAC 2011 standard atomic weights)，以 $^{12}C = 12$ 为标准。本表方括号内的原子质量为放射性元素的半衰期最长的同位素质量数。113 ~ 117 号元素数据未被 IUPAC 确定。

附录二　实验室常用酸碱试剂密度、浓度和含量

试剂	密度/(g/mL)	浓度/(mol/L)	含量/%
浓硫酸	1.84	18	95 ~ 98
稀硫酸	1.12	2	17
浓硝酸	1.41	16	65 ~ 68
稀硝酸	1.07	2	12
浓盐酸	1.19	12	36 ~ 38
稀盐酸	1.03	2	7
浓磷酸	1.71	14.7	85
稀磷酸	1.05	1	9
浓高氯酸	1.75	11.6	70 ~ 72
稀高氯酸	1.12	2	19
冰乙酸	1.05	17.5	优级纯 99.8，分析纯 99.5，化学纯 99.0
稀乙酸	1.02	2	12
氢溴酸	1.38	7	40
氢碘酸	1.70	7.5	57
浓氢氟酸	1.13	23	40

续表

试剂	密度/(g/mL)	浓度/(mol/L)	含量/%
浓氨水	0.88	14.8	25 ~ 28
稀氨水		2	3.5
浓氢氧化钠	1.44	14.4	41
稀氢氧化钠	1.09	2.2	8
氢氧化钙水溶液			0.15
氢氧化钡水溶液		0.1	2

附录三　酸、碱解离常数(25℃，I=0)

1. 无机酸在水溶液中的解离常数

序号	名称	化学式	K_a	pK_a
1	偏铝酸	$HAlO_2$	6.3×10^{-13}	12.20
2	亚砷酸	H_3AsO_3	6.0×10^{-10}	9.22
3	砷酸	H_3AsO_4	$K_1=6.3\times10^{-3}$	2.20
			$K_2=1.05\times10^{-7}$	6.98
			$K_3=3.2\times10^{-12}$	11.50
4	硼酸	H_3BO_3	$K_1=5.8\times10^{-10}$	9.24
			$K_2=1.8\times10^{-13}$	12.74
			$K_3=1.6\times10^{-14}$	13.80
5	次溴酸	HBrO	2.4×10^{-9}	8.62
6	氢氰酸	HCN	6.2×10^{-10}	9.21
7	碳酸	H_2CO_3	$K_1=4.2\times10^{-7}$	6.38
			$K_2=5.6\times10^{-11}$	10.25
8	次氯酸	HClO	3.2×10^{-8}	7.50
9	氢氟酸	HF	6.61×10^{-4}	3.18
10	锗酸	H_2GeO_3	$K_1=1.7\times10^{-9}$	8.78
			$K_2=1.9\times10^{-13}$	12.72
11	高碘酸	HIO_4	2.8×10^{-2}	1.56
12	亚硝酸	HNO_2	5.1×10^{-4}	3.29
13	次磷酸	H_3PO_2	5.9×10^{-2}	1.23
14	亚磷酸	H_3PO_3	$K_1=5.0\times10^{-2}$	1.30
			$K_2=2.5\times10^{-7}$	6.60
15	磷酸	H_3PO_4	$K_1=7.52\times10^{-3}$	2.12
			$K_2=6.31\times10^{-8}$	7.20
			$K_3=4.4\times10^{-13}$	12.36
16	焦磷酸	$H_4P_2O_7$	$K_1=3.0\times10^{-2}$	1.52
			$K_2=4.4\times10^{-3}$	2.36
			$K_3=2.5\times10^{-7}$	6.60
			$K_4=5.6\times10^{-10}$	9.25
17	氢硫酸	H_2S	$K_1=1.3\times10^{-7}$	6.88
			$K_2=7.1\times10^{-15}$	14.15
18	亚硫酸	H_2SO_3	$K_1=1.23\times10^{-2}$	1.91
			$K_2=6.6\times10^{-8}$	7.18

续表

序号	名称	化学式	K_a	pK_a
19	硫酸	H_2SO_4	$K_1=1.0\times10^{3}$	–3.00
			$K_2=1.02\times10^{-2}$	1.99
20	硫代硫酸	$H_2S_2O_3$	$K_1=2.52\times10^{-1}$	0.60
			$K_2=1.9\times10^{-2}$	1.72
21	氢硒酸	H_2Se	$K_1=1.3\times10^{-4}$	3.89
			$K_2=1.0\times10^{-11}$	11.0
22	亚硒酸	H_2SeO_3	$K_1=2.7\times10^{-3}$	2.57
			$K_2=2.5\times10^{-7}$	6.60
23	硒酸	H_2SeO_4	$K_1=1\times10^{3}$	–3.00
			$K_2=1.2\times10^{-2}$	1.92
24	硅酸	H_2SiO_3	$K_1=1.7\times10^{-10}$	9.77
			$K_2=1.6\times10^{-12}$	11.80
25	亚碲酸	H_2TeO_3	$K_1=2.7\times10^{-3}$	2.57
			$K_2=1.8\times10^{-8}$	7.74

2. 有机酸在水溶液中的解离常数

序号	名称	化学式	K_a	pK_a
1	甲酸	HCOOH	1.8×10^{-4}	3.75
2	乙酸	CH_3COOH	1.74×10^{-5}	4.76
3	乙醇酸	$CH_2(OH)COOH$	1.48×10^{-4}	3.83
4	草酸	$(COOH)_2$	$K_1=5.4\times10^{-2}$	1.27
			$K_2=5.4\times10^{-5}$	4.27
5	甘氨酸	$CH_2(NH_2)COOH$	1.7×10^{-10}	9.78
6	一氯乙酸	$CH_2ClCOOH$	1.4×10^{-3}	2.86
7	二氯乙酸	$CHCl_2COOH$	5.0×10^{-2}	1.30
8	三氯乙酸	CCl_3COOH	2.0×10^{-1}	0.70
9	丙酸	CH_3CH_2COOH	1.35×10^{-5}	4.87
10	丙烯酸	$CH_2{=}CHCOOH$	5.5×10^{-5}	4.26
11	乳酸(丙醇酸)	$CH_3CHOHCOOH$	1.4×10^{-4}	3.86
12	丙二酸	$HOCOCH_2COOH$	$K_1=1.4\times10^{-3}$	2.85
			$K_2=2.2\times10^{-6}$	5.66
13	2-丙炔酸	$HC{\equiv}CCOOH$	1.29×10^{-2}	1.89
14	甘油酸	$HOCH_2CHOHCOOH$	2.29×10^{-4}	3.64
15	丙酮酸	$CH_3COCOOH$	3.2×10^{-3}	2.49
16	α-丙胺酸	CH_3CHNH_2COOH	1.35×10^{-10}	9.87
17	β-丙胺酸	$CH_2NH_2CH_2COOH$	4.4×10^{-11}	10.36
18	正丁酸	$CH_3(CH_2)_2COOH$	1.52×10^{-5}	4.82
19	异丁酸	$(CH_3)_2CHCOOH$	1.41×10^{-5}	4.85
20	3-丁烯酸	$CH_2{=}CHCH_2COOH$	2.1×10^{-5}	4.68
21	异丁烯酸	$CH_2{=}C(CH_2)COOH$	2.2×10^{-5}	4.66
22	反-丁烯二酸(富马酸)	$HOCOCH{=}CHCOOH$	$K_1=9.3\times10^{-4}$	3.03
			$K_2=3.6\times10^{-5}$	4.44

续表

序号	名称	化学式	K_a	pK_a
23	顺-丁烯二酸(马来酸)	HOCOCH=CHCOOH	$K_1=1.2\times10^{-2}$	1.92
			$K_2=5.9\times10^{-7}$	6.23
24	酒石酸	HOCOCH(OH)CH(OH)COOH	$K_1=1.04\times10^{-3}$	2.98
			$K_2=4.55\times10^{-5}$	4.34
25	正戊酸	$CH_3(CH_2)_3COOH$	1.4×10^{-5}	4.86
26	异戊酸	$(CH_3)_2CHCH_2COOH$	1.67×10^{-5}	4.78
27	2-戊烯酸	$CH_3CH_2CH{=}CHCOOH$	2.0×10^{-5}	4.70
28	3-戊烯酸	$CH_3CH{=}CHCH_2COOH$	3.0×10^{-5}	4.52
29	4-戊烯酸	$CH_2{=}CHCH_2CH_2COOH$	2.10×10^{-5}	4.68
30	戊二酸	$HOCO(CH_2)_3COOH$	$K_1=1.7\times10^{-4}$	3.77
			$K_2=8.3\times10^{-7}$	6.08
31	谷氨酸	$HOCOCH_2CH_2CH(NH_2)COOH$	$K_1=7.4\times10^{-3}$	2.13
			$K_2=4.9\times10^{-5}$	4.31
			$K_3=4.4\times10^{-10}$	9.36
32	正己酸	$CH_3(CH_2)_4COOH$	1.39×10^{-5}	4.86
33	异己酸	$(CH_3)_2CH(CH_2)_3COOH$	1.43×10^{-5}	4.85
34	(*E*)-2-己烯酸	$H(CH_2)_3CH{=}CHCOOH$	1.8×10^{-5}	4.74
35	(*E*)-3-己烯酸	$CH_3CH_2CH{=}CHCH_2COOH$	1.9×10^{-5}	4.72
36	己二酸	$HOCOCH_2CH_2CH_2CH_2COOH$	$K_1=3.8\times10^{-5}$	4.42
			$K_2=3.9\times10^{-6}$	5.41
37	柠檬酸	$HOCOCH_2C(OH)(COOH)CH_2COOH$	$K_1=7.4\times10^{-4}$	3.13
			$K_2=1.7\times10^{-5}$	4.76
			$K_3=4.0\times10^{-7}$	6.40
38	苯酚	C_6H_5OH	1.1×10^{-10}	9.96
39	邻苯二酚	$(o)C_6H_4(OH)_2$	$K_1=3.6\times10^{-10}$	9.45
			$K_2=1.6\times10^{-13}$	12.80
40	间苯二酚	$(m)C_6H_4(OH)_2$	$K_1=3.6\times10^{-10}$	9.30
			$K_2=8.71\times10^{-12}$	11.06
41	对苯二酚	$(p)C_6H_4(OH)_2$	1.1×10^{-10}	9.96
42	2,4,6-三硝基苯酚	$2,4,6\text{-}(NO_2)_3C_6H_2OH$	5.1×10^{-1}	0.29
43	葡萄糖酸	$CH_2OH(CHOH)_4COOH$	1.4×10^{-4}	3.86
44	苯甲酸	C_6H_5COOH	6.3×10^{-5}	4.20
45	水杨酸	$C_6H_4(OH)COOH$	$K_1=1.05\times10^{-3}$	2.98
			$K_2=4.17\times10^{-13}$	12.38
46	邻硝基苯甲酸	$(o)NO_2C_6H_4COOH$	6.6×10^{-3}	2.18
47	间硝基苯甲酸	$(m)NO_2C_6H_4COOH$	3.5×10^{-4}	3.46
48	对硝基苯甲酸	$(p)NO_2C_6H_4COOH$	3.6×10^{-4}	3.44

续表

序号	名称	化学式	K_a	pK_a
49	邻苯二甲酸	$(o)C_6H_4(COOH)_2$	$K_1=1.1\times10^{-3}$	2.96
			$K_2=4.0\times10^{-6}$	5.40
50	间苯二甲酸	$(m)C_6H_4(COOH)_2$	$K_1=2.4\times10^{-4}$	3.62
			$K_2=2.5\times10^{-5}$	4.60
51	对苯二甲酸	$(p)C_6H_4(COOH)_2$	$K_1=2.9\times10^{-4}$	3.54
			$K_2=3.5\times10^{-5}$	4.46
52	1,3,5-苯三甲酸	$C_6H_3(COOH)_3$	$K_1=7.6\times10^{-3}$	2.12
			$K_2=7.9\times10^{-5}$	4.10
			$K_3=6.6\times10^{-6}$	5.18
53	苯基六羧酸	$C_6(COOH)_6$	$K_1=2.1\times10^{-1}$	0.68
			$K_2=6.2\times10^{-3}$	2.21
			$K_3=3.0\times10^{-4}$	3.52
			$K_4=8.1\times10^{-6}$	5.09
			$K_5=4.8\times10^{-7}$	6.32
			$K_6=3.2\times10^{-8}$	7.49
54	癸二酸	$HOOC(CH_2)_8COOH$	$K_1=2.6\times10^{-5}$	4.59
			$K_2=2.6\times10^{-6}$	5.59
55	乙二胺四乙酸(EDTA)	$[(HOOCCH_2)_2NCH_2]_2$	$K_1=1.0\times10^{-2}$	2.00
			$K_2=2.14\times10^{-3}$	2.67
			$K_3=6.92\times10^{-7}$	6.16
			$K_4=5.5\times10^{-11}$	10.26

3. 无机碱在水溶液中的解离常数

序号	名称	化学式	K_b	pK_b
1	氢氧化铝	$Al(OH)_3$	1.38×10^{-9}	8.86
2	氢氧化银	$AgOH$	1.10×10^{-4}	3.96
3	氢氧化钙	$Ca(OH)_2$	$K_1=3.72\times10^{-3}$	2.43
			$K_2=3.98\times10^{-2}$	1.40
4	氨水	$NH_3\cdot H_2O$	1.78×10^{-5}	4.75
5	肼(联氨)	N_2H_4	$K_1=9.55\times10^{-7}$	6.02
			$K_2=1.26\times10^{-15}$	14.90
6	羟氨	NH_2OH	9.12×10^{-9}	8.04
7	氢氧化铅	$Pb(OH)_2$	$K_1=9.55\times10^{-4}$	3.02
			$K_2=3.0\times10^{-8}$	7.52
8	氢氧化锌	$Zn(OH)_2$	9.55×10^{-4}	3.02

4. 有机碱在水溶液中的解离常数

序号	名称	化学式	K_b	pK_b
1	甲胺	CH_3NH_2	4.17×10^{-4}	3.38
2	尿素(脲)	$CO(NH_2)_2$	1.5×10^{-14}	13.82
3	乙胺	$CH_3CH_2NH_2$	4.27×10^{-4}	3.37
4	乙醇胺	$H_2N(CH_2)_2OH$	3.16×10^{-5}	4.50
5	乙二胺	$H_2N(CH_2)_2NH_2$	$K_1=8.51\times10^{-5}$ $K_2=7.08\times10^{-8}$	4.07 7.15
6	二甲胺	$(CH_3)_2NH$	5.89×10^{-4}	3.23
7	三甲胺	$(CH_3)_3N$	6.31×10^{-5}	4.20
8	三乙胺	$(C_2H_5)_3N$	5.25×10^{-4}	3.28
9	丙胺	$C_3H_7NH_2$	3.70×10^{-4}	3.43
10	异丙胺	$i\text{-}C_3H_7NH_2$	4.37×10^{-4}	3.36
11	1,3-丙二胺	$NH_2(CH_2)_3NH_2$	$K_1=2.95\times10^{-4}$ $K_2=3.09\times10^{-6}$	3.53 5.51
12	1,2-丙二胺	$CH_3CH(NH_2)CH_2NH_2$	$K_1=5.25\times10^{-5}$ $K_2=4.05\times10^{-8}$	4.28 7.39
13	三丙胺	$(CH_3CH_2CH_2)_3N$	4.57×10^{-4}	3.34
14	三乙醇胺	$(HOCH_2CH_2)_3N$	5.75×10^{-7}	6.24
15	丁胺	$C_4H_9NH_2$	4.37×10^{-4}	3.36
16	异丁胺	$C_4H_9NH_2$	2.57×10^{-4}	3.59
17	叔丁胺	$C_4H_9NH_2$	4.84×10^{-4}	3.32
18	己胺	$H(CH_2)_6NH_2$	4.37×10^{-4}	3.36
19	辛胺	$H(CH_2)_8NH_2$	4.47×10^{-4}	3.35
20	苯胺	$C_6H_5NH_2$	3.98×10^{-10}	9.40
21	苄胺	C_7H_9N	2.24×10^{-5}	4.65
22	环己胺	$C_6H_{11}NH_2$	4.37×10^{-4}	3.36
23	吡啶	C_5H_5N	1.48×10^{-9}	8.83
24	六亚甲基四胺	$(CH_2)_6N_4$	1.35×10^{-9}	8.87
25	2-氯酚	C_6H_5ClO	3.55×10^{-6}	5.45
26	3-氯酚	C_6H_5ClO	1.26×10^{-5}	4.90
27	4-氯酚	C_6H_5ClO	2.69×10^{-5}	4.57
28	邻氨基苯酚	$(o)H_2NC_6H_4OH$	$K_1=5.2\times10^{-5}$ $K_2=1.9\times10^{-5}$	4.28 4.72
29	间氨基苯酚	$(m)H_2NC_6H_4OH$	$K_1=7.4\times10^{-5}$ $K_2=6.8\times10^{-5}$	4.13 4.17
30	对氨基苯酚	$(p)H_2NC_6H_4OH$	$K_1=2.0\times10^{-4}$ $K_2=3.2\times10^{-6}$	3.70 5.50
31	邻甲苯胺	$(o)CH_3C_6H_4NH_2$	2.82×10^{-10}	9.55
32	间甲苯胺	$(m)CH_3C_6H_4NH_2$	5.13×10^{-10}	9.29
33	对甲苯胺	$(p)CH_3C_6H_4NH_2$	1.20×10^{-9}	8.92
34	8-羟基喹啉(20℃)	$8\text{-}HOC_9H_6N$	6.5×10^{-5}	4.19
35	二苯胺	$(C_6H_5)_2NH$	7.94×10^{-14}	13.1
36	联苯胺	$H_2NC_6H_4C_6H_4NH_2$	$K_1=5.01\times10^{-10}$ $K_2=4.27\times10^{-11}$	9.30 10.37

附录四　微溶化合物溶度积常数(18～25℃，I=0)

微溶化合物	溶度积常数	微溶化合物	溶度积常数	微溶化合物	溶度积常数
醋酸盐		氢氧化物		硫化物	
AgAc	1.94×10^{-3}	AgOH	2.0×10^{-8}	*Ag_2S	6.3×10^{-50}
卤化物		$Al(OH)_3$(无定形)	1.3×10^{-33}	CdS	8.0×10^{-27}
AgBr	5.0×10^{-13}	$Be(OH)_2$(无定形)	1.6×10^{-22}	CoS(α-型)	4.0×10^{-21}
AgCl	1.8×10^{-10}	$Ca(OH)_2$	5.5×10^{-6}	CoS(β-型)	2.0×10^{-25}
AgI	8.3×10^{-17}	$Cd(OH)_2$	5.27×10^{-15}	Cu_2S	2.5×10^{-48}
BaF_2	1.84×10^{-7}	$Co(OH)_2$(粉红色)	1.09×10^{-15}	CuS	6.3×10^{-36}
CaF_2	5.3×10^{-9}	$Co(OH)_2$(蓝色)	5.92×10^{-15}	FeS	6.3×10^{-18}
CuBr	5.3×10^{-9}	$Co(OH)_3$	1.6×10^{-44}	HgS(黑色)	1.6×10^{-52}
CuCl	1.2×10^{-6}	$Cr(OH)_2$	2×10^{-16}	HgS(红色)	4×10^{-53}
CuI	1.1×10^{-12}	$Cr(OH)_3$	6.3×10^{-31}	MnS(晶形)	2.5×10^{-13}
Hg_2Cl_2	1.3×10^{-18}	$Cu(OH)_2$	2.2×10^{-20}	NiS	1.07×10^{-21}
Hg_2I_2	4.5×10^{-29}	$Fe(OH)_2$	8.0×10^{-16}	PbS	8.0×10^{-28}
HgI_2	2.9×10^{-29}	$Fe(OH)_3$	4×10^{-38}	SnS	1×10^{-25}
$PbBr_2$	6.60×10^{-6}	$Mg(OH)_2$	1.8×10^{-11}	SnS_2	2×10^{-27}
$PbCl_2$	1.6×10^{-5}	$Mn(OH)_2$	1.9×10^{-13}	ZnS	2.93×10^{-25}
PbF_2	3.3×10^{-8}	$Ni(OH)_2$(新制备)	2.0×10^{-15}	磷酸盐	
PbI_2	7.1×10^{-9}	$Pb(OH)_2$	1.2×10^{-15}	Ag_3PO_4	1.4×10^{-16}
SrF_2	4.33×10^{-9}	$Sn(OH)_2$	1.4×10^{-28}	$AlPO_4$	6.3×10^{-19}
碳酸盐		$Sr(OH)_2$	9×10^{-4}	$CaHPO_4$	1×10^{-7}
Ag_2CO_3	8.45×10^{-12}	$Zn(OH)_2$	1.2×10^{-17}	$Ca_3(PO_4)_2$	2.0×10^{-29}
$BaCO_3$	5.1×10^{-9}	草酸盐		$Cd_3(PO_4)_2$	2.53×10^{-33}
$CaCO_3$	3.36×10^{-9}	$Ag_2C_2O_4$	5.4×10^{-12}	$Cu_3(PO_4)_2$	1.40×10^{-37}
$CdCO_3$	1.0×10^{-12}	BaC_2O_4	1.6×10^{-7}	$FePO_4\cdot2H_2O$	9.91×10^{-16}
$CuCO_3$	1.4×10^{-10}	$CaC_2O_4\cdot H_2O$	4×10^{-9}	$MgNH_4PO_4$	2.5×10^{-13}
$FeCO_3$	3.13×10^{-11}	CuC_2O_4	4.43×10^{-10}	$Mg_3(PO_4)_2$	1.04×10^{-24}
Hg_2CO_3	3.6×10^{-17}	$FeC_2O_4\cdot2H_2O$	3.2×10^{-7}	$Pb_3(PO_4)_2$	8.0×10^{-43}
$MgCO_3$	6.82×10^{-6}	$Hg_2C_2O_4$	1.75×10^{-13}	$Zn_3(PO_4)_2$	9.0×10^{-33}
$MnCO_3$	2.24×10^{-11}	$MgC_2O_4\cdot2H_2O$	4.83×10^{-6}	硫酸盐	
$NiCO_3$	1.42×10^{-7}	$MnC_2O_4\cdot2H_2O$	1.70×10^{-7}	Ag_2SO_4	1.4×10^{-5}
$PbCO_3$	7.4×10^{-14}	PbC_2O_4	8.51×10^{-10}	*$BaSO_4$	1.1×10^{-10}
$SrCO_3$	5.6×10^{-10}	$SrC_2O_4\cdot H_2O$	1.6×10^{-7}	*$CaSO_4$	9.1×10^{-6}
$ZnCO_3$	1.46×10^{-10}	$ZnC_2O_4\cdot2H_2O$	1.38×10^{-9}	Hg_2SO_4	6.5×10^{-7}
				*$PbSO_4$	1.6×10^{-8}
				*$SrSO_4$	3.2×10^{-7}

续表

微溶化合物	溶度积常数	微溶化合物	溶度积常数	微溶化合物	溶度积常数
铬酸盐		其他盐		$KHC_4H_4O_6$	3×10^{-4}
Ag_2CrO_4	1.12×10^{-12}	$[Ag^+][Ag(CN)_2]^-$	7.2×10^{-11}	(酒石酸氢钾)	
$Ag_2Cr_2O_7$	2.0×10^{-7}	$Ag_4[Fe(CN)_6]$	1.6×10^{-41}	Al(8-羟基喹啉)$_3$	5×10^{-33}
$BaCrO_4$	1.2×10^{-10}	$Cu_2[Fe(CN)_6]$	1.3×10^{-16}	$K_2Na[Co(NO_2)_6]\cdot H_2O$	2.2×10^{-11}
$CaCrO_4$	7.1×10^{-4}	$AgSCN$	1.03×10^{-12}	$Na(NH_4)_2[Co(NO_2)_6]$	4×10^{-12}
$CuCrO_4$	3.6×10^{-6}	$CuSCN$	4.8×10^{-15}	Ni(丁二酮肟)$_2$	4×10^{-24}
Hg_2CrO_4	2.0×10^{-9}	$AgBrO_3$	5.3×10^{-5}	*Mg(8-羟基喹啉)$_2$	4×10^{-16}
$PbCrO_4$	2.8×10^{-13}	$AgIO_3$	3.0×10^{-8}	*Zn(8-羟基喹啉)$_2$	5×10^{-25}
$SrCrO_4$	2.2×10^{-5}	$Cu(IO_3)_2\cdot H_2O$	7.4×10^{-8}		

说明：1. 本数据摘自 Lide D R. Handbook of Chemistry and Physics[M]. 78th Ed. Boca Raton: CRC Press, 1997 ~ 1998.

2. * 数据摘自 Dean J A. Lange's Handbook of Chemistry[M]. 13th Ed. New York: McGraw-Hill, 1985.

附录五 配合物稳定常数

(25℃，表中离子强度都是在有限的范围内，$I\approx0$)

1. 金属-无机配位体配合物的稳定常数

序号	配位体	金属离子	配位体数目 n	$\lg\beta_n$
1	NH_3	Ag^+	1，2	3.24，7.05
		Au^{3+}	4	10.3
		Cd^{2+}	1，2，3，4，5，6	2.65，4.75，6.19，7.12，6.80，5.14
		Co^{2+}	1，2，3，4，5，6	2.11，3.74，4.79，5.55，5.73，5.11
		Co^{3+}	1，2，3，4，5，6	6.7，14.0，20.1，25.7，30.8，35.2
		Cu^+	1，2	5.93，10.86
		Cu^{2+}	1，2，3，4，5	4.31，7.98，11.02，13.32，12.86
		Fe^{2+}	1，2	1.4，2.2
		Hg^{2+}	1，2，3，4	8.8，17.5，18.5，19.28
		Mn^{2+}	1，2	0.8，1.3
		Ni^{2+}	1，2，3，4，5，6	2.80，5.04，6.77，7.96，8.71，8.74
		Pd^{2+}	1，2，3，4	9.6，18.5，26.0，32.8
		Pt^{2+}	6	35.3
		Zn^{2+}	1，2，3，4	2.37，4.81，7.31，9.46

续表

序号	配位体	金属离子	配位体数目 *n*	$\lg\beta_n$
2	Br^-	Ag^+	1，2，3，4	4.38，7.33，8.00，8.73
		Bi^{3+}	1，2，3，4，5，6	2.37，4.20，5.90，7.30，8.20，8.30
		Cd^{2+}	1，2，3，4	1.75，2.34，3.32，3.70
		Ce^{3+}	1	0.42
		Cu^+	2	5.89
		Cu^{2+}	1	0.30
		Hg^{2+}	1，2，3，4	9.05，17.32，19.74，21.00
		In^{3+}	1，2	1.30，1.88
		Pb^{2+}	1，2，3，4	1.77，2.60，3.00，2.30
		Pd^{2+}	1，2，3，4	5.17，9.42，12.70，14.90
		Rh^{3+}	2，3，4，5，6	14.3，16.3，17.6，18.4，17.2
		Sc^{3+}	1，2	2.08，3.08
		Sn^{2+}	1，2，3	1.11，1.81，1.46
		Tl^{3+}	1，2，3，4，5，6	9.7，16.6，21.2，23.9，29.2，31.6
		U^{4+}	1	0.18
		Y^{3+}	1	1.32
3	Cl^-	Ag^+	1，2，3，4	3.04，5.04，5.04，5.30
		Bi^{3+}	1，2，3，4	2.44，4.7，5.0，5.6
		Cd^{2+}	1，2，3，4	1.95，2.50，2.60，2.80
		Co^{3+}	1	1.42
		Cu^+	2，3	5.5，5.7
		Cu^{2+}	1，2	0.1，−0.6
		Fe^{2+}	1	1.17
		Fe^{3+}	2	9.8
		Hg^{2+}	1，2，3，4	6.74，13.22，14.07，15.07
		In^{3+}	1，2，3，4	1.62，2.44，1.70，1.60
		Pb^{2+}	1，2，3	1.42，2.23，3.23
		Pd^{2+}	1，2，3，4	6.1，10.7，13.1，15.7
		Pt^{2+}	2，3，4	11.5，14.5，16.0
		Sb^{3+}	1，2，3，4，5，6	2.26，3.49，4.18，4.72，4.72，4.11
		Sn^{2+}	1，2，3，4	1.51，2.24，2.03，1.48
		Tl^{3+}	1，2，3，4	8.14，13.60，15.78，18.00
		Th^{4+}	1，2	1.38，0.38
		Zn^{2+}	1，2，3，4	0.43，0.61，0.53，0.20
		Zr^{4+}	1，2，3，4	0.9，1.3，1.5，1.2

续表

序号	配位体	金属离子	配位体数目 n	$\lg\beta_n$
4	CN^-	Ag^+	1，2，3，4	–，21.1，21.7，20.6
		Au^+	2	38.3
		Cd^{2+}	1，2，3，4	5.48，10.60，15.23，18.78
		Cu^+	1，2，3，4	–，24.0，28.59，30.30
		Fe^{2+}	6	35.0
		Fe^{3+}	6	42.0
		Hg^{2+}	4	41.4
		Ni^{2+}	4	31.3
		Zn^{2+}	1，2，3，4	5.3，11.70，16.70，21.60
5	F^-	Al^{3+}	1，2，3，4，5，6	6.11，11.12，15.00，18.00，19.40，19.80
		Be^{2+}	1，2，3，4	4.99，8.80，11.60，13.10
		Bi^{3+}	1	1.42
		Co^{2+}	1	0.4
		Cr^{3+}	1，2，3	4.36，8.70，11.20
		Cu^{2+}	1	0.9
		Fe^{2+}	1	0.8
		Fe^{3+}	1，2，3，5	5.28，9.30，12.06，15.77
		Ga^{3+}	1，2，3	4.49，8.00，10.50
		Hf^{4+}	1，2，3，4，5，6	9.0，16.5，23.1，28.8，34.0，38.0
		Hg^{2+}	1	1.03
		In^{3+}	1，2，3，4	3.70，6.40，8.60，9.80
		Mg^{2+}	1	1.30
		Mn^{2+}	1	5.48
		Ni^{2+}	1	0.50
		Pb^{2+}	1，2	1.44，2.54
		Sb^{3+}	1，2，3，4	3.0，5.7，8.3，10.9
		Sn^{2+}	1，2，3	4.08，6.68，9.50
		Th^{4+}	1，2，3，4	8.44，15.08，19.80，23.20
		TiO^{2+}	1，2，3，4	5.4，9.8，13.7，18.0
		Zn^{2+}	1	0.78
		Zr^{4+}	1，2，3，4，5，6	9.4，17.2，23.7，29.5，33.5，38.3
6	I^-	Ag^+	1，2，3	6.58，11.74，13.68
		Bi^{3+}	1，2，3，4，5，6	3.63，–，–，14.95，16.80，18.80
		Cd^{2+}	1，2，3，4	2.10，3.43，4.49，5.41
		Cu^+	2	8.85
		Fe^{3+}	1	1.88
		Hg^{2+}	1，2，3，4	12.87，23.82，27.60，29.83
		Pb^{2+}	1，2，3，4	2.00，3.15，3.92，4.47
		Pd^{2+}	4	24.5
		Tl^+	1，2，3	0.72，0.90，1.08
		Tl^{3+}	1，2，3，4	11.41，20.88，27.60，31.82

续表

序号	配位体	金属离子	配位体数目 n	$\lg\beta_n$
7	OH^-	Ag^+	1，2	2.0，3.99
		Al^{3+}	1，4	9.27，33.03
		As^{3+}	1，2，3，4	14.33，18.73，20.60，21.20
		Be^{2+}	1，2，3	9.7，14.0，15.2
		Bi^{3+}	1，2，4	12.7，15.8，35.2
		Ca^{2+}	1	1.3
		Cd^{2+}	1，2，3，4	4.17，8.33，9.02，8.62
		Ce^{3+}	1	4.6
		Ce^{4+}	1，2	13.28，26.46
		Co^{2+}	1，2，3，4	4.3，8.4，9.7，10.2
		Cr^{3+}	1，2，4	10.1，17.8，29.9
		Cu^{2+}	1，2，3，4	7.0，13.68，17.00，8.5
		Fe^{2+}	1，2，3，4	5.56，9.77，9.67，8.58
		Fe^{3+}	1，2，3	11.87，21.17，29.67
		Hg^{2+}	1，2，3	10.6，21.8，20.9
		In^{3+}	1，2，3，4	10.0，20.2，29.6，38.9
		Mg^{2+}	1	2.58
		Mn^{2+}	1，3	3.9，8.3
		Ni^{2+}	1，2，3	4.97，8.55，11.33
		Pa^{4+}	1，2，3，4	14.04，27.84，40.7，51.4
		Pb^{2+}	1，2，3	7.82，10.85，14.58
		Pd^{2+}	1，2	13.0，25.8
		Sb^{3+}	2，3，4	24.3，36.7，38.3
		Sc^{3+}	1	8.9
		Sn^{2+}	1	10.4
		Th^{3+}	1，2	12.86，25.37
		Ti^{3+}	1	12.71
		Zn^{2+}	1，2，3，4	4.40，11.30，14.14，17.66
		Zr^{4+}	1，2，3，4	14.3，28.3，41.9，55.3
8	NO_3^-	Ba^{2+}	1	0.92
		Bi^{3+}	1	1.26
		Ca^{2+}	1	0.28
		Cd^{2+}	1	0.40
		Fe^{3+}	1	1.0
		Hg^{2+}	1	0.35
		Pb^{2+}	1	1.18
		Tl^+	1	0.33
		Tl^{3+}	1	0.92

续表

序号	配位体	金属离子	配位体数目 n	$\lg\beta_n$
9	$P_2O_7^{4-}$	Ba^{2+}	1	4.6
		Ca^{2+}	1	4.6
		Cd^{3+}	1	5.6
		Co^{2+}	1	6.1
		Cu^{2+}	1，2	6.7，9.0
		Hg^{2+}	2	12.38
		Mg^{2+}	1	5.7
		Ni^{2+}	1，2	5.8，7.4
		Pb^{2+}	1，2	7.3，10.15
		Zn^{2+}	1，2	8.7，11.0
10	SCN^-	Ag^+	1，2，3，4	4.6，7.57，9.08，10.08
		Bi^{3+}	1，2，3，4，5，6	1.67，3.00，4.00，4.80，5.50，6.10
		Cd^{2+}	1，2，3，4	1.39，1.98，2.58，3.6
		Cr^{3+}	1，2	1.87，2.98
		Cu^+	1，2	12.11，5.18
		Cu^{2+}	1，2	1.90，3.00
		Fe^{3+}	1，2，3，4，5，6	2.21，3.64，5.00，6.30，6.20，6.10
		Hg^{2+}	1，2，3，4	9.08，16.86，19.70，21.70
		Ni^{2+}	1，2，3	1.18，1.64，1.81
		Pb^{2+}	1，2，3	0.78，0.99，1.00
		Sn^{2+}	1，2，3	1.17，1.77，1.74
		Th^{4+}	1，2	1.08，1.78
		Zn^{2+}	1，2，3，4	1.33，1.91，2.00，1.60
11	$S_2O_3^{2-}$	Ag^+	1，2，3	8.82，13.46，14.15
		Cd^{2+}	1，2	3.92，6.44
		Cu^+	1，2，3	10.27，12.22，13.84
		Fe^{3+}	1	2.10
		Hg^{2+}	1，2，3，4	–，29.44，31.90，33.24
		Pb^{2+}	2，3	5.13，6.35
12	SO_4^{2-}	Ag^+	1	1.3
		Ba^{2+}	1	2.7
		Bi^{3+}	1，2，3，4，5	1.98，3.41，4.08，4.34，4.60
		Fe^{3+}	1，2	4.04，5.38
		Hg^{2+}	1，2	1.34，2.40
		In^{3+}	1，2，3	1.78，1.88，2.36
		Ni^{2+}	1	2.4
		Pb^{2+}	1	2.75
		Pr^{3+}	1，2	3.62，4.92
		Th^{4+}	1，2	3.32，5.50
		Zr^{4+}	1，2，3	3.79，6.64，7.77

2. 金属-有机配位体配合物的稳定常数

序号	配位体	金属离子	配位体数目 n	$\lg\beta_n$
1	乙二胺四乙酸 (EDTA) $[(HOOCCH_2)_2NCH_2]_2$	Ag^{+}	1	7.32
		Al^{3+}	1	16.11
		Ba^{2+}	1	7.78
		Be^{2+}	1	9.3
		Bi^{3+}	1	22.8
		Ca^{2+}	1	11.0
		Cd^{2+}	1	16.4
		Co^{2+}	1	16.31
		Co^{3+}	1	36.0
		Cr^{3+}	1	23.0
		Cu^{2+}	1	18.7
		Fe^{2+}	1	14.83
		Fe^{3+}	1	24.23
		Ga^{3+}	1	20.25
		Hg^{2+}	1	21.80
		In^{3+}	1	24.95
		Li^{+}	1	2.79
		Mg^{2+}	1	8.64
		Mn^{2+}	1	13.8
		Mo(V)	1	6.36
		Na^{+}	1	1.66
		Ni^{2+}	1	18.56
		Pb^{2+}	1	18.3
		Pd^{2+}	1	18.5
		Sc^{2+}	1	23.1
		Sn^{2+}	1	22.1
		Sr^{2+}	1	8.80
		Th^{4+}	1	23.2
		TiO^{2+}	1	17.3
		Tl^{3+}	1	22.5
		U^{4+}	1	17.50
		VO^{2+}	1	18.0
		Y^{3+}	1	18.32
		Zn^{2+}	1	16.4
		Zr^{4+}	1	19.4

续表

序号	配位体	金属离子	配位体数目 *n*	$\lg\beta_n$
2	乙酸 CH_3COOH	Ag^+	1，2	0.73，0.64
		Ba^{2+}	1	0.41
		Ca^{2+}	1	0.6
		Cd^{2+}	1，2，3	1.5，2.3，2.4
		Ce^{3+}	1，2，3，4	1.68，2.69，3.13，3.18
		Co^{2+}	1，2	1.5，1.9
		Cr^{3+}	1，2，3	4.63，7.08，9.60
		Cu^{2+}(20℃)	1，2	2.16，3.20
		In^{3+}	1，2，3，4	3.50，5.95，7.90，9.08
		Mn^{2+}	1，2	9.84，2.06
		Ni^{2+}	1，2	1.12，1.81
		Pb^{2+}	1，2，3，4	2.52，4.0，6.4，8.5
		Sn^{2+}	1，2，3	3.3，6.0，7.3
		Tl^{3+}	1，2，3，4	6.17，11.28，15.10，18.3
		Zn^{2+}	1	1.5
3	乙酰丙酮 $CH_3COCH_2CH_3$	Al^{3+}(30℃)	1，2	8.6，15.5
		Cd^{2+}	1，2	3.84，6.66
		Co^{2+}	1，2	5.40，9.54
		Cr^{2+}	1，2	5.96，11.7
		Cu^{2+}	1，2	8.27，16.34
		Fe^{2+}	1，2	5.07，8.67
		Fe^{3+}	1，2，3	11.4，22.1，26.7
		Hg^{2+}	2	21.5
		Mg^{2+}	1，2	3.65，6.27
		Mn^{2+}	1，2	4.24，7.35
		Mn^{3+}	3	3.86
		Ni^{2+}(20℃)	1，2，3	6.06，10.77，13.09
		Pb^{2+}	2	6.32
		Pd^{2+}(30℃)	1，2	16.2，27.1
		Th^{4+}	1，2，3，4	8.8，16.2，22.5，26.7
		Ti^{3+}	1，2，3	10.43，18.82，24.90
		V^{2+}	1，2，3	5.4，10.2，14.7
		Zn^{2+}(30℃)	1，2	4.98，8.81
		Zr^{4+}	1，2，3，4	8.4，16.0，23.2，30.1

续表

序号	配位体	金属离子	配位体数目 *n*	$\lg\beta_n$
4	草酸 HOOCCOOH	Ag^+	1	2.41
		Al^{3+}	1，2，3	7.26，13.0，16.3
		Ba^{2+}	1	2.31
		Ca^{2+}	1	3.0
		Cd^{2+}	1，2	3.52，5.77
		Co^{2+}	1，2，3	4.79，6.7，9.7
		Cu^{2+}	1，2	6.23，10.27
		Fe^{2+}	1，2，3	2.9，4.52，5.22
		Fe^{3+}	1，2，3	9.4，16.2，20.2
		Hg^{2+}	1	9.66
		Hg_2^{2+}	2	6.98
		Mg^{2+}	1，2	3.43，4.38
		Mn^{2+}	1，2	3.97，5.80
		Mn^{3+}	1，2，3	9.98，16.57，19.42
		Ni^{2+}	1，2，3	5.3，7.64，8.5
		Pb^{2+}	1，2	4.91，6.76
		Sc^{3+}	1，2，3，4	6.86，11.31，14.32，16.70
		Th^{4+}	4	24.48
		Zn^{2+}	1，2，3	4.89，7.60，8.15
		Zr^{4+}	1，2，3，4	9.80，17.14，20.86，21.15
5	乳酸 $CH_3CHOHCOOH$	Ba^{2+}	1	0.64
		Ca^{2+}	1	1.42
		Cd^{2+}	1	1.70
		Co^{2+}	1	1.90
		Cu^{2+}	1，2	3.02，4.85
		Fe^{3+}	1	7.1
		Mg^{2+}	1	1.37
		Mn^{2+}	1	1.43
		Ni^{2+}	1	2.22
		Pb^{2+}	1，2	2.40，3.80
		Sc^{2+}	1	5.2
		Th^{4+}	1	5.5
		Zn^{2+}	1，2	2.20，3.75
6	水杨酸 $C_6H_4(OH)COOH$	Al^{3+}	1	14.11
		Cd^{2+}	1	5.55
		Co^{2+}	1，2	6.72，11.42
		Cr^{2+}	1，2	8.4，15.3
		Cu^{2+}	1，2	10.60，18.45
		Fe^{2+}	1，2	6.55，11.25

续表

序号	配位体	金属离子	配位体数目 n	$\lg\beta_n$
6	水杨酸 $C_6H_4(OH)COOH$	Mn^{2+}	1，2	5.90，9.80
		Ni^{2+}	1，2	6.95，11.75
		Th^{4+}	1，2，3，4	4.25，7.60，10.05，11.60
		TiO^{2+}	1	6.09
		V^{2+}	1	6.3
		Zn^{2+}	1	6.85
7	磺基水杨酸 $HO_3SC_6H_3(OH)COOH$	Al^{3+}(0.1mol/L)	1，2，3	13.20，22.83，28.89
		Be^{2+}(0.1mol/L)	1，2	11.71，20.81
		Cd^{2+}(0.1mol/L)	1，2	16.68，29.08
		Co^{2+}(0.1mol/L)	1，2	6.13，9.82
		Cr^{3+}(0.1mol/L)	1	9.56
		Cu^{2+}(0.1mol/L)	1，2	9.52，16.45
		Fe^{2+}(0.1mol/L)	1，2	5.9，9.9
		Fe^{3+}(0.1mol/L)	1，2，3	14.64，25.18，32.12
		Mn^{2+}(0.1mol/L)	1，2	5.24，8.24
		Ni^{2+}(0.1mol/L)	1，2	6.42，10.24
		Zn^{2+}(0.1mol/L)	1，2	6.05，10.65
8	酒石酸 $(HOOCCHOH)_2$	Ba^{2+}	2	1.62
		Bi^{3+}	3	8.30
		Ca^{2+}	1，2	2.98，9.01
		Cd^{2+}	1	2.8
		Co^{2+}	1	2.1
		Cu^{2+}	1，2，3，4	3.2，5.11，4.78，6.51
		Fe^{3+}	1	7.49
		Hg^{2+}	1	7.0
		Mg^{2+}	2	1.36
		Mn^{2+}	1	2.49
		Ni^{2+}	1	2.06
		Pb^{2+}	1，3	3.78，4.7
		Sn^{2+}	1	5.2
		Zn^{2+}	1，2	2.68，8.32
9	丁二酸 $HOOCCH_2CH_2COOH$	Ba^{2+}	1	2.08
		Be^{2+}	1	3.08
		Ca^{2+}	1	2.0
		Cd^{2+}	1	2.2
		Co^{2+}	1	2.22
		Cu^{2+}	1	3.33
		Fe^{3+}	1	7.49
		Hg^{2+}	2	7.28
		Mg^{2+}	1	1.20

续表

序号	配位体	金属离子	配位体数目 n	$\lg\beta_n$
9	丁二酸 $HOOCCH_2CH_2COOH$	Mn^{2+}	1	2.26
		Ni^{2+}	1	2.36
		Pb^{2+}	1	2.8
		Zn^{2+}	1	1.6
10	硫脲 $H_2NC(=S)NH_2$	Ag^{+}	1，2	7.4，13.1
		Bi^{3+}	6	11.9
		Cd^{2+}	1，2，3，4	0.6，1.6，2.6，4.6
		Cu^{+}	3，4	13.0，15.4
		Hg^{2+}	2，3，4	22.1，24.7，26.8
		Pb^{2+}	1，2，3，4	1.4，3.1，4.7，8.3
11	乙二胺 $H_2NCH_2CH_2NH_2$	Ag^{+}	1，2	4.70，7.70
		Cd^{2+}(20℃)	1，2，3	5.47，10.09，12.09
		Co^{2+}	1，2，3	5.91，10.64，13.94
		Co^{3+}	1，2，3	18.7，34.9，48.69
		Cr^{2+}	1，2	5.15，9.19
		Cu^{+}	2	10.8
		Cu^{2+}	1，2，3	10.67，20.0，21.0
		Fe^{2+}	1，2，3	4.34，7.65，9.70
		Hg^{2+}	1，2	14.3，23.3
		Mg^{2+}	1	0.37
		Mn^{2+}	1，2，3	2.73，4.79，5.67
		Ni^{2+}	1，2，3	7.52，13.84，18.33
		Pd^{2+}	2	26.90
		V^{2+}	1，2	4.6，7.5
		Zn^{2+}	1，2，3	5.77，10.83，14.11
12	吡啶 C_5H_5N	Ag^{+}	1，2	1.97，4.35
		Cd^{2+}	1，2，3，4	1.40，1.95，2.27，2.50
		Co^{2+}	1，2	1.14，1.54
		Cu^{2+}	1，2，3，4	2.59，4.33，5.93，6.54
		Fe^{2+}	1	0.71
		Hg^{2+}	1，2，3	5.1，10.0，10.4
		Mn^{2+}	1，2，3，4	1.92，2.77，3.37，3.50
		Zn^{2+}	1，2，3，4	1.41，1.11，1.61，1.93
13	甘氨酸 H_2NCH_2COOH	Ag^{+}	1，2	3.41，6.89
		Ba^{2+}	1	0.77
		Ca^{2+}	1	1.38
		Cd^{2+}	1，2	4.74，8.60
		Co^{2+}	1，2，3	5.23，9.25，10.76
		Cu^{2+}	1，2，3	8.60，15.54，16.27

续表

序号	配位体	金属离子	配位体数目 n	$\lg\beta_n$
13	甘氨酸 H_2NCH_2COOH	Fe^{2+}(20℃)	1，2	4.3，7.8
		Hg^{2+}	1，2	10.3，19.2
		Mg^{2+}	1，2	3.44，6.46
		Mn^{2+}	1，2	3.6，6.6
		Ni^{2+}	1，2，3	6.18，11.14，15.0
		Pb^{2+}	1，2	5.47，8.92
		Pd^{2+}	1，2	9.12，17.55
		Zn^{2+}	1，2	5.52，9.96
14	2-甲基-8-羟基喹啉 (50%二噁烷)	Cd^{2+}	1，2，3	9.00，9.00，16.60
		Ce^{3+}	1	7.71
		Co^{2+}	1，2	9.63，18.50
		Cu^{2+}	1，2	12.48，24.00
		Fe^{2+}	1，2	8.75，17.10
		Mg^{2+}	1，2	5.24，9.64
		Mn^{2+}	1，2	7.44，13.99
		Ni^{2+}	1，2	9.41，17.76
		Pb^{2+}	1，2	10.30，18.50
		UO_2^{2+}	1，2	9.4，17.0
		Zn^{2+}	1，2	9.82，18.72

说明：1. 数据摘自 Petrucci R H, Harwood W S, Herring F G. General Chemistry: Principles and Modern Applications. 8th Ed. New Jersey: Prentice Hall Press, 2002.

2. 络合反应的平衡常数用配合物稳定常数表示，又称配合物形成常数。此常数值越大，说明形成的配合物越稳定。其倒数用来表示配合物的解离程度，称为配合物的不稳定常数。

3. β_n 表示配合物累积稳定常数，即 $\beta_n=K_1\times K_2\times K_3\times\cdots\times K_n$，$\lg\beta_n=\lg K_1+\lg K_2+\lg K_3+\cdots+\lg K_n$。

附录六　标准电极电势表(25℃，101.325 kPa)

1. 在酸性溶液中

电对	电极反应	$E^\ominus$/V
Li^+/Li	$Li^+ + e^- \rightleftharpoons Li$	−3.0401
Cs^+/Cs	$Cs^+ + e^- \rightleftharpoons Cs$	−3.026
Rb^+/Rb	$Rb^+ + e^- \rightleftharpoons Rb$	−2.98
K^+/K	$K^+ + e^- \rightleftharpoons K$	−2.931
Ba^{2+}/Ba	$Ba^{2+} + 2e^- \rightleftharpoons Ba$	−2.912
Sr^{2+}/Sr	$Sr^{2+} + 2e^- \rightleftharpoons Sr$	−2.89
Ca^{2+}/Ca	$Ca^{2+} + 2e^- \rightleftharpoons Ca$	−2.868
Na^+/Na	$Na^+ + e^- \rightleftharpoons Na$	−2.71

续表

电对	电极反应	$E^\ominus$/V
La^{3+}/La	$La^{3+} + 3e^- \rightleftharpoons La$	−2.379
Mg^{2+}/Mg	$Mg^{2+} + 2e^- \rightleftharpoons Mg$	−2.372
Ce^{3+}/Ce	$Ce^{3+} + 3e^- \rightleftharpoons Ce$	−2.336
H_2/H^-	$H_2(g) + 2e^- \rightleftharpoons 2H^-$	−2.23
$[AlF_6]^{3-}/Al$	$[AlF_6]^{3-} + 3e^- \rightleftharpoons Al + 6F^-$	−2.069
Th^{4+}/Th	$Th^{4+} + 4e^- \rightleftharpoons Th$	−1.899
Be^{2+}/Be	$Be^{2+} + 2e^- \rightleftharpoons Be$	−1.847
U^{3+}/U	$U^{3+} + 3e^- \rightleftharpoons U$	−1.798
HfO^{2+}/Hf	$HfO^{2+} + 2H^+ + 4e^- \rightleftharpoons Hf + H_2O$	−1.724
Al^{3+}/Al	$Al^{3+} + 3e^- \rightleftharpoons Al$	−1.662
Ti^{2+}/Ti	$Ti^{2+} + 2e^- \rightleftharpoons Ti$	−1.630
ZrO_2/Zr	$ZrO_2 + 4H^+ + 4e^- \rightleftharpoons Zr + 2H_2O$	−1.553
$[SiF_6]^{2-}/Si$	$[SiF_6]^{2-} + 4e^- \rightleftharpoons Si + 6F^-$	−1.24
Mn^{2+}/Mn	$Mn^{2+} + 2e^- \rightleftharpoons Mn$	−1.185
Cr^{2+}/Cr	$Cr^{2+} + 2e^- \rightleftharpoons Cr$	−0.913
Ti^{3+}/Ti^{2+}	$Ti^{3+} + e^- \rightleftharpoons Ti^{2+}$	−0.9
H_3BO_3/B	$H_3BO_3 + 3H^+ + 3e^- \rightleftharpoons B + 3H_2O$	−0.8698
TiO_2/Ti	$TiO_2 + 4H^+ + 4e^- \rightleftharpoons Ti + 2H_2O$	−0.86
Te/H_2Te	$Te + 2H^+ + 2e^- \rightleftharpoons H_2Te$	−0.793
Zn^{2+}/Zn	$Zn^{2+} + 2e^- \rightleftharpoons Zn$	−0.7618
Ta_2O_5/Ta	$Ta_2O_5 + 10H^+ + 10e^- \rightleftharpoons 2Ta + 5H_2O$	−0.750
Cr^{3+}/Cr	$Cr^{3+} + 3e^- \rightleftharpoons Cr$	−0.744
Nb_2O_5/Nb	$Nb_2O_5 + 10H^+ + 10e^- \rightleftharpoons 2Nb + 5H_2O$	−0.644
As/AsH_3	$As + 3H^+ + 3e^- \rightleftharpoons AsH_3$	−0.608
U^{4+}/U^{3+}	$U^{4+} + e^- \rightleftharpoons U^{3+}$	−0.607
Ga^{3+}/Ga	$Ga^{3+} + 3e^- \rightleftharpoons Ga$	−0.549
H_3PO_2/P	$H_3PO_2 + H^+ + e^- \rightleftharpoons P + 2H_2O$	−0.508
H_3PO_3/H_3PO_2	$H_3PO_3 + 2H^+ + 2e^- \rightleftharpoons H_3PO_2 + H_2O$	−0.499
$CO_2/H_2C_2O_4$	$2CO_2 + 2H^+ + 2e^- \rightleftharpoons H_2C_2O_4$	−0.49
Fe^{2+}/Fe	$Fe^{2+} + 2e^- \rightleftharpoons Fe$	−0.447
Cr^{3+}/Cr^{2+}	$Cr^{3+} + e^- \rightleftharpoons Cr^{2+}$	−0.407
Cd^{2+}/Cd	$Cd^{2+} + 2e^- \rightleftharpoons Cd$	−0.4030
Se/H_2Se	$Se + 2H^+ + 2e^- \rightleftharpoons H_2Se(aq)$	−0.399

续表

电对	电极反应	$E^\ominus$/V
PbI_2/Pb	$PbI_2 + 2e^- \rightleftharpoons Pb + 2I^-$	– 0.365
Eu^{3+}/Eu^{2+}	$Eu^{3+} + e^- \rightleftharpoons Eu^{2+}$	– 0.36
$PbSO_4/Pb$	$PbSO_4 + 2e^- \rightleftharpoons Pb + SO_4^{2-}$	– 0.3588
In^{3+}/In	$In^{3+} + 3e^- \rightleftharpoons In$	– 0.3382
Tl^+/Tl	$Tl^+ + e^- \rightleftharpoons Tl$	– 0.336
Co^{2+}/Co	$Co^{2+} + 2e^- \rightleftharpoons Co$	– 0.28
H_3PO_4/H_3PO_3	$H_3PO_4 + 2H^+ + 2e^- \rightleftharpoons H_3PO_3 + H_2O$	– 0.276
$PbCl_2/Pb$	$PbCl_2 + 2e^- \rightleftharpoons Pb + 2Cl^-$	– 0.2675
Ni^{2+}/Ni	$Ni^{2+} + 2e^- \rightleftharpoons Ni$	– 0.257
V^{3+}/V^{2+}	$V^{3+} + e^- \rightleftharpoons V^{2+}$	– 0.255
H_2GeO_3/Ge	$H_2GeO_3 + 4H^+ + 4e^- \rightleftharpoons Ge + 3H_2O$	– 0.182
AgI/Ag	$AgI + e^- \rightleftharpoons Ag + I^-$	– 0.15224
Sn^{2+}/Sn	$Sn^{2+} + 2e^- \rightleftharpoons Sn$	– 0.1375
Pb^{2+}/Pb	$Pb^{2+} + 2e^- \rightleftharpoons Pb$	– 0.1262
CO_2/CO	$CO_2(g) + 2H^+ + 2e^- \rightleftharpoons CO + H_2O$	– 0.12
P/PH_3	$P(white) + 3H^+ + 3e^- \rightleftharpoons PH_3(g)$	– 0.063
Hg_2I_2/Hg	$Hg_2I_2 + 2e^- \rightleftharpoons 2Hg + 2I^-$	– 0.0405
Fe^{3+}/Fe	$Fe^{3+} + 3e^- \rightleftharpoons Fe$	– 0.037
H^+/H_2	$2H^+ + 2e^- \rightleftharpoons H_2$	0.0000
$AgBr/Ag$	$AgBr + e^- \rightleftharpoons Ag + Br^-$	0.07133
$S_4O_6^{2-}/S_2O_3^{2-}$	$S_4O_6^{2-} + 2e^- \rightleftharpoons 2S_2O_3^{2-}$	0.08
TiO^{2+}/Ti^{3+}	$TiO^{2+} + 2H^+ + e^- \rightleftharpoons Ti^{3+} + H_2O$	0.1
S/H_2S	$S + 2H^+ + 2e^- \rightleftharpoons H_2S(aq)$	0.142
Sn^{4+}/Sn^{2+}	$Sn^{4+} + 2e^- \rightleftharpoons Sn^{2+}$	0.151
Sb_2O_3/Sb	$Sb_2O_3 + 6H^+ + 6e^- \rightleftharpoons 2Sb + 3H_2O$	0.152
Cu^{2+}/Cu^+	$Cu^{2+} + e^- \rightleftharpoons Cu^+$	0.153
$BiOCl/Bi$	$BiOCl + 2H^+ + 3e^- \rightleftharpoons Bi + Cl^- + H_2O$	0.1583
SO_4^{2-}/H_2SO_3	$SO_4^{2-} + 4H^+ + 2e^- \rightleftharpoons H_2SO_3 + H_2O$	0.172
SbO^+/Sb	$SbO^+ + 2H^+ + 3e^- \rightleftharpoons Sb + H_2O$	0.212
$AgCl/Ag$	$AgCl + e^- \rightleftharpoons Ag + Cl^-$	0.22233
$HAsO_2/As$	$HAsO_2 + 3H^+ + 3e^- \rightleftharpoons As + 2H_2O$	0.248
Hg_2Cl_2/Hg	$Hg_2Cl_2 + 2e^- \rightleftharpoons 2Hg + 2Cl^-$(饱和 KCl)	0.26808
BiO^+/Bi	$BiO^+ + 2H^+ + 3e^- \rightleftharpoons Bi + H_2O$	0.320

续表

电对	电极反应	$E^\ominus$/V
UO_2^{2+}/U^{4+}	$UO_2^{2+} + 4H^+ + 2e^- \rightleftharpoons U^{4+} + 2H_2O$	0.327
$HCNO/(CN)_2$	$2HCNO + 2H^+ + 2e^- \rightleftharpoons (CN)_2 + 2H_2O$	0.330
VO^{2+}/V^{3+}	$VO^{2+} + 2H^+ + e^- \rightleftharpoons V^{3+} + H_2O$	0.337
Cu^{2+}/Cu	$Cu^{2+} + 2e^- \rightleftharpoons Cu$	0.3419
ReO_4^-/Re	$ReO_4^- + 8H^+ + 7e^- \rightleftharpoons Re + 4H_2O$	0.368
Ag_2CrO_4/Ag	$Ag_2CrO_4 + 2e^- \rightleftharpoons 2Ag + CrO_4^{2-}$	0.4470
H_2SO_3/S	$H_2SO_3 + 4H^+ + 4e^- \rightleftharpoons S + 3H_2O$	0.449
Cu^+/Cu	$Cu^+ + e^- \rightleftharpoons Cu$	0.521
I_2/I^-	$I_2 + 2e^- \rightleftharpoons 2I^-$	0.5355
I_3^-/I^-	$I_3^- + 2e^- \rightleftharpoons 3I^-$	0.536
$H_3AsO_4/HAsO_2$	$H_3AsO_4 + 2H^+ + 2e^- \rightleftharpoons HAsO_2 + 2H_2O$	0.560
Sb_2O_5/SbO^+	$Sb_2O_5 + 6H^+ + 4e^- \rightleftharpoons 2SbO^+ + 3H_2O$	0.581
TeO_2/Te	$TeO_2 + 4H^+ + 4e^- \rightleftharpoons Te + 2H_2O$	0.593
UO_2^+/U^{4+}	$UO_2^+ + 4H^+ + e^- \rightleftharpoons U^{4+} + 2H_2O$	0.612
$HgCl_2/Hg_2Cl_2$	$2HgCl_2 + 2e^- \rightleftharpoons Hg_2Cl_2 + 2Cl^-$	0.63
$[PtCl_6]^{2-}/[PtCl_4]^{2-}$	$[PtCl_6]^{2-} + 2e^- \rightleftharpoons [PtCl_4]^{2-} + 2Cl^-$	0.68
O_2/H_2O_2	$O_2 + 2H^+ + 2e^- \rightleftharpoons H_2O_2$	0.695
$[PtCl_4]^{2-}/Pt$	$[PtCl_4]^{2-} + 2e^- \rightleftharpoons Pt + 4Cl^-$	0.755
H_2SeO_3/Se	$H_2SeO_3 + 4H^+ + 4e^- \rightleftharpoons Se + 3H_2O$	0.74
Fe^{3+}/Fe^{2+}	$Fe^{3+} + e^- \rightleftharpoons Fe^{2+}$	0.771
Hg_2^{2+}/Hg	$Hg_2^{2+} + 2e^- \rightleftharpoons 2Hg$	0.7973
Ag^+/Ag	$Ag^+ + e^- \rightleftharpoons Ag$	0.7996
OsO_4/Os	$OsO_4 + 8H^+ + 8e^- \rightleftharpoons Os + 4H_2O$	0.8
NO_3^-/N_2O_4	$2NO_3^- + 4H^+ + 2e^- \rightleftharpoons N_2O_4 + 2H_2O$	0.803
Hg^{2+}/Hg	$Hg^{2+} + 2e^- \rightleftharpoons Hg$	0.851
SiO_2/Si	$(quartz)SiO_2 + 4H^+ + 4e^- \rightleftharpoons Si + 2H_2O$	0.857
Cu^{2+}/CuI	$Cu^{2+} + I^- + e^- \rightleftharpoons CuI$	0.86
$HNO_2/H_2N_2O_2$	$2HNO_2 + 4H^+ + 4e^- \rightleftharpoons H_2N_2O_2 + 2H_2O$	0.86
Hg^{2+}/Hg_2^{2+}	$2Hg^{2+} + 2e^- \rightleftharpoons Hg_2^{2+}$	0.920
NO_3^-/HNO_2	$NO_3^- + 3H^+ + 2e^- \rightleftharpoons HNO_2 + H_2O$	0.934
Pd^{2+}/Pd	$Pd^{2+} + 2e^- \rightleftharpoons Pd$	0.951
NO_3^-/NO	$NO_3^- + 4H^+ + 3e^- \rightleftharpoons NO + 2H_2O$	0.957

续表

电对	电极反应	$E^\ominus$/V
HNO_2/NO	$HNO_2 + H^+ + e^- \rightleftharpoons NO + H_2O$	0.983
HIO/I^-	$HIO + H^+ + 2e^- \rightleftharpoons I^- + H_2O$	0.987
VO_2^+/VO^{2+}	$VO_2^+ + 2H^+ + e^- \rightleftharpoons VO^{2+} + H_2O$	0.991
$V(OH)_4^+/VO^{2+}$	$V(OH)_4^+ + 2H^+ + e^- \rightleftharpoons VO^{2+} + 3H_2O$	1.00
$[AuCl_4]^-/Au$	$[AuCl_4]^- + 3e^- \rightleftharpoons Au + 4Cl^-$	1.002
H_6TeO_6/TeO_2	$H_6TeO_6 + 2H^+ + 2e^- \rightleftharpoons TeO_2 + 4H_2O$	1.02
N_2O_4/NO	$N_2O_4 + 4H^+ + 4e^- \rightleftharpoons 2NO + 2H_2O$	1.035
N_2O_4/HNO_2	$N_2O_4 + 2H^+ + 2e^- \rightleftharpoons 2HNO_2$	1.065
IO_3^-/I^-	$IO_3^- + 6H^+ + 6e^- \rightleftharpoons I^- + 3H_2O$	1.085
Br_2/Br^-	$Br_2(aq) + 2e^- \rightleftharpoons 2Br^-$	1.0873
SeO_4^{2-}/H_2SeO_3	$SeO_4^{2-} + 4H^+ + 2e^- \rightleftharpoons H_2SeO_3 + H_2O$	1.151
ClO_3^-/ClO_2	$ClO_3^- + 2H^+ + e^- \rightleftharpoons ClO_2 + H_2O$	1.152
Pt^{2+}/Pt	$Pt^{2+} + 2e^- \rightleftharpoons Pt$	1.18
ClO_4^-/ClO_3^-	$ClO_4^- + 2H^+ + 2e^- \rightleftharpoons ClO_3^- + H_2O$	1.189
IO_3^-/I_2	$2IO_3^- + 12H^+ + 10e^- \rightleftharpoons I_2 + 6H_2O$	1.195
$ClO_3^-/HClO_2$	$ClO_3^- + 3H^+ + 2e^- \rightleftharpoons HClO_2 + H_2O$	1.214
MnO_2/Mn^{2+}	$MnO_2 + 4H^+ + 2e^- \rightleftharpoons Mn^{2+} + 2H_2O$	1.224
O_2/H_2O	$O_2 + 4H^+ + 4e^- \rightleftharpoons 2H_2O$	1.229
$T1^{3+}/T^+$	$T1^{3+} + 2e^- \rightleftharpoons Tl^+$	1.252
$ClO_2/HClO_2$	$ClO_2 + H^+ + e^- \rightleftharpoons HClO_2$	1.277
HNO_2/N_2O	$2HNO_2 + 4H^+ + 4e^- \rightleftharpoons N_2O + 3H_2O$	1.297
$Cr_2O_7^{2-}/Cr^{3+}$	$Cr_2O_7^{2-} + 14H^+ + 6e^- \rightleftharpoons 2Cr^{3+} + 7H_2O$	1.33
$HBrO/Br^-$	$HBrO + H^+ + 2e^- \rightleftharpoons Br^- + H_2O$	1.331
$HCrO_4^-/Cr^{3+}$	$HCrO_4^- + 7H^+ + 3e^- \rightleftharpoons Cr^{3+} + 4H_2O$	1.350
Cl_2/Cl^-	$Cl_2(g) + 2e^- \rightleftharpoons 2Cl^-$	1.35827
ClO_4^-/Cl^-	$ClO_4^- + 8H^+ + 8e^- \rightleftharpoons Cl^- + 4H_2O$	1.389
ClO_4^-/Cl_2	$ClO_4^- + 8H^+ + 7e^- \rightleftharpoons 1/2Cl_2 + 4H_2O$	1.39
Au^{3+}/Au^+	$Au^{3+} + 2e^- \rightleftharpoons Au^+$	1.401
BrO_3^-/Br^-	$BrO_3^- + 6H^+ + 6e^- \rightleftharpoons Br^- + 3H_2O$	1.423
HIO/I_2	$2HIO + 2H^+ + 2e^- \rightleftharpoons I_2 + 2H_2O$	1.439
ClO_3^-/Cl^-	$ClO_3^- + 6H^+ + 6e^- \rightleftharpoons Cl^- + 3H_2O$	1.451
PbO_2/Pb^{2+}	$PbO_2 + 4H^+ + 2e^- \rightleftharpoons Pb^{2+} + 2H_2O$	1.455

续表

电对	电极反应	$E^\ominus$/V
ClO_3^-/Cl_2	$ClO_3^- + 6H^+ + 5e^- \rightleftharpoons 1/2Cl_2 + 3H_2O$	1.47
$HClO/Cl^-$	$HClO + H^+ + 2e^- \rightleftharpoons Cl^- + H_2O$	1.482
BrO_3^-/Br_2	$BrO_3^- + 6H^+ + 5e^- \rightleftharpoons 1/2Br_2 + 3H_2O$	1.482
Au^{3+}/Au	$Au^{3+} + 3e^- \rightleftharpoons Au$	1.498
MnO_4^-/Mn^{2+}	$MnO_4^- + 8H^+ + 5e^- \rightleftharpoons Mn^{2+} + 4H_2O$	1.507
Mn^{3+}/Mn^{2+}	$Mn^{3+} + e^- \rightleftharpoons Mn^{2+}$	1.5415
$HClO_2/Cl^-$	$HClO_2 + 3H^+ + 4e^- \rightleftharpoons Cl^- + 2H_2O$	1.570
$HBrO/Br_2$	$HBrO + H^+ + e^- \rightleftharpoons 1/2Br_2(aq) + H_2O$	1.574
NO/N_2O	$2NO + 2H^+ + 2e^- \rightleftharpoons N_2O + H_2O$	1.591
H_5IO_6/IO_3^-	$H_5IO_6 + H^+ + 2e^- \rightleftharpoons IO_3^- + 3H_2O$	1.601
$HClO/Cl_2$	$HClO + H^+ + e^- \rightleftharpoons 1/2Cl_2 + H_2O$	1.611
$HClO_2/HClO$	$HClO_2 + 2H^+ + 2e^- \rightleftharpoons HClO + H_2O$	1.645
NiO_2/Ni^{2+}	$NiO_2 + 4H^+ + 2e^- \rightleftharpoons Ni^{2+} + 2H_2O$	1.678
MnO_4^-/MnO_2	$MnO_4^- + 4H^+ + 3e^- \rightleftharpoons MnO_2 + 2H_2O$	1.679
$PbO_2/PbSO_4$	$PbO_2 + SO_4^{2-} + 4H^+ + 2e^- \rightleftharpoons PbSO_4 + 2H_2O$	1.6913
Au^+/Au	$Au^+ + e^- \rightleftharpoons Au$	1.692
Ce^{4+}/Ce^{3+}	$Ce^{4+} + e^- \rightleftharpoons Ce^{3+}$	1.72
N_2O/N_2	$N_2O + 2H^+ + 2e^- \rightleftharpoons N_2 + H_2O$	1.766
H_2O_2/H_2O	$H_2O_2 + 2H^+ + 2e^- \rightleftharpoons 2H_2O$	1.776
Co^{3+}/Co^{2+}	$Co^{3+} + e^- \rightleftharpoons Co^{2+}$(2mol/L$H_2SO_4$)	1.83
Ag^{2+}/Ag^+	$Ag^{2+} + e^- \rightleftharpoons Ag^+$	1.980
$S_2O_8^{2-}/SO_4^{2-}$	$S_2O_8^{2-} + 2e^- \rightleftharpoons 2SO_4^{2-}$	2.010
O_3/H_2O	$O_3 + 2H^+ + 2e^- \rightleftharpoons O_2 + H_2O$	2.076
F_2O/H_2O	$F_2O + 2H^+ + 4e^- \rightleftharpoons H_2O + 2F^-$	2.153
FeO_4^{2-}/Fe^{3+}	$FeO_4^{2-} + 8H^+ + 3e^- \rightleftharpoons Fe^{3+} + 4H_2O$	2.20
O/H_2O	$O(g) + 2H^+ + 2e^- \rightleftharpoons H_2O$	2.421
F_2/F^-	$F_2 + 2e^- \rightleftharpoons 2F^-$	2.866
	$F_2 + 2H^+ + 2e^- \rightleftharpoons 2HF$	3.053

2. 在碱性溶液中

电对	电极反应	$E^{\ominus}$/V
$Ca(OH)_2/Ca$	$Ca(OH)_2 + 2e^- \rightleftharpoons Ca + 2OH^-$	− 3.02
$Ba(OH)_2/Ba$	$Ba(OH)_2 + 2e^- \rightleftharpoons Ba + 2OH^-$	− 2.99
$La(OH)_3/La$	$La(OH)_3 + 3e^- \rightleftharpoons La + 3OH^-$	− 2.90
$Sr(OH)_2 \cdot 8H_2O/Sr$	$Sr(OH)_2 \cdot 8H_2O + 2e^- \rightleftharpoons Sr + 2OH^- + 8H_2O$	− 2.88
$Mg(OH)_2/Mg$	$Mg(OH)_2 + 2e^- \rightleftharpoons Mg + 2OH^-$	− 2.690
$Be_2O_3^{2-}/Be$	$Be_2O_3^{2-} + 3H_2O + 4e^- \rightleftharpoons 2Be + 6OH^-$	− 2.63
$HfO(OH)_2/Hf$	$HfO(OH)_2 + H_2O + 4e^- \rightleftharpoons Hf + 4OH^-$	− 2.50
H_2ZrO_3/Zr	$H_2ZrO_3 + H_2O + 4e^- \rightleftharpoons Zr + 4OH^-$	− 2.36
$H_2AlO_3^-/Al$	$H_2AlO_3^- + H_2O + 3e^- \rightleftharpoons Al + OH^-$	− 2.33
$H_2PO_2^-/P$	$H_2PO_2^- + e^- \rightleftharpoons P + 2OH^-$	− 1.82
$H_2BO_3^-/B$	$H_2BO_3^- + H_2O + 3e^- \rightleftharpoons B + 4OH^-$	− 1.79
HPO_3^{2-}/P	$HPO_3^{2-} + 2H_2O + 3e^- \rightleftharpoons P + 5OH^-$	− 1.71
SiO_3^{2-}/Si	$SiO_3^{2-} + 3H_2O + 4e^- \rightleftharpoons Si + 6OH^-$	− 1.697
$HPO_3^{2-}/H_2PO_2^-$	$HPO_3^{2-} + 2H_2O + 2e^- \rightleftharpoons H_2PO_2^- + 3OH^-$	− 1.65
$Mn(OH)_2/Mn$	$Mn(OH)_2 + 2e^- \rightleftharpoons Mn + 2OH^-$	− 1.56
$Cr(OH)_3/Cr$	$Cr(OH)_3 + 3e^- \rightleftharpoons Cr + 3OH^-$	− 1.48
$[Zn(CN)_4]^{2-}/Zn$	$[Zn(CN)_4]^{2-} + 2e^- \rightleftharpoons Zn + 4CN^-$	− 1.26
$Zn(OH)_2/Zn$	$Zn(OH)_2 + 2e^- \rightleftharpoons Zn + 2OH^-$	− 1.249
$H_2GaO_3^-/Ga$	$H_2GaO_3^- + H_2O + 2e^- \rightleftharpoons Ga + 4OH^-$	− 1.219
ZnO_2^{2-}/Zn	$ZnO_2^{2-} + 2H_2O + 2e^- \rightleftharpoons Zn + 4OH^-$	− 1.215
CrO_2^-/Cr	$CrO_2^- + 2H_2O + 3e^- \rightleftharpoons Cr + 4OH^-$	− 1.2
Te/Te^{2-}	$Te + 2e^- \rightleftharpoons Te^{2-}$	− 1.143
PO_4^{3-}/HPO_3^{2-}	$PO_4^{3-} + 2H_2O + 2e^- \rightleftharpoons HPO_3^{2-} + 3OH^-$	− 1.05
$[Zn(NH_3)_4]^{2+}/Zn$	$[Zn(NH_3)_4]^{2+} + 2e^- \rightleftharpoons Zn + 4NH_3$	− 1.04
WO_4^{2-}/W	$WO_4^{2-} + 4H_2O + 6e^- \rightleftharpoons W + 8OH^-$	− 1.01
$HGeO_3^-/Ge$	$HGeO_3^- + 2H_2O + 4e^- \rightleftharpoons Ge + 5OH^-$	− 1.0
$[Sn(OH)_6]^{2-}/HSnO_2^-$	$[Sn(OH)_6]^{2-} + 2e^- \rightleftharpoons HSnO_2^- + H_2O + 3OH^-$	− 0.93
SO_4^{2-}/SO_3^{2-}	$SO_4^{2-} + H_2O + 2e^- \rightleftharpoons SO_3^{2-} + 2OH^-$	− 0.93
Se/Se^{2-}	$Se + 2e^- \rightleftharpoons Se^{2-}$	− 0.924
$HSnO_2^-/Sn$	$HSnO_2^- + H_2O + 2e^- \rightleftharpoons Sn + 3OH^-$	− 0.909
P/PH_3	$P + 3H_2O + 3e^- \rightleftharpoons PH_3(g) + 3OH^-$	− 0.87
NO_3^-/N_2O_4	$2NO_3^- + 2H_2O + 2e^- \rightleftharpoons N_2O_4 + 4OH^-$	− 0.85

续表

电对	电极反应	$E^{\ominus}$/V
H_2O/H_2	$2H_2O + 2e^- \rightleftharpoons H_2 + 2OH^-$	−0.8277
$Cd(OH)_2/Cd$	$Cd(OH)_2 + 2e^- \rightleftharpoons Cd + 2OH^-$	−0.809
$Co(OH)_2/Co$	$Co(OH)_2 + 2e^- \rightleftharpoons Co + 2OH^-$	−0.73
$Ni(OH)_2/Ni$	$Ni(OH)_2 + 2e^- \rightleftharpoons Ni + 2OH^-$	−0.72
AsO_4^{3-}/AsO_2^-	$AsO_4^{3-} + 2H_2O + 2e^- \rightleftharpoons AsO_2^- + 4OH^-$	−0.71
Ag_2S/Ag	$Ag_2S + 2e^- \rightleftharpoons 2Ag + S^{2-}$	−0.691
AsO_2^-/As	$AsO_2^- + 2H_2O + 3e^- \rightleftharpoons As + 4OH^-$	−0.68
SbO_2^-/Sb	$SbO_2^- + 2H_2O + 3e^- \rightleftharpoons Sb + 4OH^-$	−0.66
ReO_4^-/ReO_2	$ReO_4^- + 2H_2O + 3e^- \rightleftharpoons ReO_2 + 4OH^-$	−0.59
SbO_3^-/SbO_2^-	$SbO_3^- + H_2O + 2e^- \rightleftharpoons SbO_2^- + 2OH^-$	−0.59
ReO_4^-/Re	$ReO_4^- + 4H_2O + 7e^- \rightleftharpoons Re + 8OH^-$	−0.584
$SO_3^{2-}/S_2O_3^{2-}$	$2SO_3^{2-} + 3H_2O + 4e^- \rightleftharpoons S_2O_3^{2-} + 6OH^-$	−0.58
TeO_3^{2-}/Te	$TeO_3^{2-} + 3H_2O + 4e^- \rightleftharpoons Te + 6OH^-$	−0.57
$Fe(OH)_3/Fe(OH)_2$	$Fe(OH)_3 + e^- \rightleftharpoons Fe(OH)_2 + OH^-$	−0.56
S/S^{2-}	$S + 2e^- \rightleftharpoons S^{2-}$	−0.47627
Bi_2O_3/Bi	$Bi_2O_3 + 3H_2O + 6e^- \rightleftharpoons 2Bi + 6OH^-$	−0.46
NO_2^-/NO	$NO_2^- + H_2O + e^- \rightleftharpoons NO + 2OH^-$	−0.46
$[Co(NH_3)_6]^{2+}/Co$	$[Co(NH_3)_6]^{2+} + 2e^- \rightleftharpoons Co + 6NH_3$	−0.422
SeO_3^{2-}/Se	$SeO_3^{2-} + 3H_2O + 4e^- \rightleftharpoons Se + 6OH^-$	−0.366
Cu_2O/Cu	$Cu_2O + H_2O + 2e^- \rightleftharpoons 2Cu + 2OH^-$	−0.360
$Tl(OH)/Tl$	$Tl(OH) + e^- \rightleftharpoons Tl + OH^-$	−0.34
$[Ag(CN)_2]^-/Ag$	$[Ag(CN)_2]^- + e^- \rightleftharpoons Ag + 2CN^-$	−0.31
$Cu(OH)_2/Cu$	$Cu(OH)_2 + 2e^- \rightleftharpoons Cu + 2OH^-$	−0.222
$CrO_4^{2-}/Cr(OH)_3$	$CrO_4^{2-} + 4H_2O + 3e^- \rightleftharpoons Cr(OH)_3 + 5OH^-$	−0.13
$[Cu(NH_3)_2]^+/Cu$	$[Cu(NH_3)_2]^+ + e^- \rightleftharpoons Cu + 2NH_3$	−0.12
O_2/HO_2^-	$O_2 + H_2O + 2e^- \rightleftharpoons HO_2^- + OH^-$	−0.076
$AgCN/Ag$	$AgCN + e^- \rightleftharpoons Ag + CN^-$	−0.017
NO_3^-/NO_2^-	$NO_3^- + H_2O + 2e^- \rightleftharpoons NO_2^- + 2OH^-$	0.01
SeO_4^{2-}/SeO_3^{2-}	$SeO_4^{2-} + H_2O + 2e^- \rightleftharpoons SeO_3^{2-} + 2OH^-$	0.05
$Pd(OH)_2/Pd$	$Pd(OH)_2 + 2e^- \rightleftharpoons Pd + 2OH^-$	0.07
$S_4O_6^{2-}/S_2O_3^{2-}$	$S_4O_6^{2-} + 2e^- \rightleftharpoons 2S_2O_3^{2-}$	0.08
HgO/Hg	$HgO + H_2O + 2e^- \rightleftharpoons Hg + 2OH^-$	0.0977
$[Co(NH_3)_6]^{3+}/[Co(NH_3)_6]^{2+}$	$[Co(NH_3)_6]^{3+} + e^- \rightleftharpoons [Co(NH_3)_6]^{2+}$	0.108
$Pt(OH)_2/Pt$	$Pt(OH)_2 + 2e^- \rightleftharpoons Pt + 2OH^-$	0.14

续表

电对	电极反应	$E^\ominus$/V
$Co(OH)_3/Co(OH)_2$	$Co(OH)_3 + e^- \rightleftharpoons Co(OH)_2 + OH^-$	0.17
PbO_2/PbO	$PbO_2 + H_2O + 2e^- \rightleftharpoons PbO + 2OH^-$	0.247
IO_3^-/I^-	$IO_3^- + 3H_2O + 6e^- \rightleftharpoons I^- + 6OH^-$	0.26
ClO_3^-/ClO_2^-	$ClO_3^- + H_2O + 2e^- \rightleftharpoons ClO_2^- + 2OH^-$	0.33
Ag_2O/Ag	$Ag_2O + H_2O + 2e^- \rightleftharpoons 2Ag + 2OH^-$	0.342
$[Fe(CN)_6]^{3-}/[Fe(CN)_6]^{4-}$	$[Fe(CN)_6]^{3-} + e^- \rightleftharpoons [Fe(CN)_6]^{4-}$	0.358
ClO_4^-/ClO_3^-	$ClO_4^- + H_2O + 2e^- \rightleftharpoons ClO_3^- + 2OH^-$	0.36
$[Ag(NH_3)_2]^+/Ag$	$[Ag(NH_3)_2]^+ + e^- \rightleftharpoons Ag + 2NH_3$	0.373
O_2/OH^-	$O_2 + 2H_2O + 4e^- \rightleftharpoons 4OH^-$	0.401
IO^-/I^-	$IO^- + H_2O + 2e^- \rightleftharpoons I^- + 2OH^-$	0.485
$NiO_2/Ni(OH)_2$	$NiO_2 + 2H_2O + 2e^- \rightleftharpoons Ni(OH)_2 + 2OH^-$	0.490
MnO_4^-/MnO_4^{2-}	$MnO_4^- + e^- \rightleftharpoons MnO_4^{2-}$	0.558
MnO_4^-/MnO_2	$MnO_4^- + 2H_2O + 3e^- \rightleftharpoons MnO_2 + 4OH^-$	0.595
MnO_4^{2-}/MnO_2	$MnO_4^{2-} + 2H_2O + 2e^- \rightleftharpoons MnO_2 + 4OH^-$	0.60
AgO/Ag_2O	$2AgO + H_2O + 2e^- \rightleftharpoons Ag_2O + 2OH^-$	0.607
BrO_3^-/Br^-	$BrO_3^- + 3H_2O + 6e^- \rightleftharpoons Br^- + 6OH^-$	0.61
ClO_3^-/Cl^-	$ClO_3^- + 3H_2O + 6e^- \rightleftharpoons Cl^- + 6OH^-$	0.62
ClO_2^-/ClO^-	$ClO_2^- + H_2O + 2e^- \rightleftharpoons ClO^- + 2OH^-$	0.66
$H_3IO_6^{2-}/IO_3^-$	$H_3IO_6^{2-} + 2e^- \rightleftharpoons IO_3^- + 3OH^-$	0.7
ClO_2^-/Cl^-	$ClO_2^- + 2H_2O + 4e^- \rightleftharpoons Cl^- + 4OH^-$	0.76
BrO^-/Br^-	$BrO^- + H_2O + 2e^- \rightleftharpoons Br^- + 2OH^-$	0.761
ClO^-/Cl^-	$ClO^- + H_2O + 2e^- \rightleftharpoons Cl^- + 2OH^-$	0.841
ClO_2/ClO_2^-	$ClO_2(g) + e^- \rightleftharpoons ClO_2^-$	0.95
O_3/OH^-	$O_3 + H_2O + 2e^- \rightleftharpoons O_2 + 2OH^-$	1.24

说明：1. 本数据摘自①Lide D R. Handbook of Chemistry and Physics[M]. 78th Ed. Boca Raton: CRC Press, 1997 ~ 1998.
②Dean J A. Lange's Handbook of Chemistry[M]. 13th Ed. New York: McGraw-Hill, 1985.

2. 表中所列的标准电极电势是相对于标准氢电极电势的值。标准氢电极电势被规定为零伏特(0.0V)。

附录七　酸碱指示剂

1. 常用酸碱指示剂

指示剂	变色范围 pH	pK_{HIn}	颜色		浓度	用量 (滴/10mL 试液)
			酸	碱		
百里酚蓝 (第一次变色)	1.2～2.8	1.65	红	黄	0.1%的 20%乙醇溶液	1～2
甲基黄	2.9～4.0	3.3	红	黄	0.1%的 90%乙醇溶液	1
甲基橙	3.1～4.4	3.4	红	黄	0.05%的水溶液	1
溴酚蓝	3.0～4.6	4.1	黄	蓝紫	0.1%的 20%乙醇溶液或其钠盐水溶液	1
溴甲酚绿	3.8～5.4	4.9	黄	蓝	0.1%的水溶液	1
甲基红	4.4～6.2	5.2	红	黄	0.1%的 60%乙醇溶液或其钠盐水溶液	1
溴甲酚紫	5.2～6.8	6.3	黄	紫	0.1%的 20%乙醇溶液	1
溴百里酚蓝	6.2～7.6	7.3	黄	蓝	0.05%的 20%乙醇溶液	1
中性红	6.8～8.0	7.4	红	黄橙	0.1%的 60%乙醇溶液	1
酚红	6.7～8.4	7.9	黄	红	0.1%的 60%乙醇溶液或其钠盐水溶液	1
酚酞	8.0～10.0	9.1	无	红	0.1%的 90%乙醇溶液	1～3
百里酚蓝 (第二次变色)	8.0～9.6	8.9	黄	蓝	0.1%的 20%乙醇溶液	
百里酚酞	9.4～10.6	10.0	无	蓝	0.1%的 90%乙醇溶液	1～2

2. 酸碱混合指示剂

指示剂名称	组成	pH 变色点	颜色		浓度
			酸	碱	
甲基黄 亚甲基蓝	1:1	3.28	蓝紫	绿	0.1%乙醇溶液 0.1%乙醇溶液
甲基橙 苯胺蓝	1:1	4.3	紫	绿	0.1%水溶液 0.1%水溶液
溴甲酚绿 甲基红	3:1	5.1	酒红	绿	0.1%乙醇溶液 0.2%乙醇溶液
溴甲酚绿钠盐 氯酚红钠盐	1:1	6.1	黄绿	蓝紫	0.1%水溶液 0.1%水溶液
中性红 亚甲基蓝	1:1	7.0	蓝紫	绿	0.1%乙醇溶液 0.1%乙醇溶液
中性红 溴百里酚蓝	1:1	7.2	玫瑰	绿	0.1%乙醇溶液 0.1%乙醇溶液

续表

指示剂名称	组成	pH 变色点	颜色		浓度
			酸	碱	
甲酚红钠盐 百里酚蓝钠盐	1:3	8.3	黄	紫	0.1%钠盐水溶液 0.1%钠盐水溶液
酚酞 甲基绿	1:2	8.9	绿	紫	0.1%乙醇溶液 0.1%乙醇溶液
酚酞 百里酚酞	1:1	9.9	无色	紫	0.1%乙醇溶液 0.1%乙醇溶液
百里酚酞 茜素黄	2:1	10.2	黄	紫	0.2%乙醇溶液 0.1%乙醇溶液

说明：混合酸碱指示剂要保存在深色瓶中。

附录八　常用缓冲溶液的配制

缓冲溶液组成	缓冲液 pH	配制方法
氨基乙酸-HCl	2.3	150g 氨基乙酸溶于 500mL 水中，加 80mL 浓 HCl，用水稀释至 1L
柠檬酸-Na_2HPO_4	2.5	113g $Na_2HPO_4 \cdot 12H_2O$ 溶于 200mL 水中，加 387g 柠檬酸，溶解，过滤，用水稀释至 1L
一氯乙酸-NaOH	2.8	200g 一氯乙酸溶于 200mL 水中，加 40g 氢氧化钠溶解后，再用水稀释至 1L
邻苯二甲酸氢钾-HCl	2.9	500g 邻苯二甲酸氢钾溶于 500mL 水中，加 80mL 浓盐酸，再用水稀释至 1L
HAc-锂盐	3.0	取 50mL 冰醋酸，加 800mL 水混合后，用氢氧化锂调节 pH 至 3.0，再用水稀释至 1L
磷酸-三乙胺	3.2	取 4mL 磷酸和 7mL 三乙胺，加 50%甲醇稀释至 1L，再用磷酸调节 pH 至 3.2
一氯乙酸- NaAc	3.5	取 250mL 2mol/L 一氯乙酸，加 500mL 1mol/L NaAc，混匀
HAc-NaAc	3.6	取 20.4g NaAc，加 80mL 冰醋酸，再用水稀释至 1L
HAc-NaAc	3.7	20g NaAc 溶于 300mL 水中，加 1mL 溴酚蓝指示剂和 60～80mL 冰醋酸，至溶液从蓝色转变为纯绿色，再用水稀释至 1L
HAc-NaAc	3.8	取 13mL 2mol/L NaAc 和 87mL 2mol/L HAc，加 0.5mL 含铜 1mg/1mL 的硫酸铜溶液，再用水稀释至 1L
枸橼酸-磷酸氢二钠	4.0	甲液：取 21g 枸橼酸或 19.2g 无水枸橼酸溶于 1L 水中；乙液：取 71.63g 磷酸氢二钠溶于 1L 水中。取 61.45mL 甲液与 38.55mL 乙液混合，摇匀
HAc-KAc	4.3	14g KAc，加 20.5mL 冰醋酸，再用水稀释至 1L
HAc-NH_4Ac	4.5	77g NH_4Ac 溶于 200mL 水中，加 60mL 冰醋酸，再用水稀释至 1L
HAc-NaAc	4.7	83g NaAc 溶于水，加 60mL 冰醋酸，再用水稀释至 1L
HAc-NaAc	5.0	160g NaAc 溶于水，加 60mL 冰醋酸，再用水稀释至 1L
HAc-NH_4Ac	5.0	250g NH_4Ac 溶于水，加 25mL 冰醋酸，再用水稀释至 1L
六次甲基四胺-HCl	5.4	40g 六次甲基四胺溶于 200mL 水中，加 10mL 浓盐酸，再用水稀释至 1L
HAc-NaAc	6.0	取 54.6g NaAc，加 20mL 1mol/L 醋酸溶解后，再用水稀释至 500mL
HAc-NH_4Ac	6.0	600g NH_4Ac 溶于水，加 20mL 冰醋酸，再用水稀释至 1L
巴比妥-NaCl	7.8	取 5.05g 巴比妥钠，加 3.7g NaCl 及少量水使之溶解，另取 0.5g 明胶加水适量，加热溶解后并入上述溶液中。然后用 0.2mol/L 盐酸调节 pH 至 7.8，再用水稀释至 500mL

续表

缓冲溶液组成	缓冲液 pH	配制方法
硼砂-氯化钙	8.0	取 0.572 g 硼砂和 2.94 g 氯化钙加水溶解后，用约 2.5 mL 1 mol/L 盐酸调节 pH 至 8.0，再用水稀释至 1L
NH_3-NH_4Cl	8.0	100 g NH_4Cl 溶于水，加 7 mL 浓氨水，再用水稀释至 1L
NH_3-NH_4Cl	9.0	70 g NH_4Cl 溶于水，加 48 mL 浓氨水，再用水稀释至 1L
NH_3-NH_4Cl	9.2	54 g NH_4Cl 溶于水，加 63 mL 浓氨水，再用水稀释至 1L
NH_3-NH_4Cl	9.5	54 g NH_4Cl 溶于水，加 126 mL 浓氨水，再用水稀释至 1L
NH_3-NH_4Cl	10.0	54 g NH_4Cl 溶于水，加 350 mL 浓氨水，再用水稀释至 1L

说明：1. 缓冲溶液配制后可用 pH 试纸检验。如 pH 不对，可用共轭酸或碱调节。如 pH 要调节精确时，可用 pH 酸度计调节。

2. 如需增加或减少缓冲溶液的缓冲容量时，可相应增加或减少共轭酸碱对物质的量，再调节之。